教育部全国职业教育与成人教育教学用书规划教材
"十二五"全国高校数字艺术与平面设计专业骨干课程权威教材

中文版
CorelDRAW X5
平面设计典型实例

张璟雷 编著

1 DVD
配套高品质DVD光盘

33个综合实例的完整影音视频文件+附赠70个Photoshop CS5平面设计视频文件+作品与素材

海洋出版社
2011年·北京

内 容 简 介

本书是一本特别为广大数字艺术与平面设计师编写的教材。书中采用全实例教学的方式,提供了可以跟随实例进行操作的完整过程,使读者迅速掌握各种设计技巧,适应实际工作的需要。

全书共分为 9 章,通过 33 个经典设计作品的制作全过程,包括制作蛋糕图形、字母 LOGO、变形文字、Super 标牌、Redbaby 标牌、彩虹文字、动物文字、瑞丽妆封面、看世界杂志封面、室内家具书籍封面封底、医院海报、健身俱乐部宣传单、房地产形象招贴、雀巢咖啡平面广告、CD 网页、时尚动感网页、汽车主题网页、洗发水包装、药品包装、雅克糖果包装、时尚靠背椅、瓢虫玩具、液晶显示器、女性香水、室内效果插画、卡通漫画插画、许愿树、新年海报、促销海报、邮票、水晶按钮、卡片等。帮助您掌握 CorelDRAW X5 的基础知识以及字体特效设计、书籍装帧设计、平面广告设计、网页设计、包装设计、产品造型设计、艺术插画设计的技术精粹!

超值 1DVD 内容: 33 个综合实例的完整影音视频文件+附赠 70 个 Photoshop CS5 平面设计视频文件+作品与素材。

读者对象: 适用于高等院校数字艺术与平面设计专业教材;社会平面设计培训教材;用 CorelDRAW 进行美术、广告、包装设计和图形图像处理等从业人员实用的自学指导书。

图书在版编目(CIP)数据

中文版 CorelDRAW X5 平面设计典型实例/张璟雷编著. —北京:海洋出版社,2011.12
ISBN 978-7-5027-8117-0

Ⅰ.①中… Ⅱ.①张… Ⅲ.①图形软件,CorelDRAW X5 Ⅳ.①TP391.41

中国版本图书馆 CIP 数据核字(2011)第 200339 号

总 策 划:刘 斌
责任编辑:刘 斌
责任校对:肖新民
责任印制:刘志恒
排　　版:海洋计算机图书输出中心　晓阳
出版发行:海洋出版社
地　　址:北京市海淀区大慧寺路 8 号(716 房间)
　　　　　100081
经　　销:新华书店
技术支持:(010)62100055

发 行 部:(010)62174379(传真)(010)62132549
　　　　　(010)68038093(邮购)(010)62100077
网　　址:www.oceanpress.com.cn
承　　印:北京盛兰兄弟印刷装订有限公司
版　　次:2011 年 12 月第 1 版
　　　　　2011 年 12 月第 1 次印刷
开　　本:787mm×1092mm　1/16
印　　张:15.5　(全彩印刷)
字　　数:378 千字
印　　数:1~3000 册
定　　价:62.00 元(含 1DVD)

本书如有印、装质量问题可与发行部调换

前 言 Preface

  对于生活在当今信息化时代的人们，计算机已经成为了可以实现各种设计的万能工具，而CorelDRAW 在图形图像应用领域占据着主导地位。它以简单直观的操作深受广大图形设计者的喜爱，它集绘图、制作、合成、高质量输出、排版、图像编辑、网页于一体，是最具有代表性的绘图软件之一。

  本书共分为 9 章，先介绍了 CorelDRAW X5 的入门知识，接着以典型实例详细介绍了CorelDRAW X5 在字体特效设计、书籍装帧设计、平面广告设计、网页设计、包装设计、产品造型设计以及艺术插画设计领域的应用，最后通过制作新年海报、促销海报、邮票、水晶按钮、卡片 5 个实例介绍了 CorelDRAW X5 的综合应用。

  本书配有 1 张配套的多媒体教学光盘，包含书中一些重点实例的制作过程和所有实例的源文件以及素材文件。

  本书适合初级和中级读者阅读，可作为各类大专院校相关专业的参考教材，也可以作为各类电脑美术设计人员的参考用书。

  在本书的编写过程中，闫晓君、李飞、郝边远、田立群、郭永顺、李彦蓉、李传家、王晴、张志山、马云飞、李宇民、姜丽丽、吴启鹏、李鹏程、衡忠兵、李志刚、冯建强、金建伟、吴海英、白立明、董敏捷、唐赛、安培、郭飞、徐建利、张余、艾琳、陈腾、左超红、奚金、蒋学军、牛金鑫等为本书的编写提供了帮助。书中难免有错误和疏漏之处，希望广大读者批评、指正。

编 者

光盘使用说明

1. 将本书附赠光盘放入光驱中，双击将打开光盘，在其中可以查看素材、效果、视频等内容，如图 1 所示。

2. 双击其中的"Autorun.exe"文件手动运行光盘，主界面如图 2 所示。

3. 在主界面中，单击"视频教程"按钮将进入视频目录界面，在其中选择需查看的章节，并选择右侧的某个视频演示即可进入演示窗口，如图 3、图 4 所示。

图1

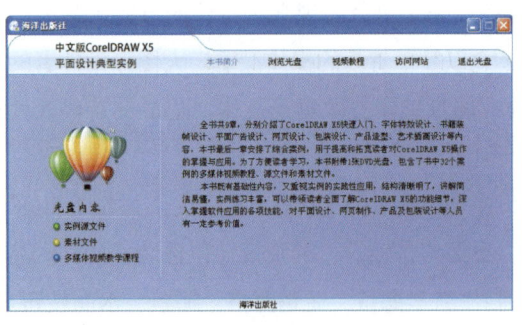

图2

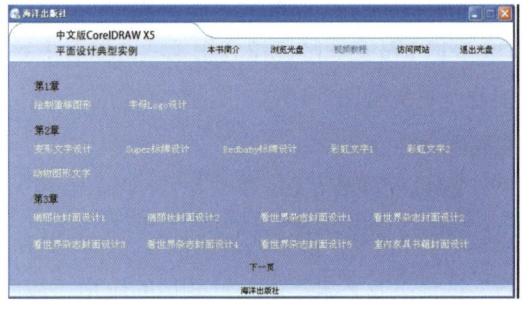

图3

4. 单击 📁 素材 将打开提供的"素材"文件夹窗口，如图 5、图 6 所示。

5. 单击 📁 效果 将打开提供的"效果"文件夹窗口，如图 7 所示。

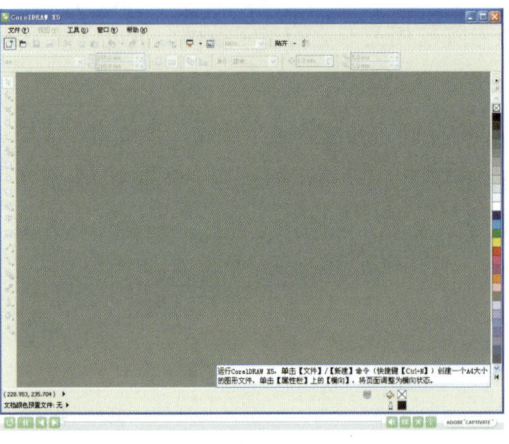

图4

图5

图6

图7

部分实例效果图欣赏

部分实例效果图欣赏

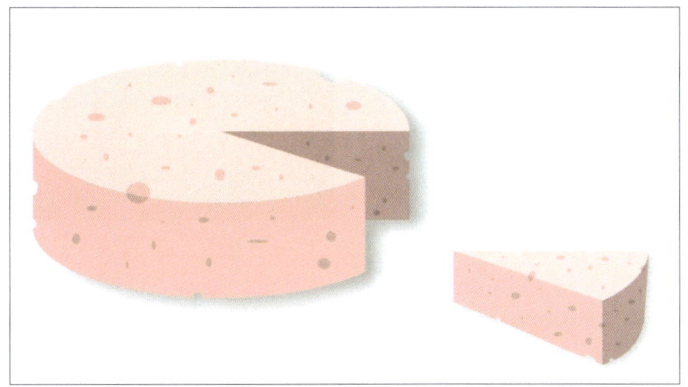

绘制蛋糕图形（P14）

字母logo设计（P19）

变形文字设计（P24）

Super标牌设计（P28）

Redbaby标牌设计（P33）

彩虹文字（P37）

CorelDRAW X5 中文版
平面设计典型实例

动物图形文字（P43）

瑞丽妆封面设计（P49）

看世界杂志封面设计（P55）

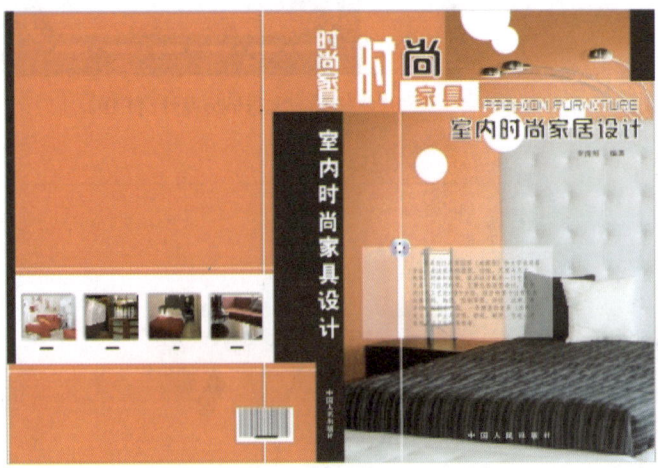
室内家具书籍封面封底设计（P71）

制作医院海报（P81）

制作健身俱乐部宣传单（P86）

房地产形象招贴设计（P92）

部分实例效果图欣赏

雀巢咖啡平面广告设计（P98）

CD网页设计（P109）

时尚动感网页设计（P120）

汽车主题网页设计（P128）

洗发水包装设计（P136）

药品包装设计（P142）

雅克糖果包装设计（P147）

时尚靠背椅（P153）

制作瓢虫玩具（P156）

制作液晶显示器（P161）

女性香水（P170）

室内效果插画（P182）

卡通漫画插画（P194）

许愿树（P205）

制作新年海报（P213）

制作促销海报（P220）

邮票制作（P226）

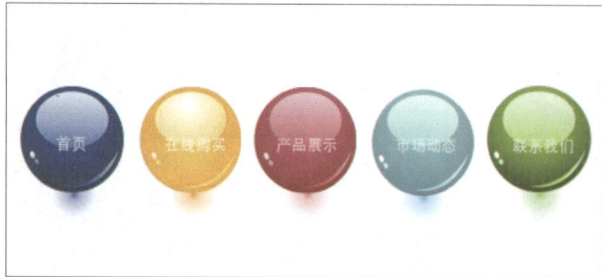
水晶按钮（P230）

卡片制作P233

目 录 CONTENT

第1章 CorelDRAW X5快速入门 001

- 1.1 CorelDRAW X5简介 001
  - 1.1.1 了解 CorelDRAW X5 001
  - 1.1.2 CorelDRAW X5 的新增功能 001
- 1.2 启动与关闭CorelDRAW X5 003
  - 1.2.1 启动 CorelDRAW X5 003
  - 1.2.2 了解和使用欢迎屏幕 004
  - 1.2.3 关闭 CorelDRAW X5 004
- 1.3 文件的基本操作 005
  - 1.3.1 新建文件 005
  - 1.3.2 打开文件 006
  - 1.3.3 保存文件 006
- 1.4 CorelDRAW X5的工作界面 007
  - 1.4.1 菜单栏 008
  - 1.4.2 标准工具栏 008
  - 1.4.3 属性栏 008
  - 1.4.4 工具箱 009
  - 1.4.5 文档导航器 009
  - 1.4.6 状态栏 009
  - 1.4.7 绘图页面 009
  - 1.4.8 工作区 009
  - 1.4.9 泊坞窗 010
  - 1.4.10 调色板 010
- 1.5 图形与图像 010
  - 1.5.1 图形 010
  - 1.5.2 图像 011
- 1.6 色彩基础知识及颜色模式 011
  - 1.6.1 色彩基础知识 012
  - 1.6.2 颜色模式 012
- 1.7 CorelDRAW X5的基本操作运用 013
  - 1.7.1 绘制蛋糕图形 013
  - 1.7.2 字母 logo 设计 018
- 1.8 本章小结 022
- 1.9 习题 022

第2章 字体特效设计 023

- 2.1 变形文字设计 023
- 2.2 Super标牌设计 027
- 2.3 Redbaby标牌设计 032
- 2.4 彩虹文字 036
- 2.5 动物图形文字 042
- 2.6 本章小结 047
- 2.7 习题 047

第3章 书籍装帧设计 048

- 3.1 瑞丽妆封面设计 048
- 3.2 看世界杂志封面设计 054
- 3.3 室内家具书籍封面封底设计 071
- 3.4 本章小结 079
- 3.5 习题 079

第4章　平面广告设计 080

4.1 平面广告设计概念 080	4.5 雀巢咖啡平面广告设计 097
4.2 制作医院宣传海报 080	4.6 本章小结 105
4.3 制作健身俱乐部宣传单 085	4.7 习题 106
4.4 房地产形象招贴设计 091	

第5章　网页设计 107

5.1 CD网页设计 107	5.4 本章小结 131
5.2 时尚动感网页设计 119	5.5 习题 132
5.3 汽车主题网页设计 127	

第6章　包装设计 133

6.1 包装设计的概念 133	6.5 药品包装设计 141
6.2 包装的分类 133	6.6 雅客糖果包装设计 146
6.3 包装设计的构图要素 134	6.7 本章小结 152
6.4 洗发水包装设计 135	6.8 习题 152

第7章　产品造型设计 153

7.1 时尚靠背椅 153	7.4 女性香水 169
7.2 制作瓢虫玩具 155	7.5 本章小结 180
7.3 制作液晶显示器 161	7.6 习题 180

第8章　艺术插画设计 181

8.1 室内效果插画 181	8.4 本章小结 210
8.2 卡通漫画插图 194	8.5 习题 211
8.3 许愿树 204	

第9章　综合案例 212

9.1 制作新年海报 212	9.5 卡片制作 232
9.2 制作促销海报 219	9.6 本章小结 236
9.3 邮票制作 225	9.7 习题 237
9.4 水晶按钮 229	

第 1 章　CorelDRAW X5快速入门

> 本章采取基础知识与范例相结合的形式，由浅入深、循序渐进地介绍了 CorelDRAW X5 的新增功能、工作界面和基础操作等。

本章要点

- 了解 CorelDRAW X5 及其新增功能
- 启动和关闭 CorelDRAW X5
- 熟悉文件的基本操作
- 认识工作界面的组成
- 学习色彩的基础知识

1.1　CorelDRAW X5简介

1.1.1　了解CorelDRAW X5

CorelDRAW 是一个功能强大的集平面设计和电脑绘画功能为一体的矢量绘图软件，也是国内外最流行的平面设计软件之一。它以强大的功能、众多的控件、简明的操作风格成为了图形软件的首选，如图 1-1 所示。

CorelDRAW 被广泛应用于平面设计、广告设计、企业形象设计、字体设计、插图设计、工业造型设计、建筑平面绘图、Web 图形设计、包装设计、技术表现插图等多个领域，如图 1-2、图 1-3 所示。

图1-1　软件启动界面

图1-2　企业Logo设计

图1-3　动漫插画

1.1.2　CorelDRAW X5的新增功能

不管是完美的字体、剪贴画、照片、之前的项目或客户的模型，CorelDRAW Graphics Suite

X5 都能帮您快速访问内容，让您能专注于设计。

1. Corel CONNECT

全屏幕浏览器可以让您阅读套装的数字内容和搜索您的计算机或当地网络来快速地找到适合设计的最佳补充色。可以按类别浏览内容或使用关键字搜索。在 CorelDRAW 和 Corel PHOTO-PAINT 中也提供了此款方便的实用工具，它是以泊坞窗的形式提供的，如图 1-4 所示。此外，还可以在托盘中保留一份内容集，该内容集与浏览器和泊坞窗同步，可以快速访问项目内容。

图1-4　全屏幕浏览器

Corel CONNECT 在 CorelDRAW 和 Corel PHOTO-PAINT 中可以泊坞窗形式或独立应用程序形式使用。

2. 内容

（1）文件的新建设置。用户在新建文件时，可设置的内容更为详细，如图 1-5 所示。

图1-5　新内容介绍

（2）新增【2 点线工具】和【B-Spline 工具】，进一步方便绘图，【2 点线工具】的作用为连接起点和终点绘制一条直线，【B-Spline 工具】的作用为通过设置不用分割成段来描绘曲线的控制点来绘制曲线。

CorelDRAW X5快速入门

（3）将原有的连接工具和度量工具分别提取出来做成了单独的两组工具，并将其功能加以完善，方便用户的使用。

（4）将原本在后台进行操作的制作圆角，倒角，切角的泊坞窗功能提取到了前台。增强了软件的操作性。

（5）在【变换】泊坞窗设置中新增复制份数的设置。

（6）在【视图】命令中新增像素预览功能。

（7）将原有的【版面】菜单命令更改为【布局】菜单命令。

（8）新增"十六进制"的颜色模式，大大方便了网页设计应用。

（9）在【均匀填充】、【渐变填充】、【轮廓笔工具】对话框中新增的【颜色滴管工具】可以吸取包括桌面颜色、文件夹颜色、网页颜色等等的任意颜色。有助于提高工作效率，使用户在颜色的选取上更加方便快捷。

（10）在【网状填充工具】的【属性栏】中新增【透明度设置】。

3. Adobe 产品支持

CorelDRAW Graphics Suite X5 为最新的 Adobe Illustrator、Adobe Photoshop 和 Adobe Acrobat 产品提供增强的支持。可以使用 Adobe Photoshop CS 5 文件格式导入和导出 PSD 文件，CorelDRAW X5 可以保留调整图层的外观和遮罩调色板效果。Corel PHOTO-PAINT X5 可保留导入和导出的 PSD 文件的可编辑振镜、灰度和相机过滤透镜。

新增多个画板支持、保留渐变透明、笔刷笔触和新的印前检查部分，可以使用 Adobe Illustrator CS 5 文件格式导入和导出文件。此外，有了 Acrobat 9 支持和改善的安全加密功能，可以导入和导出 Adobe 便携式文件格式（PDF）文件。当导入 PDF 文件时，该套装还支持贝茨编号，包括页眉和页脚。在导出 PDF 过程中，可以按对象定义页面大小。

4. EPS 级3支持

压缩的 PostScript（EPS）过滤器功能已增强，可支持用 Adobe PostScript 3 创建的文件并可以保持使用 RGB 色彩空间的对象的色彩完整度。您现在会发现 EPS 文件导出并用更明亮和更鲜明的颜色打印。

5. 文件格式兼容性

可以支持 60 多种文件格式，包括 CGM、AutoCAD DXF、Autodesk PLT、Microsoft Visio Filter、DOC、DOCX 和 RTF 等，可以自信地与客户与同事交换文件。在 CorelDRAW Graphics Suite X5 中，TIFF 过滤器可兼容各种标准文件压缩方式和多页文件。而且，导入的 Corel Painter（RIF）文件现在仍保留着嵌入的颜色预置文件。

1.2 启动与关闭CorelDRAW X5

下面分别介绍 CorelDRAW X5 的启动与关闭方法，以及简单的了解其欢迎屏幕。

1.2.1 启动CorelDRAW X5

在程序安装好以后，可以通过 3 种方法来启动 CorelDRAW X5。

方法 1 双击桌面上的快捷方式图标，即可快速地启动 CorelDRAW X5 应用程序。

方法 2 可以通过单击【开始】菜单，执行【程序】/【CorelDRAW Graphics Suite X5】/【CorelDRAW X5】命令，来启动应用程序。

方法 3 CDR 格式是 CorelDRAW 自带的文件格式，鼠标左键双击 CDR 文件后，同样可以打开 CorelDRAW 应用程序并开启该文档。

▶ 1.2.2 了解和使用欢迎屏幕

启动软件后，可以看见全新的 CorelDRAW X5 欢迎窗口，可以在欢迎屏幕的 5 个标签中选择新建文件、观看教学视频、打开网络图库等操作，如图 1-6、图 1-7 所示。

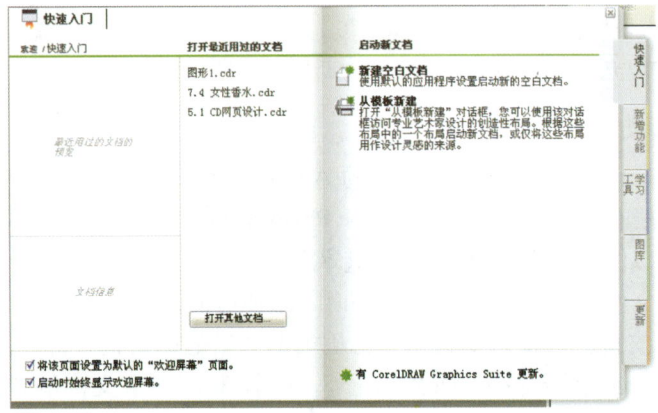

图1-6　快速入门标签

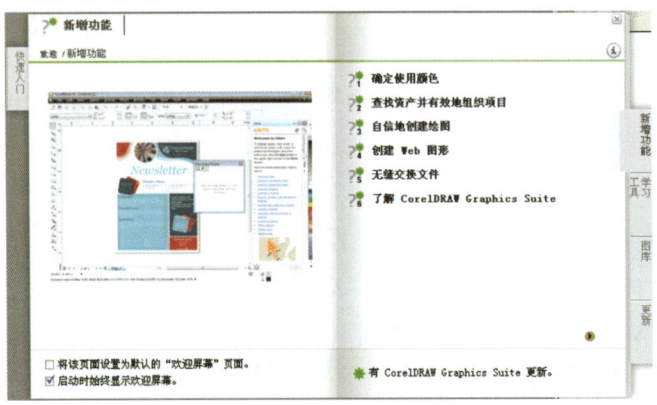

图1-7　新增功能标签

> **提示**　要在启动 CorelDRAW X5 时取消该欢迎屏幕的显示，只需要取消选取欢迎窗口左下角的【启动时始终显示欢迎屏幕】复选框即可。

▶ 1.2.3 关闭CorelDRAW X5

执行【窗口】/【关闭】命令或者单击窗口右上角的关闭按钮，即可关闭活动窗口。

CorelDRAW X5快速入门

1.3 文件的基本操作

文件的基本操作主要包括新建文件、打开文件、保存文件、关闭文件和查看文档信息等，掌握这些基本操作可以为以后的学习奠定基础。

1.3.1 新建文件

在 CorelDRAW X5 中新建文件可以通过以下 2 种方法完成。

方法 1 打开 CorelDRAW X5 欢迎窗口，单击【新建空白文档】，即可新建文件。如图 1-8 所示。

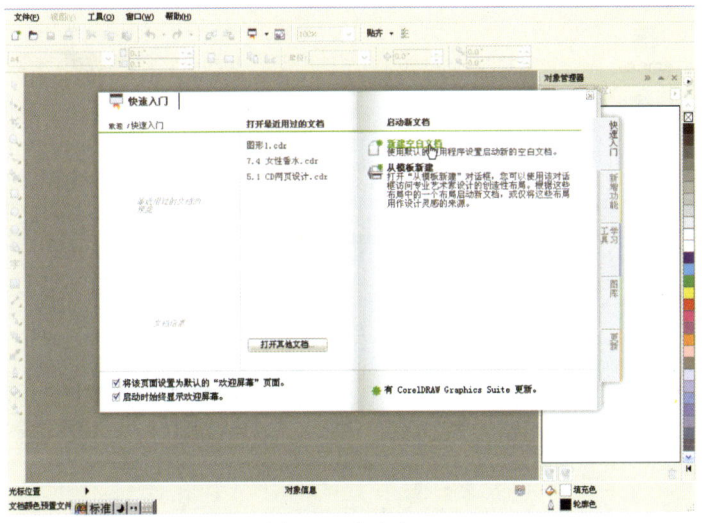

图1-8 欢迎窗口

方法 2 单击标准工具栏中的【新建】按钮或单击【文件】/【新建】命令（快捷键【Ctrl+N】）即可新建一个空白文本文档，如图 1-9 所示。

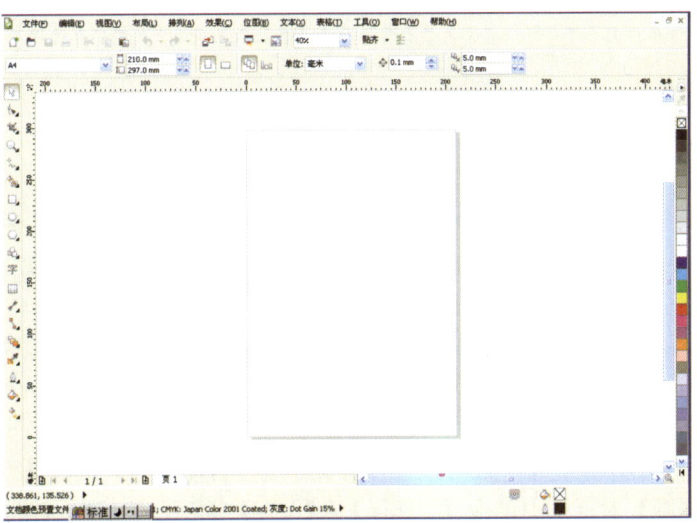

图1-9 新建空白文件

1.3.2 打开文件

要打开图像文件,可以执行【文件】/【打开】命令(快捷键【Ctrl+O】)或单击标准工具栏中的【打开】按钮,系统将弹出如图 1-10 所示的【打开绘图】对话框。

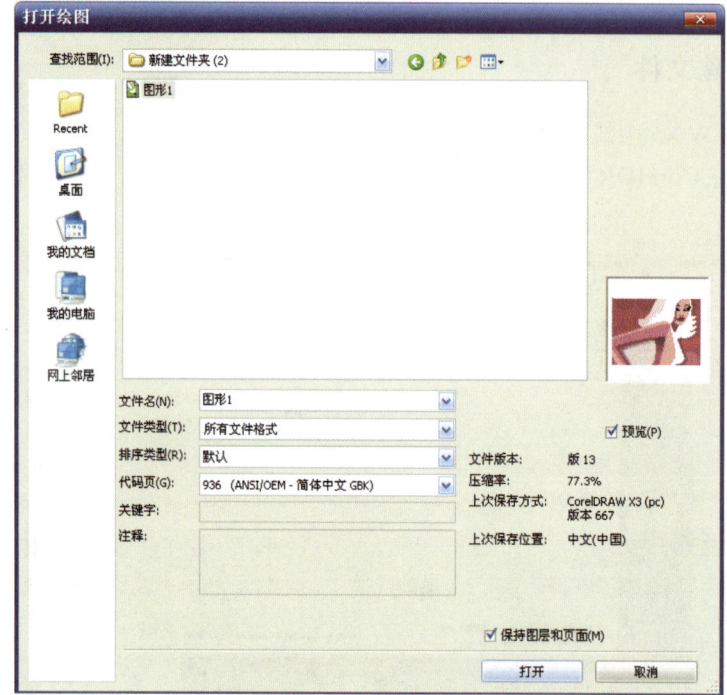

图1-10 打开图像文件

> **提示** 如果需要同时打开多个文件,可以在【打开绘图】对话框的文件列表框中,按住【Shift】键选择连续排列的多个文件,或者按住【Ctrl】键选择不连续排列的多个文件,然后单击【打开】按钮,即可按照文件排列的先后顺序将选取的所有文件打开。

1.3.3 保存文件

在 CorelDRAW X5 中,可以通过以下 3 种方法保存文件。

方法 1 如果需要储存的是一个新创建的文档,执行【文件】/【保存】命令(快捷键【Ctrl+S】),可以打开如图 1-11 所示的【保存绘图】对话框。在【保存类型】下拉列表中选择保存文件的格式,然后单击【保存】按钮,即可对当前文件进行保存。

方法 2 对于新建的图像文件,执行【保存】或【另存为】命令,可以得到同样的储存结果,但对于在已有的文件基础上进行修改后需要保存的文件,执行【另存为】命令,则可以对当前文件的文件格式、文件名或保存位置进行修改后,储存为另一个文件,而保留原来的文件。

方法 3 在 CorelDRAW 中,还可以设置对文件进行自动保存。执行【工具】/【选项】命令,在弹出的【选项】对话框中单击【工作区】/【保存】选项,然后在右侧的选项栏中进行设置,如图 1-12 所示。

CorelDRAW X5快速入门

图1-11　保存文件

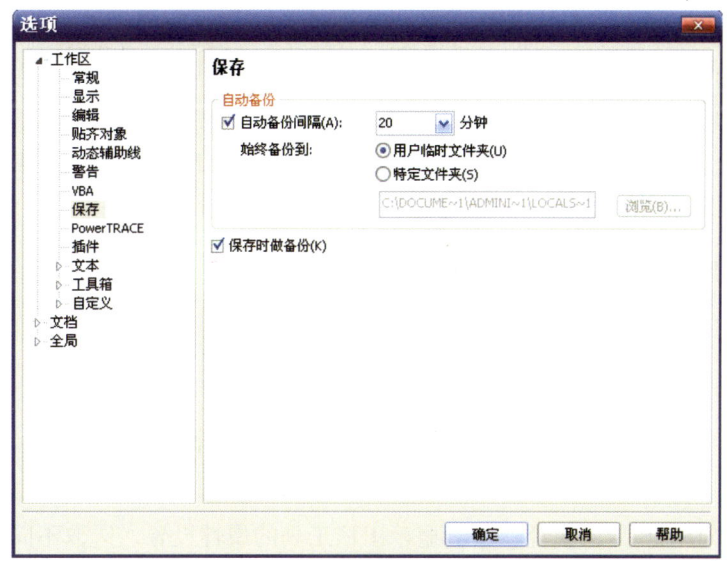

图1-12　设置自动保存

对文件进行储存后，执行【文件】/【关闭】命令，即可将当前文件关闭，执行【关闭】/【全部关闭】命令，则可将程序开始的所有文件关闭。

1.4　CorelDRAW X5的工作界面

熟悉CorelDRAW X5的工作界面是熟练操作CorelDRAW X5绘图的基础，首先打开

CorelDRAW X5 新建空白文档，进入 CorelDRAW X5 的工作界面，如图 1-13 所示。

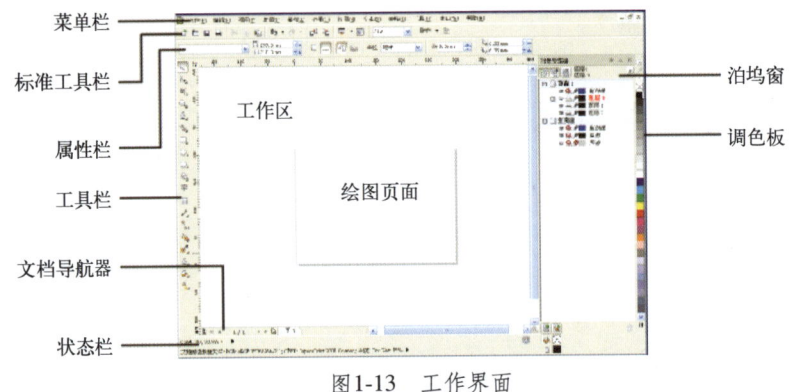

图1-13　工作界面

1.4.1　菜单栏

菜单栏中包含 CorelDRAW X5 的几乎所有功能，是进行图形编辑、视图管理、页面控制、对象管理、特效处理、位图编辑等操作的主要手段，可以根据自己的需要进行定制，如图 1-14 所示。

图1-14　菜单栏

1.4.2　标准工具栏

标准工具栏是一组位于工作窗口上的可视按钮，提供了【新建】、【打开】和【保存】等最常用的命令的快捷方式，如图 1-15 所示。

图1-15　标准工具栏

1.4.3　属性栏

属性栏中显示当前选择的对象或选用工具的相关属性，通过在属性栏对相关属性设置，可以控制对象产生相应的变化。

选择要使用的工具后，属性栏中会显示出该工具的属性设置，选取不同的工具，属性栏的选项也不同，新建文件后的属性栏如图 1-16 所示，选择【矩形工具】后的属性栏如图 1-17 所示。

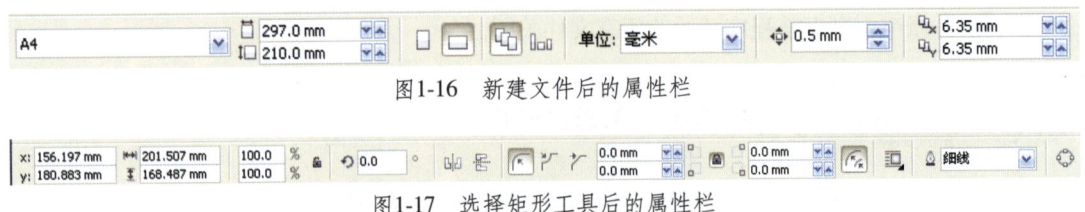

图1-16　新建文件后的属性栏

图1-17　选择矩形工具后的属性栏

CorelDRAW X5快速入门

使用鼠标左键按住属性栏并向工作区中拖动，使其成为浮动面板，可以放置到工作区中的任意位置，方便在绘图编辑时快速移动到属性栏并进行需要的参数设置，如图1-18所示。鼠标左键双击其标题栏或单击右上角的【关闭】按钮，或者使用鼠标将其拖回原位置，都可以恢复属性栏的默认状态。

图1-18 展开属性栏为浮动页面

▶ 1.4.4 工具箱

工具箱中放置了在绘图操作时最常用的基本工具。工具按钮下显示有黑色小三角标记的，表示该工具是一个工具组，在该工具按钮上按下鼠标左键不放，可以展开隐藏的工具栏并选取需要的工具，如图1-19所示。

展开隐藏的工具栏后，将鼠标光标移动到上方的虚线上，在光标变形后，按住鼠标左键并向工作区中拖动，可以将该工具组展开为浮动面板，方便在绘图编辑中快速选取需要的工具。

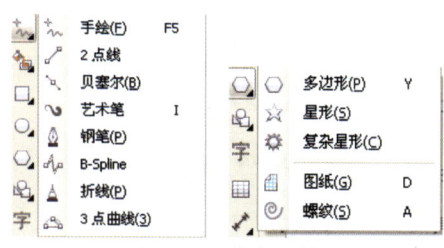

图1-19 基本工具

▶ 1.4.5 文档导航器

文档导航器中所显示的是文件当前页面的相关信息，可以通过单击页面标签或箭头自由切换于页面与页面之间，适用于多页文档的操作。

▶ 1.4.6 状态栏

位于屏幕的底部，包含类型、大小、颜色、填充和分辨率等有关对象属性的信息，以及鼠标的当前位置。

▶ 1.4.7 绘图页面

在工作区中生成的一个矩形范围，称为绘图页面。可以根据实际尺寸需要，对绘图页面的大小进行调整。在进行图形的输出处理时，根据纸张大小设置页面大小，而对象必须放置在页面范围之内，否则可能无法完全输出。

▶ 1.4.8 工作区

除绘图页面以外的区域，工作区可以用来摆放各种临时用的或超过绘图页面范围的对象。在绘制多页文档时，在绘图页面上摆入的物件在别的页面内不会显示，而放在工作区，在其他的页面也可以看到并使用，因此也可以放置一些公用、常用的物件以方便使用。

1.4.9 泊坞窗

泊坞窗是用来放置CorelDRAW X5的各种管理器和编辑命令的工作面板。在默认情况下，泊坞窗不会显示在页面上，需要执行【窗口】/【泊坞窗】命令，如图1-20所示。

1.4.10 调色板

调色板中放置了CorelDRAW X5中默认的各种颜色色标。它竖放于工作窗口的右侧，也可以将其独立摆放，如图1-21所示。执行【工具】/【调色板编辑器】命令，在弹出的如图1-22所示的【调色板编辑器】对话框中，可以对面板属性进行设置，包括修改默认色彩模式、编辑颜色、添加颜色、删除颜色、将颜色排序等。

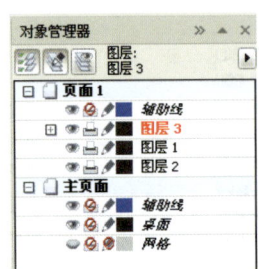

图1-20　泊坞窗

图1-21　调色板

图1-22　调色板编辑器

1.5 图形与图像

计算机处理的平面视觉画面主要有图像与图形两种。图像也叫位图，亦称为点阵图像，是由称作像素的单个点组成的。像素是位图的最小单位，位图通过像素的排列组合构成画面。

1.5.1 图形

图形也称为矢量图形（或向量图像），矢量图中的各种图形元素成为对象，每一个对象都是一个独立的个体，都具有大小、颜色、形状、轮廓等特性，可以在绘图过程中对它们进行移动与属性修改而不影响画面上的其他图形对象。矢量图是一种基于数学方法的绘图方式，无论显示画面是大还是小，画面上对象对应的显示算法是保持不变的。即使是对画面进行放大或缩小，其显示效果仍与原图保持一致而不失真，如图1-23、图1-24、图1-25所示。

矢量图形是以一组指令的形式存在的，它不直接描述数据的每一个点，而是描述产生这些点的过程及方法。这些指令描述一幅图中所包含的直线、圆、弧线等。

CorelDRAW X5快速入门

图1-23　原图　　　　　　　图1-24　扩大300%　　　　　　图1-25　扩大1800%

矢量图由于是基于数学方法的绘图方式，占用的空间很小，生成的文件也很小，对象在缩放时会保持原有的清晰度。矢量图可以很容易的转换为位图，它的缺点是不容易制作色调丰富的图像。

▶ 1.5.2　图像

图像也叫位图（或点阵图像），它是由许多单独的点组成的，这些点称为像素点，每个像素点都有特定的颜色属性。位图的显示效果与像素点是紧密联系的，图像的分辨率越高，像素点越多，文件也会越大。不同位置、颜色的像素点排列在一起组成了一副色彩丰富的图像。当扩大后看位图效果时，就失去了原有细腻的色彩，如图1-26、图1-27、图1-28所示。

图1-26　原图　　　　　　　图1-27　扩大300%　　　　　　图1-28　扩大1800%

位图图像的优点是色彩丰富，缺点是文件太大，而且在放大图像时，图像边缘会出现锯齿、模糊不清的现象。

▶ 1.6　色彩基础知识及颜色模式

颜色是视觉系统对可见光的感知结果。自然界中的任何一种颜色都可以由红、绿、蓝三种色光按不同比例相配而成，它们构成一个三维的矢量空间。本节主要介绍一些色彩的基础知识和颜色的模式，只有正确的了解色彩的基础知识和每一张颜色模式的特性，才能更好的绘制出优秀的作品。

1.6.1 色彩基础知识

色彩可以大致的分为有彩色和无彩色两大类，黑、白、灰属于无彩色，有彩色以红、橙、黄、绿、青、蓝、紫为基本色，有 200～800 万种。

色彩的要素包括色相、纯度、明度。色相是指色彩的相貌，是一个色彩区别另一个色彩的名称。明度是指色彩的明暗程度，也称亮度、深浅度。它是色彩的骨骼，是色彩结构的关键。纯度是指色彩的纯净程度，也称饱和度、鲜艳的、彩度、明度。纯度越高色彩越纯，混入黑色、白色纯度会降低，明暗发生变化。

在色彩中原色是指自身不能被别的颜色混合成，而别的颜色却又能够由三种基色以不同比例混合而成的颜色。光的三原色包括红、绿、蓝。色料的三原色包括红、黄、蓝。间色是指由两个颜色混合而成的颜色。复色是指由两个间色或由三个原色加一个过量的原色以及由一个原色加黑浊色混合而成的颜色。

在色环中，同种色是相距 15°以内的对比，是最弱的对比。类似色是相距 30°左右的对比，是较弱的对比。临近色是相距 60°左右的对比，是弱对比。对比色是相距 120°左右的对比是强对比。补色是相距 180°左右的对比，是最强对比。色彩的对比使之产生冷暖色之差，红、橙等颜色是暖色、蓝、紫等颜色是冷色。

1.6.2 颜色模式

颜色模式包括"黑白"颜色模式、"灰度"颜色模式、"双色调"颜色模式、"调色板"颜色模式、"RGB"颜色模式、"Lab"颜色模式、"CMYK"颜色模式。

"黑白"颜色模式：即 1 位颜色模式，它将图像存储为两种颜色，黑色和白色。没有任何颜色层次，该颜色模式对线条图和简单图形是很有用处的。

"灰度"颜色模式：它是一种 8 位的颜色模式，能够显示使用 256 种灰色调的图像，每种颜色都用 0～255 之间的一个值来定义，其中 0 代表最深的颜色"黑色"，255 代表最浅的颜色"白色"。

"双色调"颜色模式：它是一种 8 位的颜色模式，能够用多达 4 种色调的 256 种阴影来显示图像，双色调颜色模式下的一种图像，就是用 1～4 中附加颜色增强的灰度图像。

"调色板"颜色模式：它是一种 8 位的颜色模式，能显示使用多达 256 种颜色的图像，将复杂图像转换为调色板颜色模式，就可以缩小文件的大小，更精确地控制在转换过程中使用的各种颜色。

"RGB"颜色模式：它是一种 24 位的颜色模式，该模式中，红、绿、蓝 3 种颜色按不同强度组合起来产生所有其他颜色，每一个红、绿、蓝通道分配 0～255 之间的一个值。

"Lab"颜色模式：它是一种 24 为的颜色模式，包含一个照度或亮度组件和两个色彩组件。"a"表示由绿色到红色，"b"表示由蓝色到黄色。

"CMYK"颜色模式：它是一种 32 位的颜色模式，当阳光照射到一个物体上时，这个物体将吸收一部分光线，并将剩下的光线进行反射，反射的光线就是我们所看见的物体颜色。这是一种减色的色彩模式，同时也是与 RGB 模式的根本不同之处。不但我们看物体的颜色时用到了这种减色模式，而且在纸上印刷时应用的也是这种减色模式。

CMYK 颜色模式多用于印刷色油墨打印文档。CMYK 代表印刷上用的四种颜色，C 代表青色，M 代表洋红色，Y 代表黄色，K 代表黑色。因为在实际引用中，青色、洋红色和黄色很难叠加形成真正的黑色，最多不过是褐色而已。因此才引入了 K——黑色。黑色的作用是强化暗调，加深暗部色彩，如图 1-29 所示。

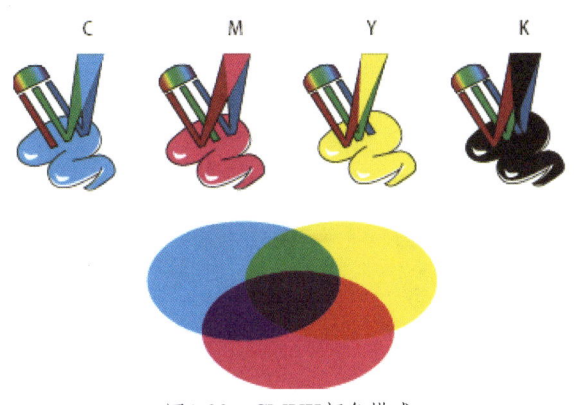

图1-29　CMYK颜色模式

在 CMYK 颜色模式下，每种 CMYK 四色油墨可使用从 0 ～ 100% 的值。为最亮颜色指定的印刷色油墨颜色百分比较低，而为较暗颜色指定的百分比较高。例如，黄色可能包含 5% 青色、0% 洋红、90% 黄色和 0% 黑色。在 CMYK 对象中，低油墨百分比更接近白色，高油墨百分比更接近黑色。

1.7　CorelDRAW X5的基本操作运用

1.7.1　绘制蛋糕图形

本例绘制的是蛋糕图形，首先使用椭圆工具和矩形工具制作蛋糕的基本外形，其次使用形状工具对基本图形的形状进行编辑，最后通过椭圆工具和形状工具的结合使用，绘制蛋糕上的气孔完成蛋糕图形的绘制，制作流程如图 1-30 所示，完成效果如图 1-31 所示。

学习重点

（1）掌握用椭圆工具和矩形工具的使用
（2）如何用形状工具对形状进行编辑
（3）学习椭圆工具矩形工具和形状工具的结合使用
（4）提高造型能力

制作流程

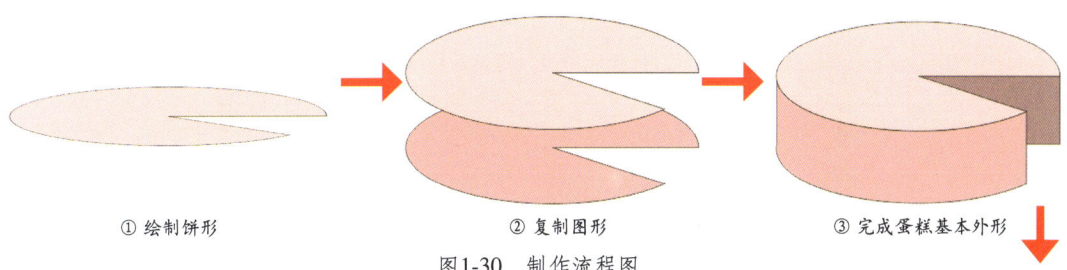

① 绘制饼形　　② 复制图形　　③ 完成蛋糕基本外形

图1-30　制作流程图

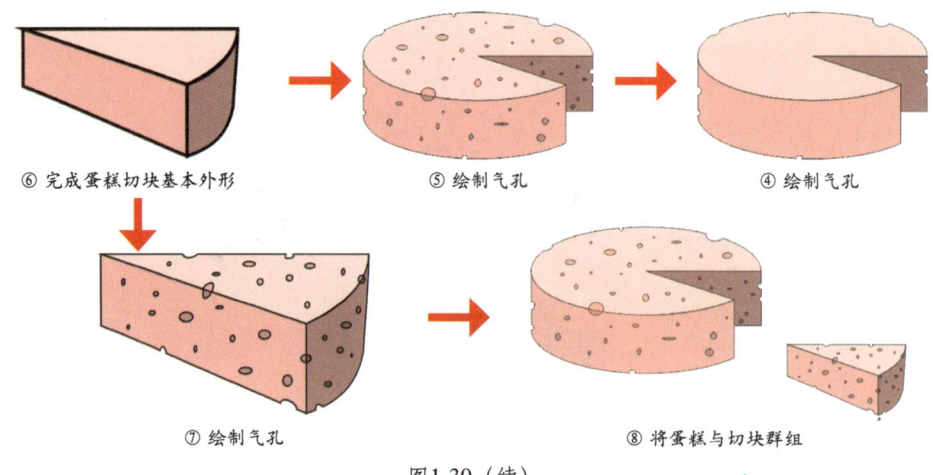

⑥ 完成蛋糕切块基本外形　　⑤ 绘制气孔　　④ 绘制气孔

⑦ 绘制气孔　　⑧ 将蛋糕与切块群组

图1-30（续）

 实例效果

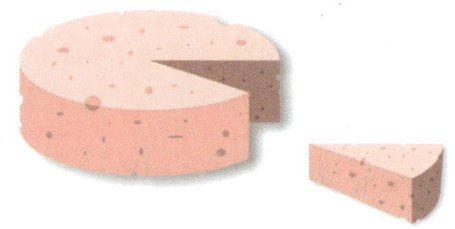

图1-31　蛋糕图形最终效果图

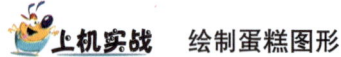 绘制蛋糕图形

所用素材：光盘\素材\第1章\无
最终场景：光盘\效果\第1章\1.7.1　绘制蛋糕图形

01 运行 CorelDRAW X5，单击【文件】/【新建】命令（快捷键【Ctrl+N】）创建一个 A4 大小的图形文件，单击【属性栏】上的【横向】 ，将页面调整为横向状态，如图 1-32 所示。

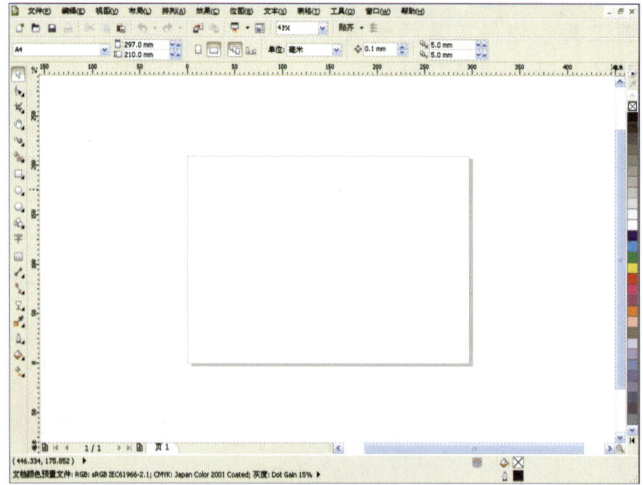

图1-32　新建文件

CorelDRAW X5快速入门

02 单击工具箱中的【椭圆工具】◯，绘制一个椭圆形，然后将填充颜色设置为 C:0 M:19 Y:14 K:0，效果如图1-33所示。

03 单击工具箱中的【选择工具】，选择椭圆形，单击【属性栏】上的【饼形】按钮，将【属性栏】上的【起始和结束角度】文本框分别设置为0°和320°，参数设置如图1-34所示。修改后得到图形效果如图1-35所示。

   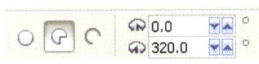   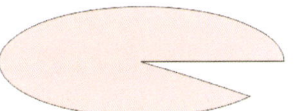

图1-33 绘制椭圆　　　　　图1-34 饼形参数设置　　　　　图1-35 修改效果

> **提示**　使用基本图形工具绘制基本图形时，由中心开始绘制图形，可按住【Shift】键并拖动鼠标。绘制等比例的图形时，可以按住【Ctrl】键并拖动鼠标。绘制由中心开始且等比例的图形时，可按住【Shift+Ctrl】键并拖动鼠标。

04 单击工具箱中的【选择工具】，选择调整后的圆形，按下小键盘上的【+】键复制圆形，将其填充颜色设置为 C:0 M:40 Y:20 K:0，然后调整圆形位置，如图1-36所示。

05 单击工具箱中的【矩形工具】□，绘制一个矩形，调整矩形的位置，如图1-37所示。

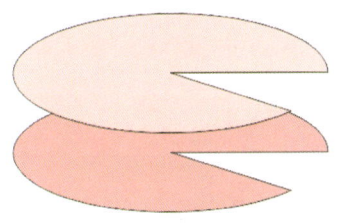　　　　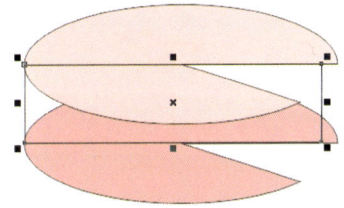

图1-36 复制图形　　　　　　　　　图1-37 调整矩形位置

06 选择矩形，单击鼠标右键，选择【转换为曲线】命令（快捷键【Ctrl+Q】），将矩形转换为曲线进行编辑。执行【视图】/【贴齐对象】命令（快捷键【Ctrl+Z】）并单击工具箱中的【形状工具】，如图1-38所示对矩形的节点进行编辑，调整后的效果如图1-39所示。

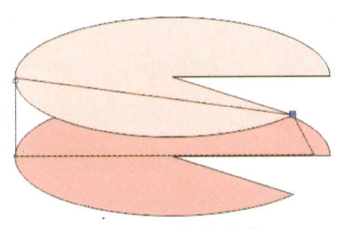　　　　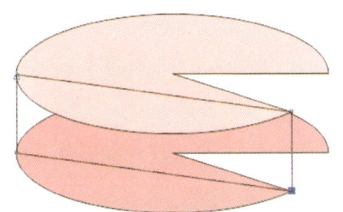

图1-38 调整节点　　　　　　　　　图1-39 调整节点后效果

07 选择调整后的矩形，按住【Shift】键的同时选择下方的椭圆形，单击【属性栏】上的【合并】按钮，对图形的形状进行调整，效果如图1-40所示。单击工具箱中的【形状工具】，框选图形的部分节点，删除框选的节点，然后框选整个图形，单击【属性栏】上的【简化】按钮，修剪掉图形中重叠的部分，得到如图1-41所示的效果。

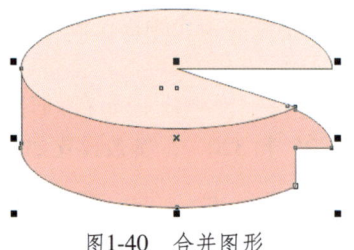
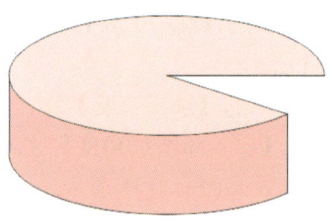

图1-40　合并图形　　　　　　　图1-41　修剪图形

08 单击工具箱中的【矩形工具】，绘制一个矩形，将填充颜色设置为 C:32 M:54 Y:38 K:0，调整矩形的位置，如图1-42所示，然后单击鼠标右键，选择【顺序】/【向后一层】命令（快捷键【Ctrl+Pg Dn】），将矩形调整至图层最下方，效果如图1-43所示。

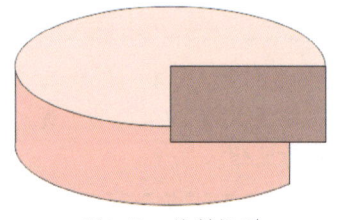
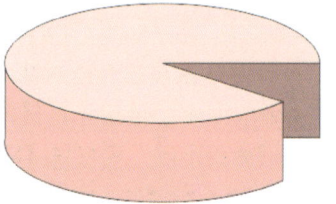

图1-42　绘制矩形　　　　　　　图1-43　调整矩形位置

09 单击工具箱中的【椭圆工具】，绘制一个椭圆，如图1-44所示。单击鼠标右键，选择【转换为曲线】命令（快捷键【Ctrl+Q】），将椭圆转换为曲线，然后单击工具箱中的【形状工具】，如图1-45所示调整椭圆形状。

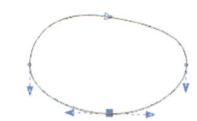

图1-44　绘制椭圆　　　　　　　图1-45　调整椭圆形状

10 选择调整形状后的椭圆，将其移动至蛋糕图形中，效果如图1-46所示，然后选择椭圆和蛋糕上层椭圆，单击【属性栏】上的【移除前面对象】按钮，对图形进行剪切，剪切后的效果如图1-47所示。

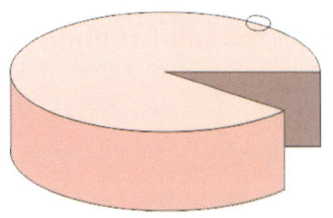
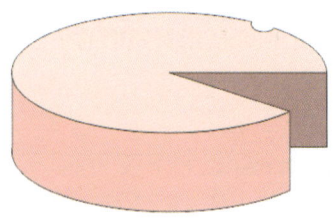

图1-46　将椭圆移至蛋糕图形中　　　　　　　图1-47　剪切后效果

11 单击工具箱中的【椭圆工具】，在图形四周绘制大小不等的多个圆形，结合【形状工具】编辑圆形的形状，并调整位置得到如图1-48所示效果，然后用前面相同的方法，对相应的图形进行剪切，完成后效果如图1-49所示。

12 单击工具箱中的【椭圆工具】，在蛋糕图形中绘制形状不一的多个圆形，如图1-50所示。然后将填充颜色分别设置为 C:0 M:40 Y:20 K:0、C:21 M:49 Y:33 K:0、C:53 M:64 Y:55 K:2，效果如图1-51所示。

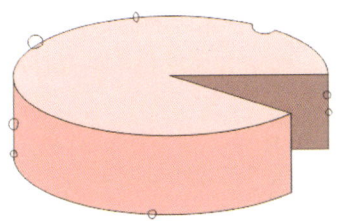

图1-48 绘制圆形并调整

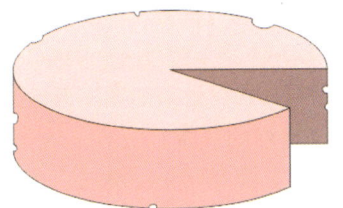

图1-49 剪切效果

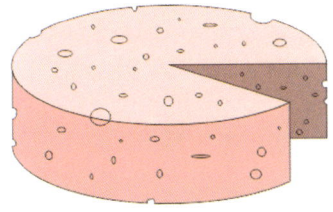

图1-50 绘制蛋糕气孔

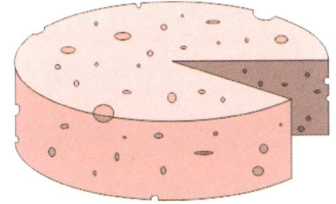

图1-51 填充颜色

13 单击工具箱中的【椭圆工具】，绘制一个椭圆形，将填充颜色设置为 C:0 M:19 Y:14 K:0，然后单击工具箱中的【选择工具】，选择椭圆形，单击【属性栏】上的【饼形】按钮，将【属性栏】上的【起始和结束角度】文本框分别设置为 0° 和 320°，参数设置如图1-52所示。修改后得到图形效果如图1-53所示。

图1-52 饼形参数设置

图1-53 修改后效果

14 单击工具箱中的【矩形工具】，绘制一个矩形，将填充颜色设置为 C:0 M:40 Y:20 K:0，调整其位置，如图1-54所示。单击鼠标右键，选择【转换为曲线】命令（快捷键【Ctrl+Q】），将矩形转换为曲线进行编辑，然后单击工具箱中的【形状工具】，对矩形的形状进行调整，如图1-55所示的效果。

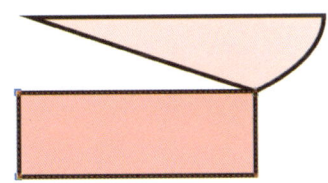

图1-54 绘制矩形

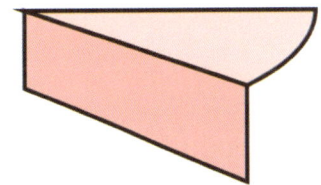

图1-55 调节矩形形状

15 单击工具箱中的【矩形工具】，在蛋糕图形中绘制一个新的矩形，将填充颜色设置为，如图1-56所示，单击鼠标右键，选择【转换为曲线】命令（快捷键【Ctrl+Q】），将矩形转换为曲线进行编辑，然后单击工具箱中的【形状工具】，调整矩形的形状，如图1-57所示。

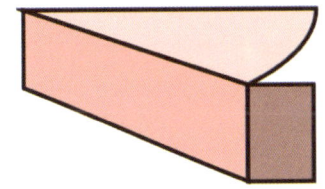

图1-56 绘制矩形

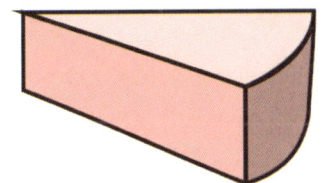

图1-57 调整矩形形状

16 单击工具箱中的【椭圆工具】，在小蛋糕图形中绘制大小不等的圆形，将填充颜色分别设置为 C:0 M:40 Y:20 K:0、C:21 M:49 Y:33 K:0、C:53 M:64 Y:55 K:2，并结合属性栏中的【移除前面对象】按钮修剪图形形状，效果如图1-58所示。

17 调整小块蛋糕的位置，放置于大蛋糕旁边，如图1-59所示。框选整个图形，单击鼠标右键，选择【编组】命令（快捷键【Ctrl+G】）进行群组，去除轮廓线。然后单击工具箱中的【阴影工具】，为图形添加阴影效果，参数设置如图1-60所示。效果如图1-61所示。至此，蛋糕图形绘制完成。

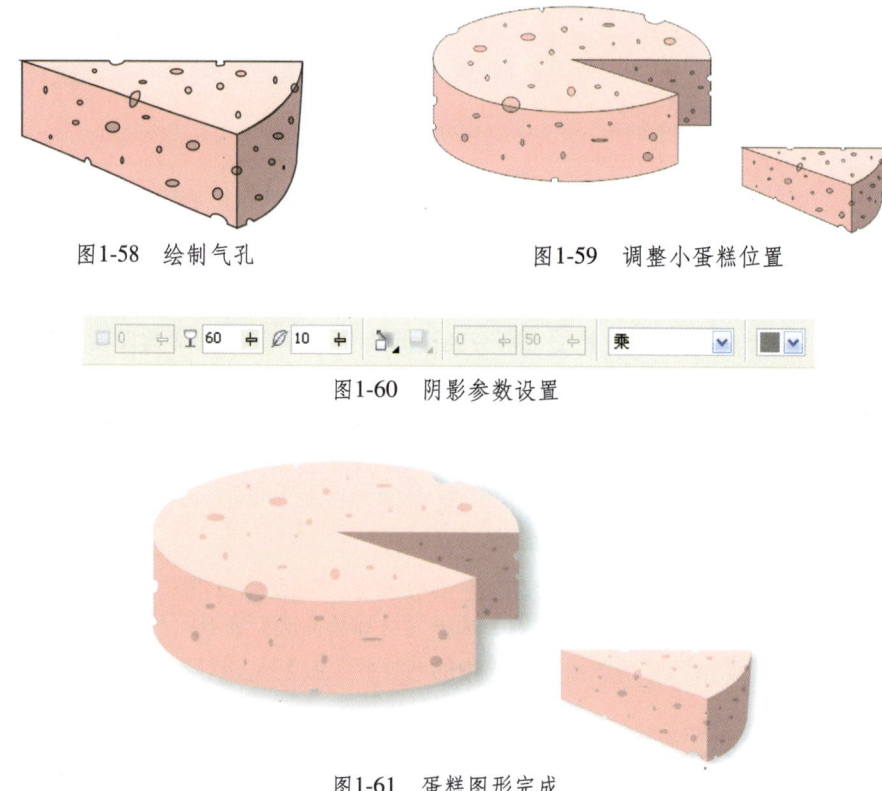

图1-58　绘制气孔　　　　　图1-59　调整小蛋糕位置

图1-60　阴影参数设置

图1-61　蛋糕图形完成

1.7.2　字母logo设计

本例学习灵活、变通的应用CorelDRAW中的各个工具，制作出具有个性、充满时尚感的字母logo。首先使用矩形工具绘制logo底部图形，其次使用表格工具和智能填充工具在底部图形上绘制网格并为指定格填充颜色，再次使用文本工具添加文字，最后通过轮廓笔工具绘制图形轮廓完成字母logo的设计。制作流程如图1-62所示，完成效果如图1-63所示。

学习重点

（1）学习圆角矩形的绘制方法
（2）掌握表格工具和智能填充工具的使用
（3）使用文本工具添加文字
（4）轮廓笔工具的运用方式

CorelDRAW X5快速入门

制作流程

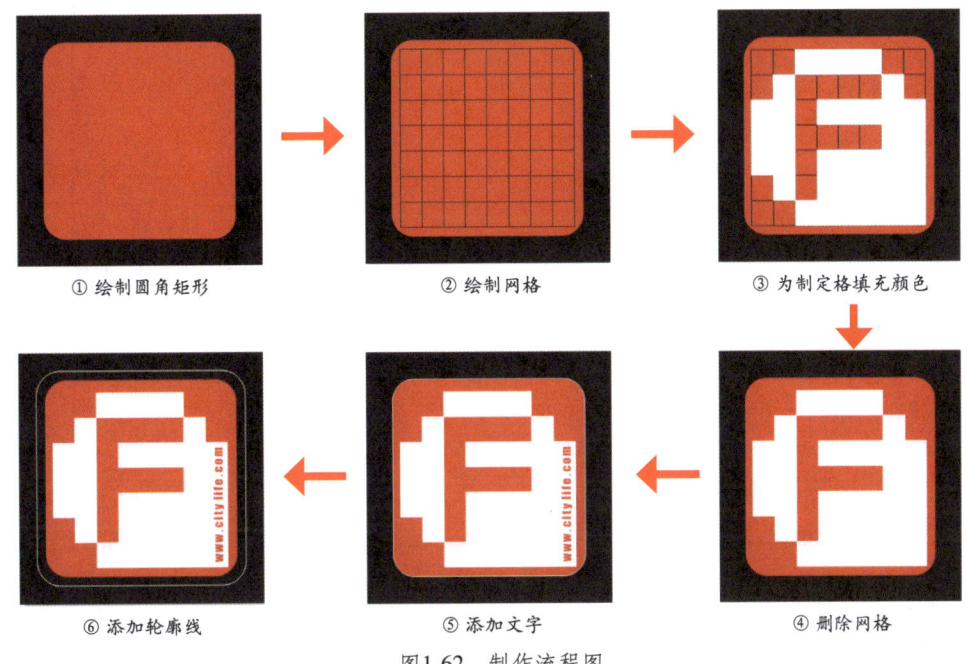

① 绘制圆角矩形　② 绘制网格　③ 为制定格填充颜色

⑥ 添加轮廓线　⑤ 添加文字　④ 删除网格

图1-62　制作流程图

实例效果

图1-63　字母logo最终效果图

　字母logo设计

- 所用素材：光盘\素材\第1章\无
- 最终场景：光盘\效果\第1章\1.7.2　字母logo设计

01 运行CorelDRAW X5，单击【文件】/【新建】命令（快捷键【Ctrl+N】）创建一个210mm×210mm大小的图形文件，如图1-64所示。双击鼠标左键，生成一个与图形文件相同大小的矩形，将填充颜色设置为黑色，如图1-65所示。

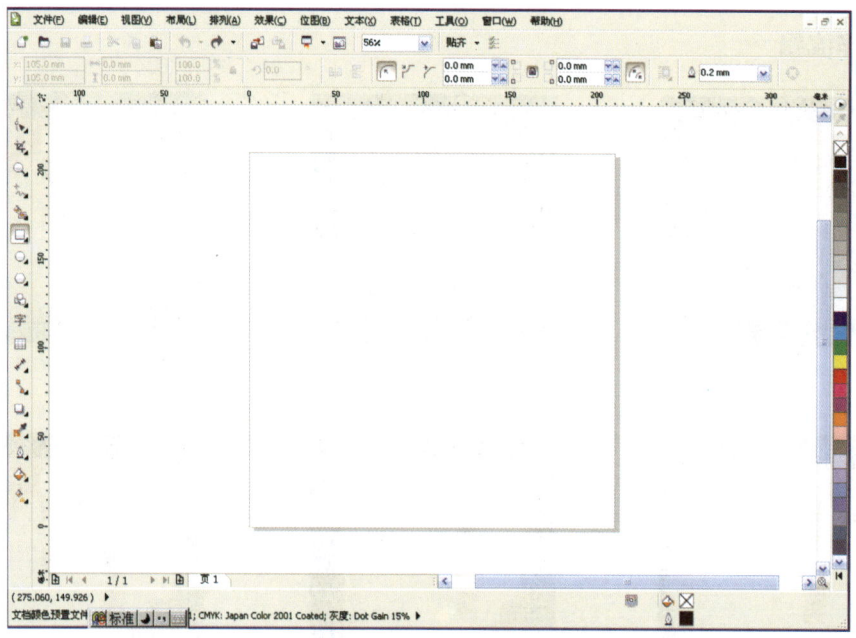

图1-64 新建文件

图1-65 绘制矩形

02 单击鼠标右键，选择【锁定对象】命令，将矩形锁定。

03 单击工具箱中的【矩形工具】，按住【Ctrl】键绘制一个165mm×165mm的正方形，将填充颜色设置为红色，去除轮廓，调整矩形的位置，将其放置在黑色矩形的中心。如图1-66所示，单击工具箱中的【形状工具】，将其拖动为圆角矩形，得到如图1-67所示效果。

04 单击工具箱中的【表格工具】，将【属性栏】上的【行数和列数】文本框分别设置为7和8，然后按住【Ctrl】在页面中绘制150mm×150mm的网格，效果如图1-68所示。

CorelDRAW X5快速入门

图1-66 绘制矩形

图1-67 圆角矩形

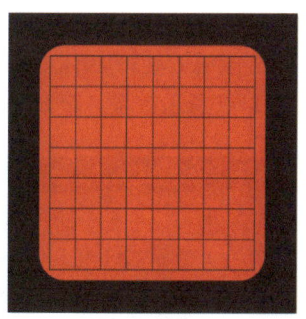
图1-68 绘制网格

05 单击工具箱中的【智能填充工具】，参数设置如图1-69所示。

图1-69 智能填充参数设置

06 在第一列第三个网格单击并将其填充颜色设置为白色，如图1-70所示。依照同样的方法，将其他的网格也填充为白色。得到一个"F"字形的图像，如图1-71所示。

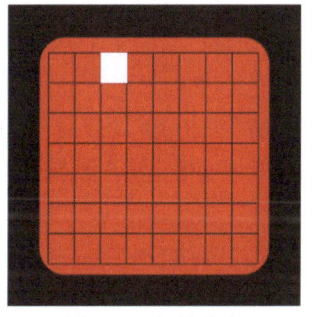
图1-70 智能填充

图1-71 智能填充效果

07 单击工具箱中的【选择工具】，选择网格并删除，得到如图1-72所示效果。

08 单击工具箱中的【文本工具】字，设置适当的字体字号，并将【属性栏】上的【旋转角度】改为90°。输入文字，将填充颜色设置为红色，调整文字的位置，得到如图1-73所示的效果。

09 单击工具箱中的【选择工具】，选择红色圆角矩形，按下小键盘上的【+】键复制圆角矩形，去除填充色，将轮廓线颜色设置为白色，效果如图1-74所示。

图1-72 删除网格

图1-73 输入文字

图1-74 设置轮廓线颜色

10 将【属性栏】上的【对象大小】文本框分别设置为 180mm×180mm，效果如图 1-75 所示。然后单击工具箱中的【轮廓笔工具】，参数设置如图 1-76 所示。单击【确定】按钮，得到如图 1-77 所示效果，至此，字母 logo 绘制完成。

图1-75　更改矩形大小

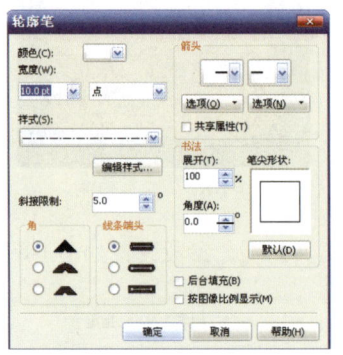

图1-76　轮廓笔参数设置

图1-77　字母logo完成

1.8　本章小结

通过本章的学习，使读者对 CorelDRAW X5 有了一定了解，掌握了文件的基本操作，熟悉了工作界面的设置等。在本章中，对图形与图像的介绍及色彩基础知识的讲解，更是帮助读者在以后的设计学习中打下了基础。最后通过绘制蛋糕图形和字母 logo 设计两个基础案例，帮助读者通过案例熟悉了 CorelDRAW X5 的基本操作，将读者带入 CorelDRAW 设计的大门。

1.9　习题

实训题

制作如图 1-78 所示的口红图形。

制作提示：首先使用矩形工具，椭圆工具绘制口红底部的基本外形，其次使用形状工具对基本外形进行进一步修改并用渐变填充工具填充颜色，再次使用贝塞尔工具绘制口红及其高光部分并填充颜色，最后复制一个口红，旋转其角度并调整所在位置和口红颜色，得到口红图形。

图1-78　口红图形

第 2 章 字体特效设计

> 在CorelDRAW中有美术文字与段落文字两种文本模式。美术文字是指单个的文字对象，段落文字是指建立在美术文本模式基础上的大块区域的文本。运用CorelDRAW的文本工具可以轻松地排版文字、图片并进行调节，结合路径的使用可以制作出各种特殊文字效果。本章将通过介绍5个文字特效实例，讲解表现文字不同立体效果的造型技法。在制作特效文字时，需要与艺术笔工具、各种造型工具和交互式工具配合使用。

本章要点

- 路径在文字效果中的应用
- 矩形工具、艺术笔工具等工具与文字的结合使用
- 表现文字不同的立体效果

2.1 变形文字设计

在文字特效设计中，常常要将文字进行变形，以适应版面整体风格。本例首先使用矩形工具和底纹填充工具制作变形文字的底纹，然后使用文本工具添加文字，最后通过封套工具对文字进行变形完成变形文字的设计。制作流程如图2-1所示，完成效果如图2-2所示。

学习重点

（1）学习运用底纹填充工具
（2）使用文本工具添加文字
（3）掌握封套工具的运用

制作流程

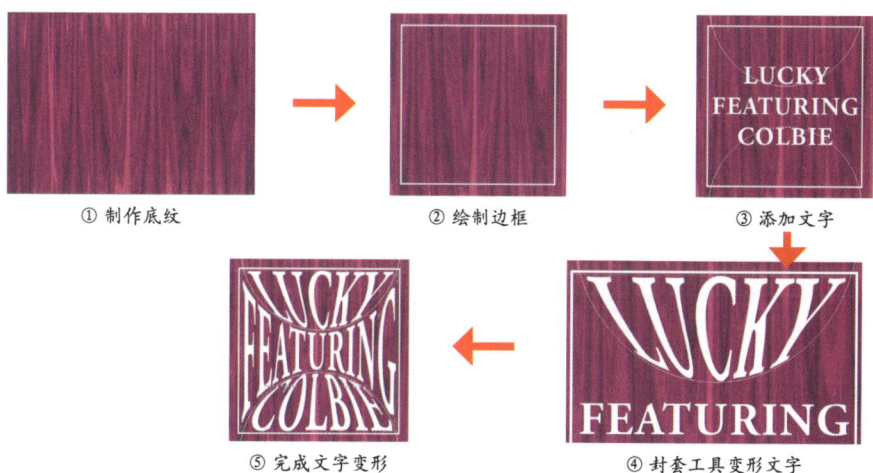

图2-1　制作流程图

实例效果

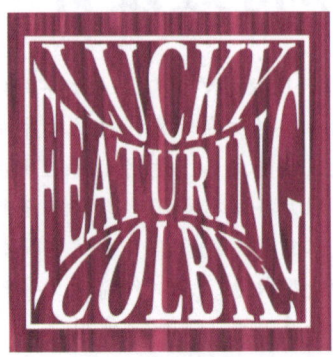

图2-2 变形文字设计实例效果图

 变形文字设计

所用素材：光盘\素材\第2章\无
最终场景：光盘\效果\第2章\2.1 变形文字设计

01 运行 CorelDRAW X5，单击【文件】/【新建】命令（快捷键【Ctrl+N】）创建一个 A4 大小的图形文件，单击【属性栏】上的【横向】 ，将页面调整为横向状态，如图 2-3 所示。

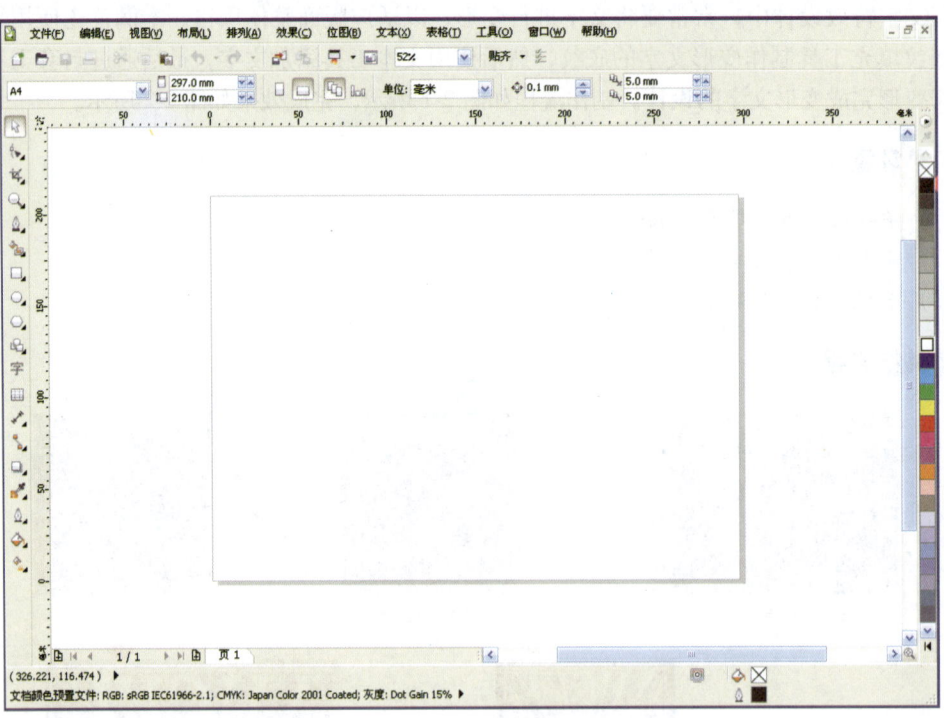

图2-3 新建文件

02 单击工具箱中的【矩形工具】 ，绘制一个与页面大小相同的矩形，单击工具箱中的【底纹填充】 ，在弹出的对话框中设置参数，如图 2-4 所示。单击【确定】按钮，得到如图 2-5 所示的效果。

字体特效设计

图2-4 底纹填充参数设置　　　　　　图2-5 填充效果

03 单击工具箱中的【矩形工具】，在页面中间位置绘制一个大小为 165mm×165mm 的矩形，如图 2-6 所示，单击工具箱中的【轮廓笔工具】，选择【轮廓笔】，(快捷键【Ctrl+F12】)，在弹出的对话框中设置参数，如图 2-7 所示。完成后单击【确定】按钮，效果如图 2-8 所示。

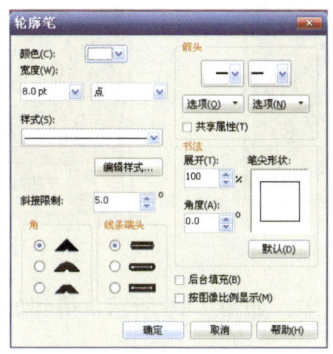

图2-6 绘制矩形　　　　　　图2-7 轮廓笔参数设置　　　　　　图2-8 修改轮廓

04 单击工具箱中的【文本工具】，在矩形上输入分别输入三段文字，将文本的填充颜色设置为白色，效果如图 2-9 所示。然后单击工具箱中的【椭圆工具】，在页面中绘制一个大小为 160mm×160mm 的正圆形，将轮廓线填充颜色设置为白色。调整其位置到如图 2-10 所示的位置。复制一个圆形，调整其位置到如图 2-11 所示位置。

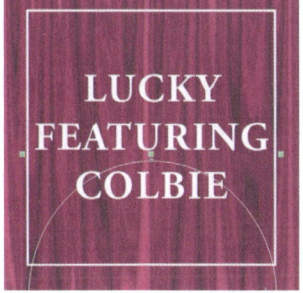
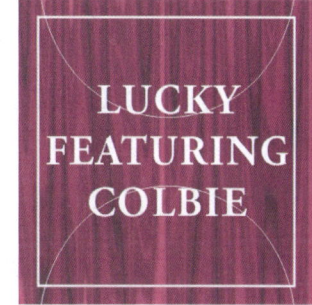

图2-9 输入文字　　　　　　图2-10 绘制圆形　　　　　　图2-11 复制圆形

 提示　绘制两个轮廓为白色的圆，是为了后面变形文字时做参考。

05 单击工具箱中的【封套工具】，选择上面文字的节点，如图 2-12 所示，删除中间的节点并调整文字上方两边的节点到如图 2-13 所示状态，再将文字下方的所有节点调整到离其最近的白色圆上，得到如图 2-14 所示效果。将控制线调整光滑，得到如图 2-15 所示的效果。

图2-12　删除节点

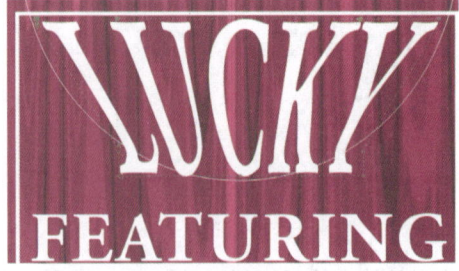

图2-13　调整两边节点

图2-14　调整文字下方节点

图2-15　调整控制线

06 使用相同的方法调整下面的文字，如图 2-16 所示，得到如图 2-17 所示的效果。

图2-16　调整节点

图2-17　调整控制线

07 单击工具箱中的【封套工具】，选择中间的文字，框选左右两边中间的节点，将其删除，如图 2-18 所示。调整其他节点并调整控制杆，将控制线调整光滑，得到如图 2-19 所示的效果。

图2-18　选择节点

图2-19　调整节点

08 单击工具箱中的【选择工具】 ，选择两个做参考的白色轮廓的圆，将其删除，得到如图2-20 所示的效果，至此，变形文字绘制完成。

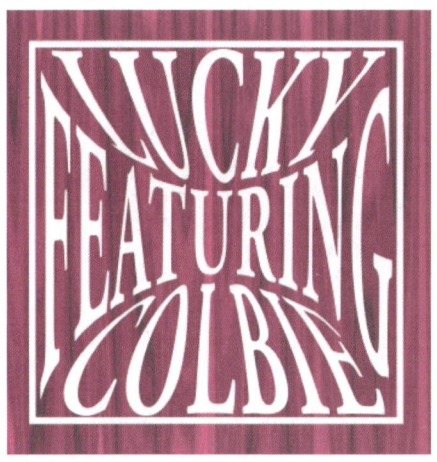

图2-20 变形文字完成

2.2 Super标牌设计

字体特效设计并不仅局限于对已有文字的变形，更需要创造新的文字形式。本例首先使用矩形工具制作新的文字形式并用形状工具对文字形状进行调整，然后复制文字并对其轮廓进行调整用作文字底座，最后通过立体化工具为文字及底座添加立体效果完成super标牌设计。制作流程如图2-21 所示，完成效果如图2-22 所示。

学习重点

（1）运用矩形工具创造文字
（2）使用轮廓笔工具修改文字轮廓并将轮廓转换为对象
（3）为文字制作逼真的立体效果

制作流程

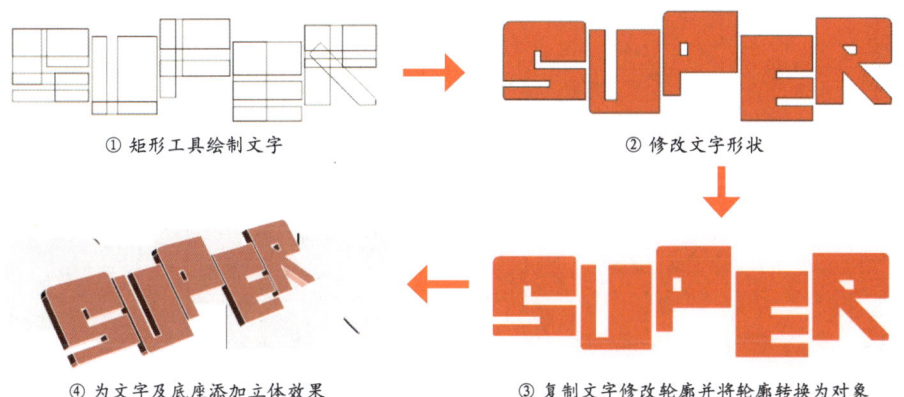

图2-21 制作流程图

实例效果

图2-22 Super标牌设计实例效果图

上机实战　Super标牌设计

所用素材：光盘\素材\第2章\无
最终场景：光盘\效果\第2章\2.2 Super标牌设计

01 运行CorelDRAW X5，单击【文件】/【新建】命令（快捷键【Ctrl+N】）创建一个A4大小的图形文件，单击【属性栏】上的【横向】 ，将页面调整为横向状态。鼠标左键双击工具箱中的【矩形工具】 ，绘制与页面相同大小的矩形，将填充颜色设置为 C: 0M: 0Y: 0K: 10，去除轮廓，如图2-23所示。

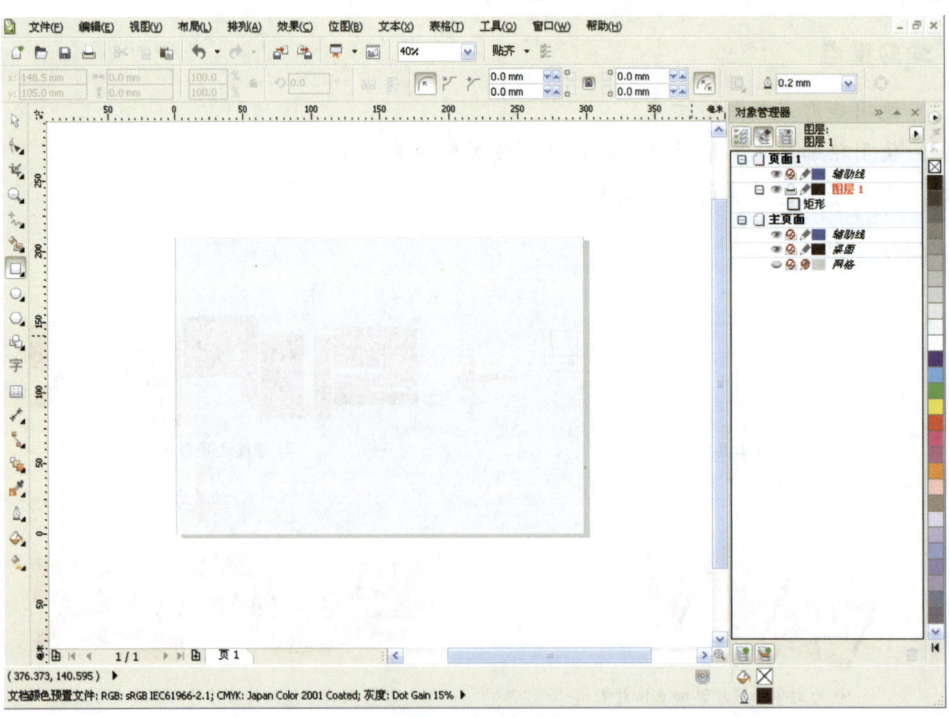

图2-23 新建文件

02 单击工具箱中的【矩形工具】□，将【属性栏】上的【圆角半径】文本框设置为20.0mm，然后在页面中绘制一个大小为255mm×160mm的矩形，将填充颜色设置为白色，去除轮廓，如图2-24所示。

图2-24　绘制白色矩形

03 单击工具箱中的【阴影工具】□，从白色矩形的下方至右上方拖曳鼠标，为矩形添加阴影。修改【属性栏】上的参数，如图2-25所示，得到如图2-26所示的效果。

图2-25　阴影参数设置

图2-26　添加阴影后效果

04 单击工具箱中的【矩形工具】□，依照文字"SUPER"，在页面中绘制如图2-27所示图形。将填充颜色设置为 C:0 M:100 Y:100 K:0，效果如图2-28所示。

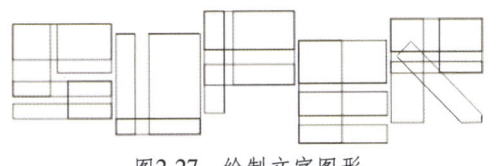

图2-27　绘制文字图形

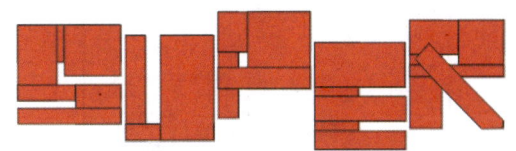

图2-28　填充颜色

05 单击工具箱中的【选择工具】，框选所有文字图形，然后单击【属性栏】上的【合并】按钮，将文字图形合并，去除多余节点，如图2-29所示。

06 单击工具箱中的【形状工具】，在"S"左上方边线上添加一个新的节点，如图2-30所示。将添加节点左边的节点向下拖动，得到如图2-31所示的效果。

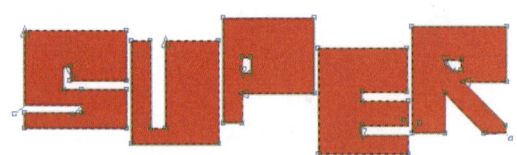  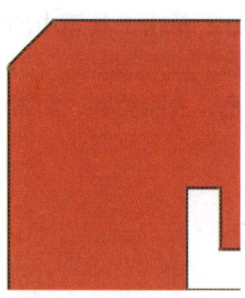

图2-29　合并文字图形　　　　图2-30　添加节点　　　　图2-31　调整节点位置

07 在"S"左上方的边线上单击一个点，如图 2-32 所示。然后单击【属性栏】上的【转换为曲线】按钮，拖动两节点之间的曲线，得到如图 2-33 所示的圆角效果。

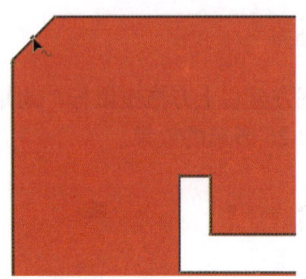 

图2-32　单击一个点　　　　　　　　图2-33　将直线转换为曲线

08 按照同样的方法继续制作文字图形的圆角，得到如图 2-34 所示的效果。

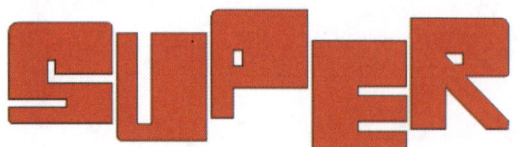

图2-34　制作文字图形的圆角

09 将文字图形的轮廓线填充颜色设置为白色，复制一个文字图形，然后单击工具箱中的【轮廓笔工具】，选择【轮廓笔】（快捷键【Ctrl+F12】），在弹出的对话框中设置参数，如图 2-35 所示。完成后单击【确定】按钮，效果如图 2-36 所示。

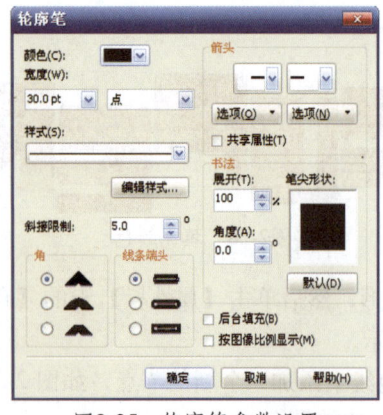 

图2-35　轮廓笔参数设置　　　　　　图2-36　修改轮廓

字体特效设计

10 执行【排列】/【将轮廓转换为对象】命令（快捷键【Ctrl+Shift+Q】），将修改后的轮廓转换为对象，选择轮廓和修改轮廓的原形状，单击【属性栏】上的【合并】按钮，将其合并，如图 2-37 所示。将填充颜色设置为 10% 黑，去除轮廓线。然后单击鼠标右键，选择【顺序】/【向后一层】命令（快捷键【Ctrl+Pg Dn】），得到如图 2-38 所示的效果。

图2-37　合并图形　　　　　　　　图2-38　调整图形位置

11 选中红色文字图形，单击工具箱中的【立体化工具】，为图形添加立体化效果，参数设置如图 2-39 所示，然后单击【属性栏】上的【立体化照明】按钮，参数设置如图 2-40 所示，得到如图 2-41 所示的效果。

图2-39　立体化参数设置

 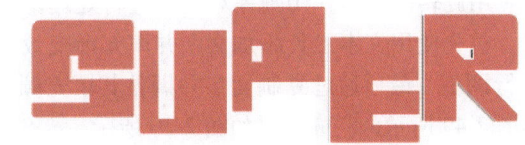

图2-40　立体化照明参数设置　　　　图2-41　立体化照明效果

12 单击【属性栏】上的【立体的方向】按钮，在弹出的下拉菜单中单击右下方的按钮，参数设置如图 2-42 所示，得到如图 2-43 所示的效果。

图2-42　旋转值参数设置　　　　图2-43　旋转效果

13 选中灰色图形，单击工具箱中的【立体化工具】，为图形添加立体化效果，参数设置如图 2-44 所示，然后单击【属性栏】上的【立体化照明】按钮，参数设置如图 2-45 所示，得到如图 2-46 所示的效果。

图2-44　立体化参数设置

14 单击【属性栏】上的【立体的方向】按钮，在弹出的下拉菜单中单击右下方的按钮，参数设置如图 2-47 所示，调整其位置，得到如图 2-48 所示的效果。至此，Super 标牌绘制完成。

图2-45　立体化照明参数设置

图3-46　立体化照明效果

图2-47　旋转值参数设置

图2-48　Super标牌完成

2.3　Redbaby标牌设计

本实例应用旋转、位移、切割等对文字进行处理，进一步美化版面，创造出倾斜、波浪等美妙的效果。首先使用文本工具添加文字并填充渐变效果，然后使用形状工具对单个文字的大小及形状进行调整，最后通过复制文字并调整其填充颜色和轮廓属性完成Redbaby标牌设计。制作流程如图2-49所示，完成效果如图2-50所示。

学习重点

(1) 使用形状工具调整文字水平距离及文字大小
(2) 学习调整单个文字形状
(3) 修改文字填充颜色及轮廓属性

制作流程

图2-49　制作流程图

字体特效设计

⑤ 复制文字修改文字填充颜色及轮廓　　　　　　　　　　⑥ 调整文字位置

图2-49（续）

实例效果

图2-50　Redbaby标牌设计实例效果图

上机实战　Redbaby标牌设计

所用素材：光盘\素材\第2章\无
最终场景：光盘\效果\第2章\2.2　Redbaby标牌设计

01 运行CorelDRAW X5，单击【文件】/【新建】命令（快捷键【Ctrl+N】）创建一个A4大小的图形文件，单击【属性栏】上的【横向】，将页面调整为横向状态。鼠标左键双击工具箱中的【矩形工具】，绘制与页面相同大小的矩形，将填充颜色设置为 C:0 M:0 Y:0 K:10，去除轮廓，如图2-51所示。

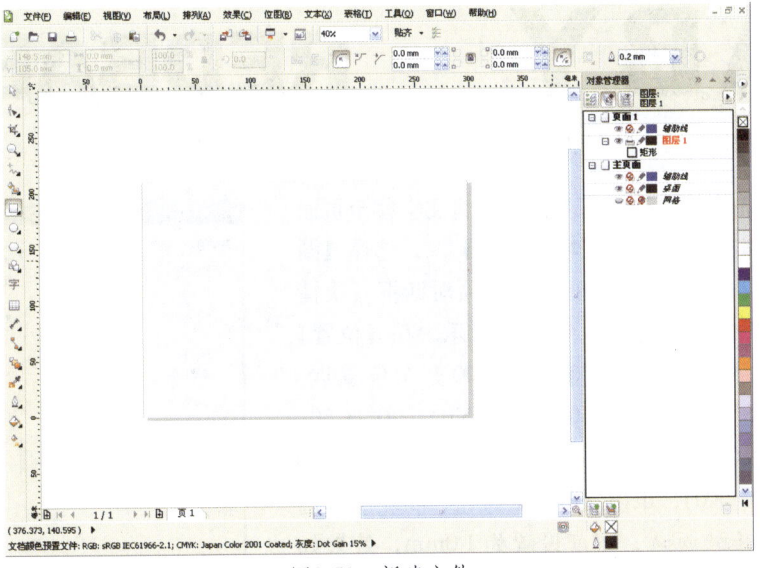

图2-51　新建文件

02 单击工具箱中的【矩形工具】，将【属性栏】上的【圆角半径】文本框设置为 20.0mm，然后在页面中绘制一个大小为 255mm×160mm 的矩形，将填充颜色设置为白色，去除轮廓，如图 2-52 所示。

03 单击工具箱中的【阴影工具】，从白色矩形的下方至右上方拖动鼠标，为矩形添加阴影。修改【属性栏】上的参数，如图 2-53 所示，得到如图 2-54 所示的效果。

04 单击工具箱中的【文本工具】，在页面中输入所需要的文字，将【属性栏】中的【字体列表】/【字体大小】参数设置为 Arial Black 100pt，效果如图 2-55 所示。

图2-52 绘制白色矩形

图2-53 阴影参数设置

图2-54 添加阴影后效果

图2-55 输入文字

05 单击工具箱中的【形状工具】，将鼠标置于文字右下角，进行水平距离调整，如图 2-56 所示。向左侧拖动文字，得到如图 2-57 所示的效果。

图2-56 摆放光标状态　　　　　　　图2-57 拖动光标后效果

06 单击工具箱中的【选择工具】，将文字移至页面中间。然后单击工具箱中的【填充工具】，选择【渐变填充】选项，弹出【渐变填充】选项对话框（快捷键【F11】），渐变参数设置如图 2-58 所示。在【位置】选项中分别添加并输入 0、20、35、100 几个位置点，颜色分别设置为 0（C29、M0、Y93、K0）、20（C50、M0、Y100、K0）、35（C50、M0、Y100、K0）、100（C0、M0、Y0、K0），单击【确定】按钮，将轮廓颜色设置为 C: 64 M: 20 Y: 100 K: 0，宽度设置为 1.0mm，效果如图 2-59 所示。

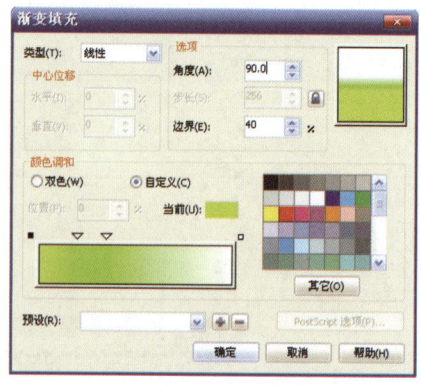

图2-58 渐变填充参数设置

07 单击工具箱中的【形状工具】，将鼠标置于"R"右下角的字符控制标记，以呈黑色显示状态，如图2-60所示。然后将【属性栏】上的参数设置为  并拖动鼠标得到如图2-61所示的效果。按照同样方法，将"B"调整到如图2-62所示的效果。

图2-59 填充效果　　　　　　　　　　　　图2-60 选中字符

图2-61 调整字母R　　　　　　　　　　　图2-62 调整字母后的效果

08 单击鼠标右键，选择【转换为曲线】命令（快捷键【Ctrl+Q】），然后单击工具箱中的【形状工具】，选择"R"左下角的节点并单击【属性栏】上的【删除节点】按钮，得到如图2-63所示的效果。

09 选中文字上的节点，单击【属性栏】上的【转换为曲线】按钮，拖动节点调整文字形状，如图2-64所示。

图2-63 删除节点　　　　　　　　　　　图2-64 调节文字形状

10 单击鼠标右键，选择【编组】命令（快捷键【Ctrl+G】）将文字群组。然后按下小键盘上的【+】键，原位复制出1个文字组。将轮廓颜色设置为黑色，宽度设置为6.0mm，如图2-65所示。单击鼠标右键，选择【顺序】/【向后一层】命令（快捷键【Ctrl+Pg Dn】）将修改后的文字移至下一层，效果如图2-66所示。

图2-65 更改轮廓

图2-66 调整顺序后效果

> 【Ctrl+PgUp】是将当前所选移至前一层，【Ctrl+PgDn】是将当前所选移至下一层，【Shift+ PgDn】是将当前所选移至最后一层。

11 选择更改文字轮廓前的文字，按下小键盘上的【+】键，原位再复制出 1 个文字组，将填充颜色和轮廓颜色都设置为白色，轮廓宽度设置为 8.0mm，然后单击鼠标右键，选择【顺序】/【到图层后面】命令（快捷键【Ctrl+ PgDn】），将修改好的文字移至黑色轮廓文字下层。接着复制文字，将轮廓颜色填充为 ，轮廓宽度为 12.0mm。按照同样的方法制作轮廓颜色为黑色、宽度为 14.0mm 的文字，并将其移至修改的绿色轮廓文字下层，效果如图 2-67 所示，Redbaby 标牌绘制完成。

图2-67　Redbaby标牌设计绘制完成

2.4　彩虹文字

本实例主要学习结合使用贝塞尔工具、形状工具及艺术笔工具，制作出具有彩虹效果的文字图形，在制作时首先为艺术笔工具制作艺术笔触，然后使用矩形工具绘制渐变背景并用手绘工具为背景添加纹理效果，再次使用贝塞尔工具和椭圆工具绘制彩虹文字背景图形，最后通过贝塞尔工具和艺术笔工具的结合使用完成彩虹文字的绘制。制作流程如图 2-68 所示，完成效果如图 2-69 所示。

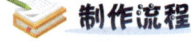 学习重点

（1）学习制作艺术笔触
（2）了解手绘工具的运用
（3）掌握贝塞尔工具和艺术笔工具的结合使用

制作流程

图2-68　制作流程图

字体特效设计

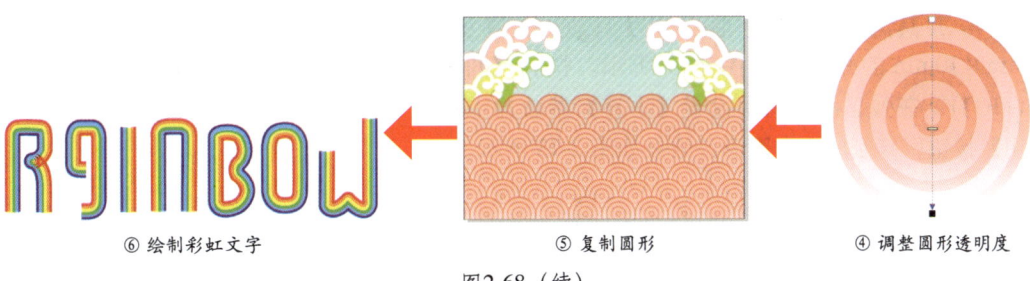

⑥ 绘制彩虹文字　　　　⑤ 复制图形　　　　④ 调整圆形透明度

图2-68（续）

 实例效果

图2-69　彩虹文字实例效果图

上机实战　制作彩虹文字

所用素材：光盘\素材\第2章\无
最终场景：光盘\效果\第2章\2.3　彩虹文字

01 运行CorelDRAW X5，单击【文件】/【新建】命令（快捷键【Ctrl+N】）创建一个A4大小的图形文件，单击【属性栏】上的【横向】，将页面调整为横向状态，如图2-70所示。

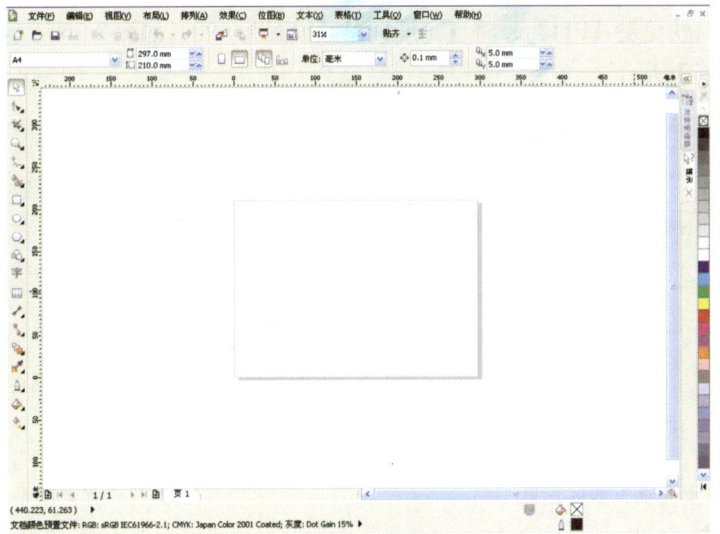

图2-70　创建文件

02 单击工具箱中的【矩形工具】 ▫ （快捷键【F6】），在页面中绘制一个大小为 200mm×10mm 的矩形，如图 2-71 所示。执行【排列】/【变换】/【位置】命令（快捷键【Alt+F7】），在弹出泊坞窗中设置【垂直】参数为 10mm 【副本】为 5，如图 2-72 所示，单击【应用】按钮，复制出 5 个图形，效果如图 2-73 所示。

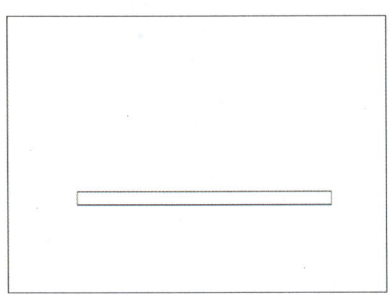
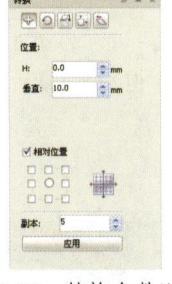

图 2-71　绘制矩形　　　　图 2-72　转换参数设置　　　　图 2-73　复制矩形

03 在各个矩形中分别填充颜色，从上到下依次设置为 ◆ C：0 M：100 Y：100 K：0 、 ◆ C：0 M：60 Y：100 K：0 、 ◆ C：0 M：0 Y：100 K：0 、 ◆ C：100 M：0 Y：100 K：0 、 ◆ C：100 M：0 Y：0 K：0 、 ◆ C：100 M：100 Y：0 K：0 ，取消轮廓线，效果如图 2-74 所示。

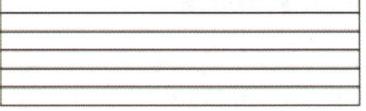

图 2-74　填充颜色

04 单击工具箱中的【艺术笔工具】 ◆ 选择 ◆ ，然后单击【属性栏】上的【保存艺术笔触】 ◆ 按钮，将制作的图形储存为艺术笔触，如图 2-75 所示。

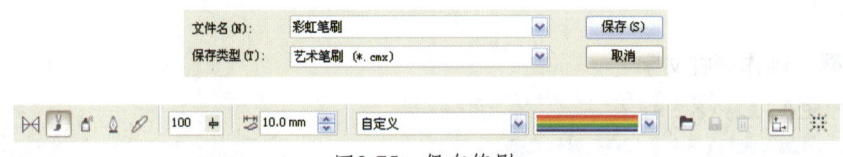

图 2-75　保存笔刷

05 鼠标左键双击工具箱中的【矩形工具】 ▫ ，绘制与页面相同大小的矩形，将填充颜色设置为 ◆ C：50 M：0 Y：30 K：0 。单击工具箱中的【填充工具】 ◆ ，选择【渐变填充】选项，弹出【渐变填充】选项对话框（快捷键【F11】），将【角度】参数设置为 -90，如图 2-76 所示。完成单击【确定】，效果如图 2-77 所示。

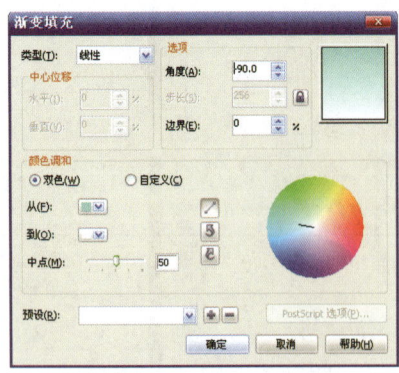

图 2-76　渐变填充参数设置　　　　图 2-77　背景图形

06 单击工具箱中的【手绘工具】 ◆ （快捷键【F5】），在页面中绘制一条直线，复制线条并旋转 45°，调整其位置，如图 2-78 所示。将线条颜色填充为白色，执行【效果】/【图框精确剪裁】/【放置在容器中】命令，将白色线条放置在背景图形中，效果如图 2-79 所示。

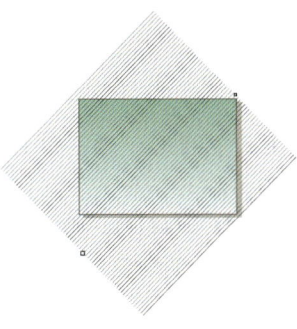 

图2--78　绘制底纹　　　　　　　　　　图2-79　底纹背景

07 单击工具箱中的【贝塞尔工具】，绘制波浪外轮廓图形，将填充颜色设置为 C:0 M:40 Y:30 K:0，去除轮廓，效果如图 2-80 所示，在图形中绘制波浪内轮廓，将颜色填充为白色，去除轮廓线，效果如图 2-81 所示。

图2-80　绘制波浪　　　　　　　　　　图2-81　波浪图形

08 复制两个波浪图形，将填充颜色分别设置为 C:10 M:0 Y:80 K:0、C:50 M:0 Y:100 K:0，调整图形大小和位置，如图 2-82 所示。

09 选择波浪图形，单击鼠标右键，选择【编组】命令（快捷键【Ctrl+G】），将波浪图形编组。然后复制一个波浪图形组，单击【属性栏】上的【镜像】按钮，调整图形位置，然后执行【效果】/【图框精确剪裁】/【放置在容器中】命令，单击背景矩形，调整图形至如图 2-83 所示的效果。

图2-82　调整波浪　　　　　　　　　　图2-83　完成波浪图形

10 单击工具箱中的【椭圆工具】，按住【Ctrl】键在页面中绘制一个大小为 35mm×35mm 的圆形，将填充颜色设置为 C:0 M:40 Y:30 K:0，如图 2-84 所示。

11 设置轮廓颜色，单击工具箱中的【轮廓笔工具】，选择【轮廓色】选项（快捷键【Shift+F12】），将轮廓颜色设置为 C:0 M:70 Y:70 K:0，然后将【属性栏】上的【轮廓宽度】文本框设置为 2.00mm，效果如图 2-85 所示。

图2-84 绘制椭圆　　　　　图2-85 设置轮廓

12 选择圆形图案,按下小键盘上的【+】键3次,复制出3个圆形,分别设置其大小为 25mm×25mm、15mm×15mm、5mm×5mm,效果如图2-86所示。

13 选择圆形图案,单击鼠标右键,选择【编组】命令(快捷键【Ctrl+G】),将圆形图案编组,然后单击工具箱中的【透明度工具】,在图形中从上到下拖动出透明渐变效果,如图2-87和图2-88所示。

图2-86 复制圆形图案　　　图2-87 透明度工具　　　图2-88 调整圆形透明度

14 选择圆图案,执行【排列】/【变换】/【位置】命令(快捷键【Alt+F7】),在弹出泊坞窗中设置【H】参数为35mm,【副本】为9,如图2-89所示,单击【应用】按钮,复制出9个图形,效果如图2-90所示。

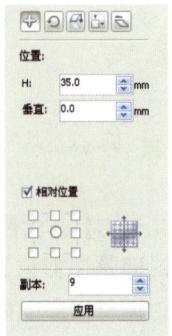

图2-89 参数设置　　　　　图2-90 水平复制圆形

15 选择圆形图案,单击鼠标右键,选择【编组】命令(快捷键【Ctrl+G】),将水平圆形图案编组,复制出5组图案并调整至如图2-91所示的位置,然后执行【效果】/【图框精确剪裁】/【放置在容器中】命令,单击背景矩形,调整图形至如图2-92所示的效果。

图2-91 复制调整圆形　　　图2-92 图框精确剪裁

16 单击工具箱中的【贝塞尔工具】，在页面中绘制文字线条，效果如图2-93所示。

图2-93 文字

 在使用艺术笔工具时，"手绘平滑"选项中的值是默认值100%，可以得到最平滑的笔触效果。

17 选择文字线条，单击工具箱中的【艺术笔工具】，然后将【属性栏】上的【艺术笔宽度】文本框设置为18mm，在【笔触列表】下拉列表中选择前面制作的艺术笔触效果，在线条中填充艺术笔触，然后单击鼠标右键，选择【编组】命令（快捷键【Ctrl+G】）群组文字图形，效果如图2-94所示。

图2-94 填充艺术笔触

 在使用艺术笔工具时，不用转换到挑选工具就可以通过单击的方式来选择对象，也可以按住Shift键来进行多个对象的选择。

18 单击工具箱中的【椭圆工具】，在页面中绘制一个圆形，单击【属性栏】上的【弧形】按钮，将【起始和结束角度】文本框设置为0°和180°，得到一个半圆线条，然后单击工具箱中的【艺术笔工具】，在【属性栏】中的【笔触列表】下拉列表中选择前面制作的艺术笔笔触，效果如图2-95所示。

图2-95 彩虹

19 调整群组后的文字图形，放置在页面中，并根据页面效果适当调整大小。然后执行【效果】/【图框精确剪裁】/【放置在容器中】命令，单击背景矩形，然后将彩虹放置在圆形图案后，完成效果如图2-96所示。

图2-96 彩虹文字完成

2.5 动物图形文字

本实例绘制的是动物图形文字,首先使用钢笔工具和形状工具制作动物图形,然后使用文本工具将文字嵌入路径,给文字添加高斯式模糊效果,最后通过导入背景图片完成动物图形文字设计。制作流程如图 2-97 所示,完成效果如图 2-98 所示。

学习重点

(1) 利用基本造型工具绘制图形
(2) 掌握将文字嵌入路径
(3) 运用高斯式模糊滤镜添加效果

制作流程

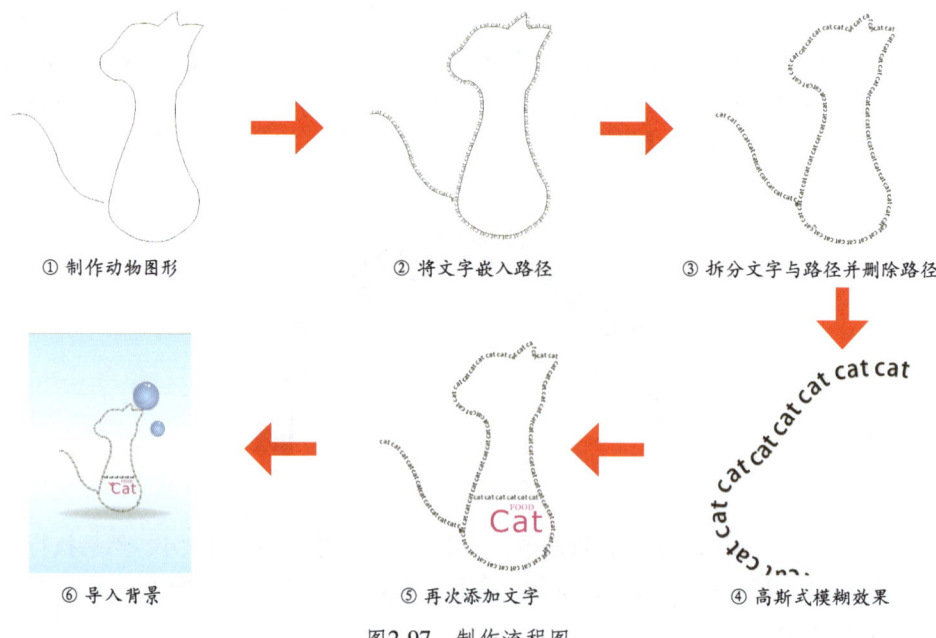

图2-97 制作流程图

字体特效设计

实例效果

图2-98 动物图形文字实例效果图

上机实战 制作动物图形文字

所用素材：光盘\素材\第2章\2.4 动物图形文字
最终场景：光盘\效果\第2章\2.4 动物图形文字

01 运行 CorelDRAW X5，单击【文件】/【新建】命令（快捷键【Ctrl+N】）创建一个 A4 大小的图形文件，如图 2-99 所示。

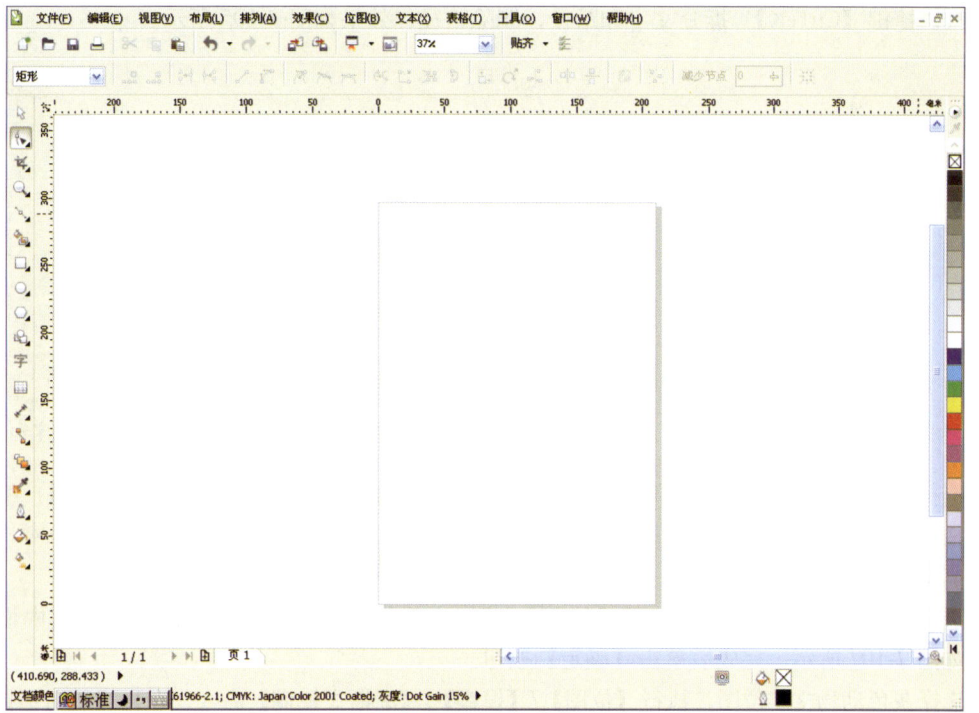

图2-99 新建文件

02 单击工具箱中的【钢笔工具】 ，在页面中绘制动物轮廓，效果如图2-100所示。

03 单击工具箱中的【形状工具】 ，选中图形中的节点，单击【属性栏】上的【转换为曲线】按钮，如图2-101所示。拖动节点调整图形，调整后的效果如图2-102所示。

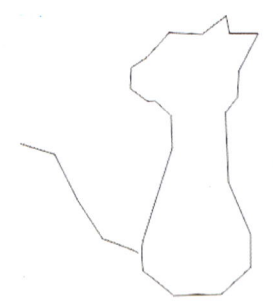 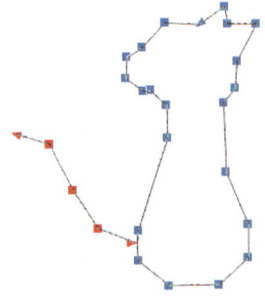 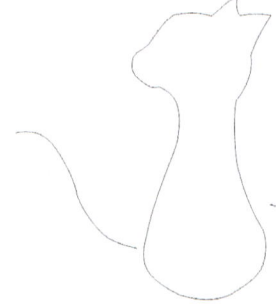

图2-100 绘制动物轮廓　　　　　图2-101 选择节点　　　　　图2-102 调整节点

04 单击工具箱中的【文本工具】 ，在动物图形的轮廓中单击嵌入文本路径，如图2-103所示。根据图形输入文字，然后将【属性栏】上的【字体大小】文本框设置为16pt，效果如图2-104所示。

> 执行【文本】/【使用文本适合路径】命令，可以将文本沿着特定的路径排列，从而得到特殊的文字效果，当路径改变时，沿路径排列的文字也会随之改变。

05 单击工具箱中的【选择工具】 ，选择动物图形，然后单击鼠标右键，选择【拆分曲线】命令（快捷键【Ctrl+K】）拆分文字和路径，删除路径，效果如图2-105所示。

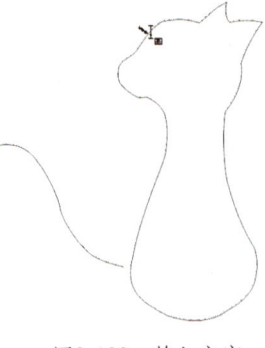  

图2-103 输入文字　　　　　图2-104 嵌入文字　　　　　图2-105 拆分文字和路径

06 选择动物图形文字，然后单击鼠标右键，选择【编组】命令（快捷键【Ctrl+G】）编组图形，按下小键盘上的【+】键，复制出1组文字图形并将填充颜色设置为 C：0 M：0 Y：0 K：30，将复制的文字图形调整到后一层（快捷键【Ctrl+PgDn】），效果如图2-106所示。

07 选择灰色动物文字图形，执行【位图】/【转换为位图】命令，在弹出的对话框中设置参数，如图2-107所示，完成后单击【确定】按钮。

08 选择灰色动物文字位图，执行【位图】/【模糊】/【高斯式模糊】命令，在弹出的对话框中设置【半径】为4.0像素，如图2-108所示，完成后单击【确定】按钮，得到效果如图2-109所示。

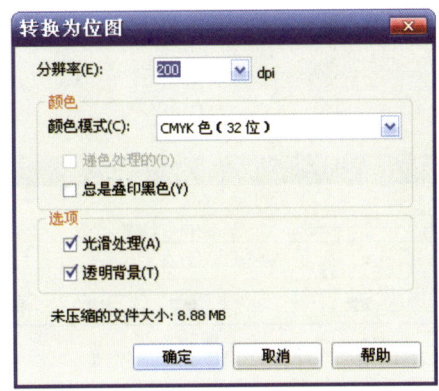

图2-106 调整文字图形到后一层　　　图2-107 转换为位图参数设置

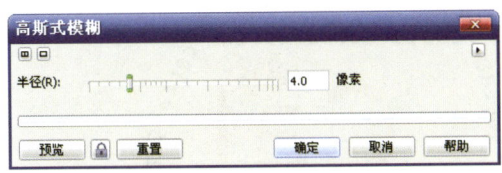

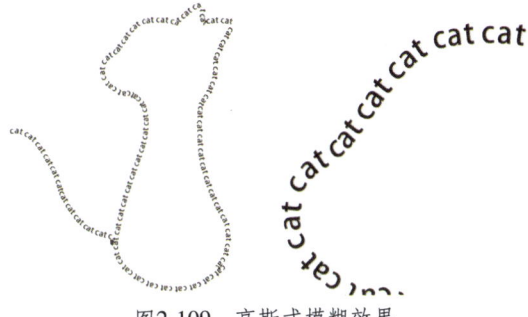

图2-108 高斯式模糊参数设置　　　图2-109 高斯式模糊效果

09 单击工具箱中的【文本工具】，在动物图形中输入文字，并将【属性栏】上的【字体大小】文本框设置为16pt，调整其位置，如图2-110所示。

10 选择文字，按下小键盘上的【+】键，复制出1组文字图形并将填充颜色设置为 C:0 M:0 Y:0 K:40，执行【位图】/【转换为位图】命令，在弹出的对话框中设置参数，如图2-111所示，完成后单击【确定】按钮。

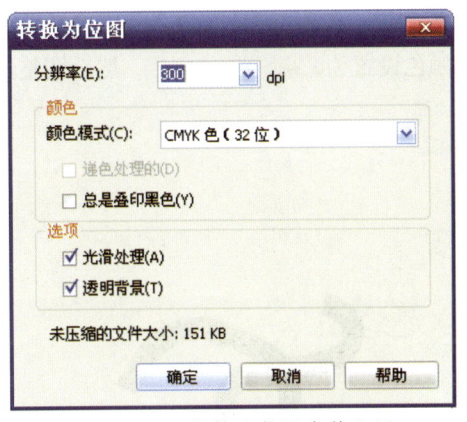

图2-110 输入文字　　　图2-111 转换为位图参数设置

11 选择文字位图，执行【位图】/【模糊】/【高斯式模糊】命令，在弹出的对话框中设置【半径】为5.0像素，如图2-112所示，完成后单击【确定】按钮，然后将高斯式模糊过的文字调整到后一层（快捷键【Ctrl+PageDown】），得到效果如图2-113所示。

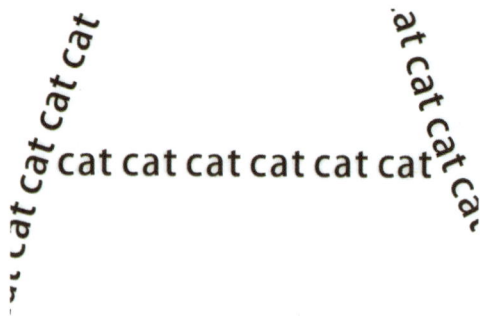

图2-112 高斯式模糊参数设置　　　　　图2-113 调整文字

12 单击工具箱中的【文本工具】字，在动物图形中输入文字"FOOD"、"Cat",然后将【属性栏】上的【文字大小】文本框分别设置为20pt、72pt,并将填充颜色设置为 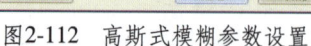 ,调整文字位置得到如图2-114所示效果。

13 单击工具箱中的【椭圆工具】 ,在文字"Cat"上绘制一个圆形,将填充颜色设置为白色,去除轮廓,效果如图2-115所示。

图2-114 添加文字　　　　　　　　图2-115 在文字上绘制小孔

14 单击工具箱中的【钢笔工具】 ,在页面中绘制线条。单击工具箱中的【形状工具】 ,调整线条形状,并将【属性栏】上的【轮廓宽度】文本框设置为1mm,效果如图2-116所示。将轮廓颜色设置为 C: 0 M: 100 Y: 0 K: 0 ,然后调整线条的位置,效果如图2-117所示。

图2-116 绘制线条　　　　　　　　图2-117 动物图形文字

15 执行【文件】/【导入】命令(快捷键【Ctrl+I】),导入素材文件"背景",将其放置在已经制作完成的动物图形后,最后效果如图2-118所示。至此,动物图形文字绘制完成。

字体特效设计 2

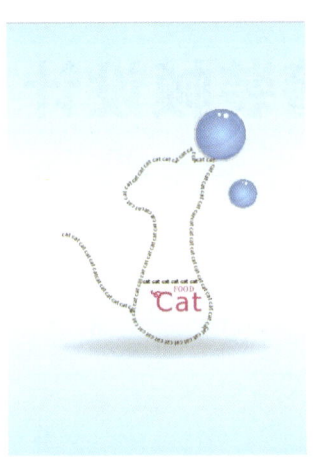

图2-118　动物图形文字完成

2.6　本章小结

本章制作了变形文字设计、Super 标牌设计、Redbaby 标牌设计、彩虹文字和动物图形文字5 个实例。要求重点掌握交互式封套工具变形文字，矩形工具创造文字，立体化工具为文字添加立体效果，形状工具变形文字，艺术笔工具填充文字等多个文字特效设计技法。

在对文字进行变形处理时应该注意对节点的控制，用尽量少的节点可使图形看起来更加光滑。文字和路径的结合使用是在字体特效设计中常用到的方式之一。学会各种工具的结合使用可以制作深具个性的文字特效。

2.7　习题

实训题

制作如图 2-119 所示的立体字母。

制作提示：首先运用文本工具输入单个文字并为其填充渐变效果，其次运用立体化工具为单个文字添加立体效果，最后复制文字并调整文字大小及角度。

图2-119　立体字母

第 3 章 书籍装帧设计

> 本章通过 3 个具体实例介绍 CorelDARW X5 在书籍装帧设计中的技巧，在制作时应注意形状工具以及辅助线的应用。

本章要点

- 学习书籍封面封底的排版
- 掌握形状工具等工具的运用
- 学习辅助线的运用

3.1 瑞丽妆封面设计

本实例学习设计瑞丽妆封面，在制作时首先使用贝塞尔工具绘制出封面上的美女图形，其次使用文本工具输入文字并调整文字间距，然后将部分文本转换为曲线并拆分曲线分别为其填充颜色，最后通过插入条形码完成瑞丽妆封面设计。制作流程如图 3-1 所示，完成效果如图 3-2 所示。

学习重点

（1）熟练贝塞尔工具绘制图形的方式
（2）学习用形状工具调整图形形状
（3）掌握简单的排版方式

制作流程

① 绘制头发及脸型

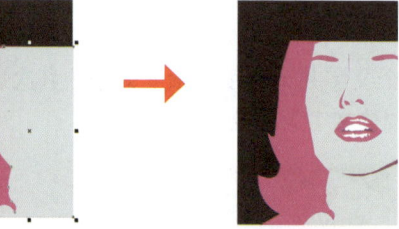
② 绘制面部五官

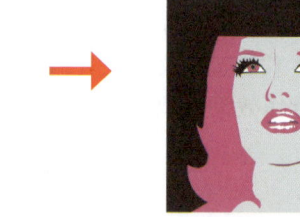
③ 绘制眼睛

⑥ 输入其他文字　　⑤ 为单个文字填充颜色　　④ 输入文字并调整文字间距

图3-1　制作流程图

**实例效果**

图3-2 端丽妆封面设计实例效果图

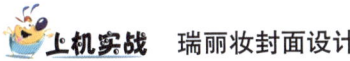 瑞丽妆封面设计

所用素材：光盘\素材\第3章\无
最终效果：光盘\效果\第3章\3.1 瑞丽妆封面设计

01 新建一个文档，根据杂志实际的尺寸设置黑色矩形的大小。单击工具箱中的【矩形工具】 □ （快捷键【F3】），绘制一个与页面大小相同的黑色矩形作为杂志封面的背景色，绘制效果如图3-3所示。

02 绘制出封面上的美女图形，单击工具箱中【贝塞尔曲线工具】 ，将填充颜色设置为 R:218 G:21 B:122，绘制出女性的头发图形，效果如图3-4所示。

03 单击工具箱中的【贝塞尔曲线工具】 ，将填充颜色设置为 R:207 G:207 B:207，绘制出女性的脸部与颈部图形，效果如图3-5所示。

04 单击工具箱中【贝塞尔曲线工具】 ，将填充颜色设置为 R:137 G:38 B:89，在脸部与颈部之间绘制出脸部右侧的轮廓，效果如图3-6所示。

图3-3 绘制矩形

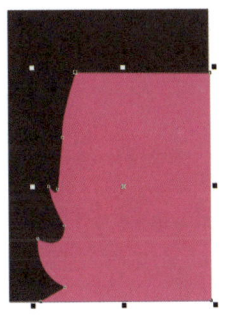 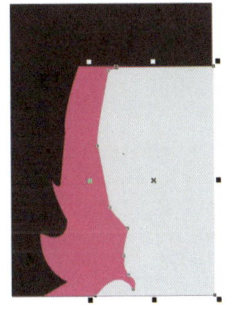 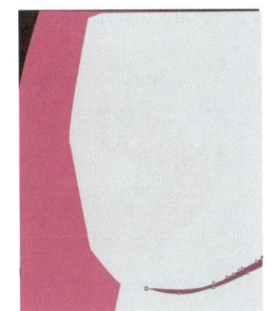

图3-4 绘制头发图形　　图3-5 绘制脸部与颈部图形　　图3-6 绘制脸部右侧的轮廓

05 单击工具箱中的【贝塞尔曲线工具】 ，将填充颜色设置为 R:218 G:21 B:122，绘制出鼻子的轮廓图形，绘制后的效果如图3-7所示。

06 使用工具箱中的【贝塞尔曲线工具】，绘制出两个鼻孔的图形，效果如图 3-8、图 3-9 所示。

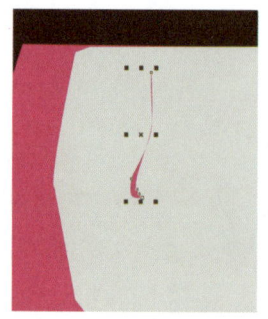
图3-7 绘制鼻子的轮廓图形

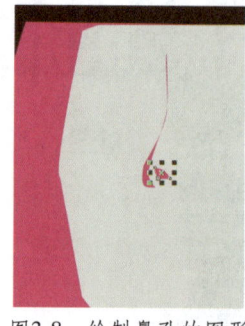
图3-8 绘制鼻孔的图形

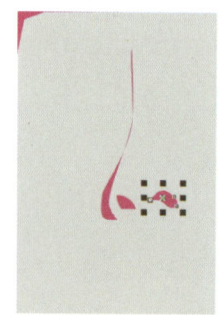
图3-9 绘制鼻孔的图形图

07 单击工具箱中的【贝塞尔曲线工具】，将填充颜色设置为 R: 218 G: 21 B: 122，绘制出嘴部的轮廓图形，绘制后的效果如图 3-10 所示。

08 单击工具箱中的【贝塞尔曲线工具】，将填充颜色设置为 R: 126 G: 32 B: 83，绘制出口腔的图形，绘制后的效果如图 3-11 所示。

图3-10 绘制嘴部轮廓图形

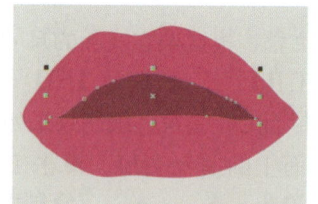
图3-11 绘制口腔效果

09 单击工具箱中的【贝塞尔曲线工具】，将填充颜色设置为白色，绘制出牙齿的图形，绘制后的效果如图 3-12 所示。

10 使用工具箱中的【贝塞尔曲线工具】，将填充颜色设置为白色，绘制出嘴部的高光效果，如图 3-13 所示。然后选择嘴部的所有图形，单击鼠标右键，选择【编组】命令（快捷键【Ctrl+G】），将嘴部的所有图形群组。

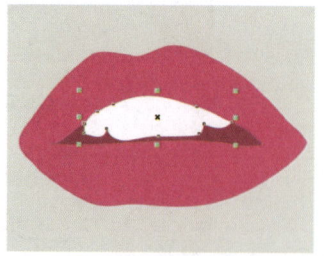
图3-12 绘制牙齿的图形

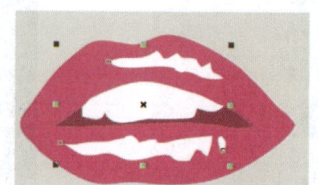
图3-13 绘制嘴部的高光效果

11 单击工具箱中的【贝塞尔曲线工具】，将填充颜色设置为 R: 218 G: 21 B: 122，分别绘制出右侧和左侧的眉毛图形，如图 3-14、图 3-15 所示。此时画面的整体效果如图 3-16 所示。

书籍装帧设计

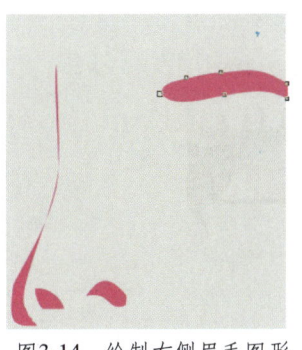
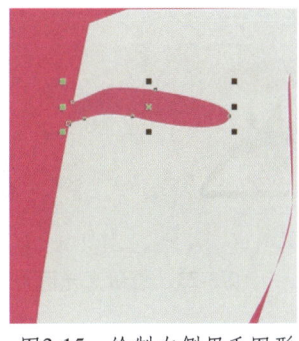

图3-14　绘制右侧眉毛图形　　　图3-15　绘制左侧眉毛图形　　　图3-16　画面整体效果

12 单击工具箱中的【贝塞尔曲线工具】 ，将填充颜色设置为黑色，绘制出眼部的图形，效果如图 3-17 所示。

13 单击工具箱中的【贝塞尔曲线工具】 ，将填充颜色设置为白色，绘制出眼白图形，效果如图 3-18 所示。

14 单击工具箱中的【贝塞尔曲线工具】 ，将填充颜色设置为 R: 218 G: 21 B: 122，绘制出晶状体图形，效果如图 3-19 所示。

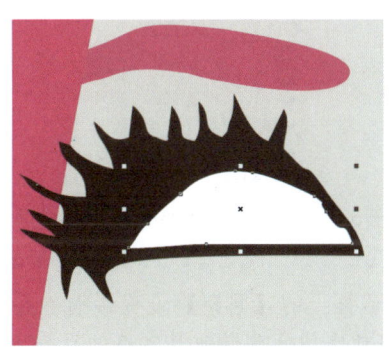

图3-17　绘制眼部图形　　　　图3-18　绘制图形　　　　图3-19　绘制眼睛

15 单击工具箱中的【贝塞尔曲线工具】 ，将填充颜色设置为 R: 102 G: 88 B: 94 和黑色，绘制瞳孔图形，效果如图 3-20、图 3-21 所示。

16 使用同样方法制作出右侧的眼睛图形，效果如图 3-22 所示。

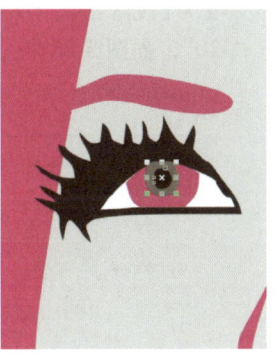

图3-20　绘制瞳孔　　　　图3-21　绘制瞳孔　　　　图3-22　绘制右侧的眼睛图形

17 单击工具箱中的【矩形工具】 ，绘制出两个眼睛的高光图形，效果如图 3-23 所示。

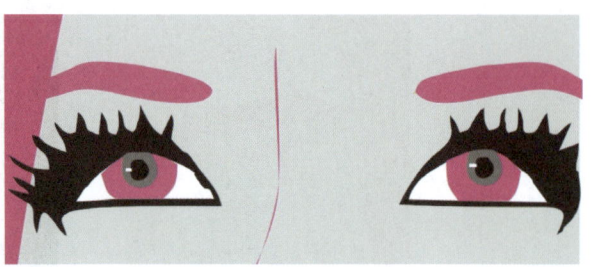

图3-23　绘制高光图形

18 单击工具箱中的【文本工具】字，将字体设置为 汉仪中隶书简，输入文字"瑞丽妆"，如图3-24所示。

19 调整字符间的距离，执行【文本】/【段落格式化】命令，弹出【段落格式化】泊坞窗，将【间距】选项下的【字符】设置为"-30"，如图3-25所示，调整间距后的效果如图3-26所示。

 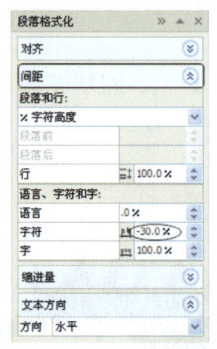 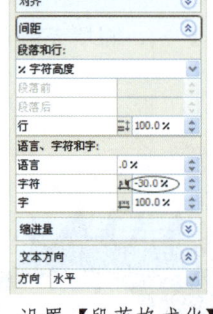

图3-24　输入文字瑞丽妆　　图3-25　设置【段落格式化】泊坞窗　　图3-26　调整字符间距后效果

> **提示**　【段落格式化】对话框上的【间距】设置影响着整个选定段落的水平和垂直间距。该值是用于当前字体的普通兼具字符的百分比。还可以修改字间间距，此间距具有调整字符间距的宽度的效果。

20 单击工具箱中的【文本工具】字，将字体设置为 华文彩云，输入文字"BEAUTY"，如图3-27所示。

21 调整字符间的距离，执行【文本】/【段落格式化】命令，弹出【段落格式化】泊坞窗，将【间距】选项下的【字符】设置为"-20"，如图3-28所示，调整间距后的效果如图3-29所示。

 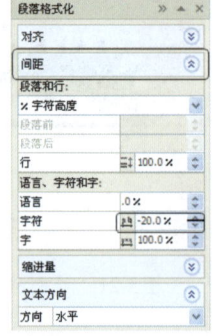 

图3-27　输入文字BEAUTY　　图3-28　设置【段落格式化】泊坞窗　　图3-29　调整字符间距后效果

书籍装帧设计

22 对文字进行编辑,在选择文字 BEAUTY 的状态下,单击鼠标右键,选择【转换为曲线】命令(快捷键【Ctrl+Q】),将文字转换为曲线,效果如图 3-30 所示;单击鼠标右键,选择【拆分曲线】命令(快捷键【Ctrl+K】),将刚刚转化的曲线拆分,拆分后的效果如图 3-31 所示。

> **提示** 【拆分曲线】命令可以将复合路径中的每个路径分开,以便对单个路径进行编辑。

23 单击工具箱中的【选择工具】,分别选择每个字符的边缘位置,然后按【Delete】键,将其底部图形删除,将字符基本形状的部分保留,删除后的效果如图 3-32 所示。

图3-30 将文字转换为曲线

图3-31 拆分曲线

图3-32 删除底部图形

24 单击工具箱中的【交互式填充工具】,将 BEAUTY 各个字符更换填充颜色,效果如图 3-33 所示。

25 单击工具箱中的【文本工具】,将填充颜色设置为 R: 2 G: 138 B: 190,输入文字"掌握光影眼神脱颖而出",然后在【属性栏】上单击【文本对齐】按钮,在弹出的选项对话框中选择【右】选项,效果如图 3-34 所示。

26 单击工具箱中的【文本工具】,输入其他几组文字,效果如图 3-35 所示。

图3-33 更换BEAUTY字符填充颜色

图3-34 输入文字并右对齐

图3-35 输入其他文字

27 执行【编辑】/【插入条形码】命令，弹出【条码向导】对话框，输入条形码的数字，设置如图 3-36 所示，然后单击【下一步】按钮，弹出对话框的数值保持不变，继续单击【下一步】按钮，各数值保持不变，单击【完成】按钮，完成条形码的设置，如图 3-37 所示。至此，瑞丽封面设计绘制完成。

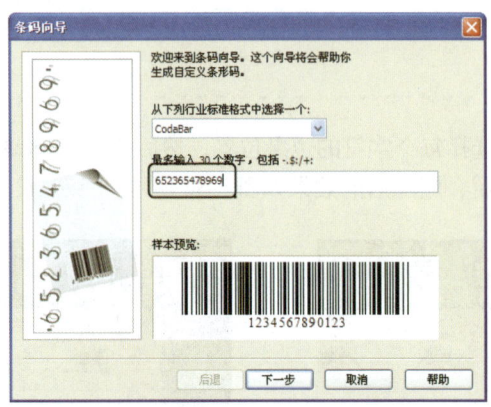

图3-36　【条码向导】对话框　　　　　图3-37　瑞丽妆封面完成

3.2　看世界杂志封面设计

本实例主要学习利用基本图形工具与形状工具绘制图案，利用颜色的合理搭配与文字的排版效果制作出个性化的杂志封面。在制作时，首先使用贝塞尔工具和基本形状工具绘制图形并利用形状工具对图形形状进行调整，然后使用渐变填充工具和轮廓笔工具为图形填充渐变颜色并修改部分图形的轮廓属性，接着使用贝塞尔工具和高斯式模糊工具绘制图形中的高光部分等，最后通过文本工具添加文字完成看世界杂志封面设计。制作流程如图 3-38 所示，完成效果如图 3-39 所示。

学习重点

（1）利用基本图形工具与形状工具绘制图案
（2）掌握渐变填充工具的运用
（3）使用交互式工具调整图形的特殊效果

制作流程

①绘制电视机　　　　②为电视机添加按钮底座与天线　　　　③为底座添加高光

图3-38　制作流程图

书籍装帧设计

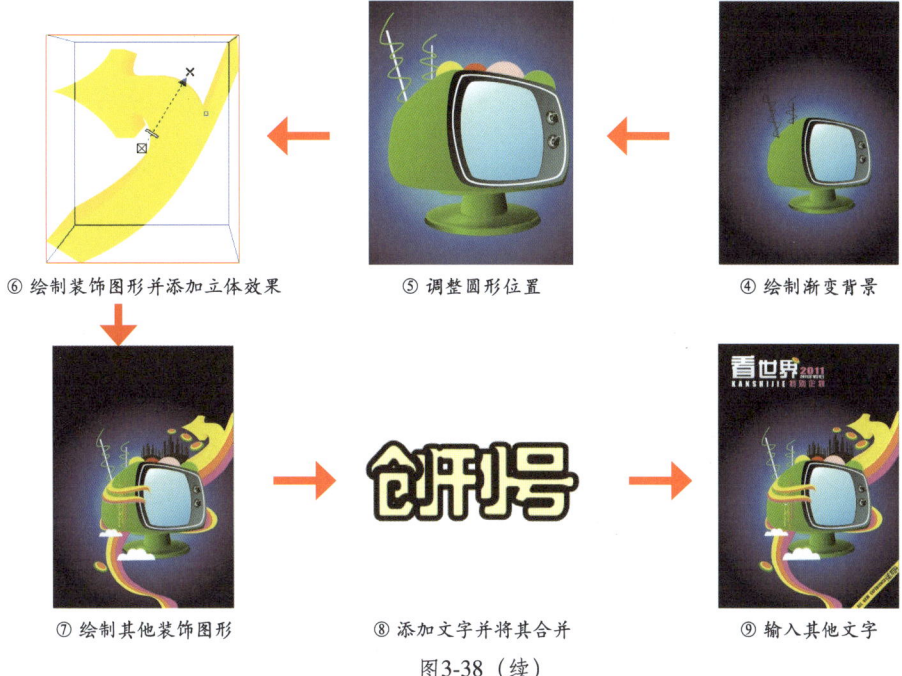

| ⑥ 绘制装饰图形并添加立体效果 | ⑤ 调整图形位置 | ④ 绘制渐变背景 |
| ⑦ 绘制其他装饰图形 | ⑧ 添加文字并将其合并 | ⑨ 输入其他文字 |

图3-38（续）

实例效果

图3-39 看世界杂志封面实例效果图

 看世界杂志封面设计

△ 所用素材：光盘\素材\第3章\3.2 看世界杂志封面设计
△ 最终效果：光盘\效果\第3章\3.2 看世界杂志封面设计

01 运行 CorelDRAW X5，单击【文件】/【新建】命令（快捷键【Ctrl+N】）创建一个 A4 大小的图形文件，如图 3-40 所示。

055

平面设计大师

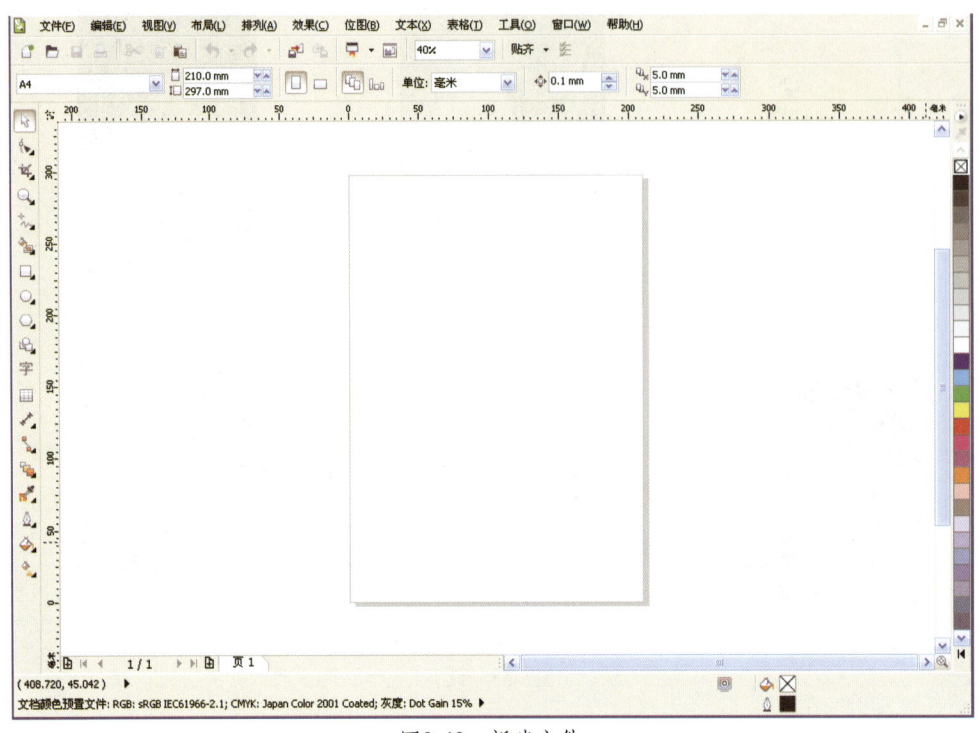

图3-40 新建文件

02 单击工具箱中的【贝塞尔工具】 ，在页面中绘制如图 3-41 所示的电视机图形，单击工具箱中的【形状工具】 ，拖动节点调整形状，调整后的效果如图 3-42 所示。

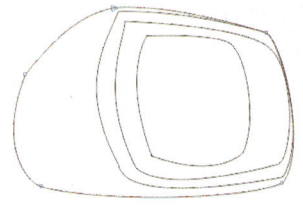

图3-41 绘制电视机

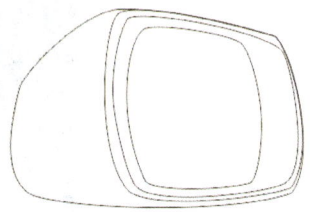

图3-42 调整电视机形状

03 选择电视机屏幕图形，单击工具箱中的【填充工具】 ，选择【渐变填充】选项，弹出【渐变填充】选项对话框，在【位置】选项中分别添加并输入 0、30、80、100 几个位置点，渐变颜色分别设置为 0（C75、M13、Y10、K0）、30（C62、M0、Y12、K0）、80（C36、M0、Y15、K0）、100 白色，渐变设置如图 3-43 所示，填充渐变后的效果如图 3-44 所示。

04 选择电视机屏幕图形，单击工具箱中的【填充工具】 ，选择【渐变填充】选项，弹出【渐变填充】选项对话框，渐变颜色分别设置为 0（C75、M13、Y10、K0）、100（C62、M0、Y12、K0），渐变设置如图 3-45 所示，去除轮廓线，填充渐变后的效果如图 3-46 所示。

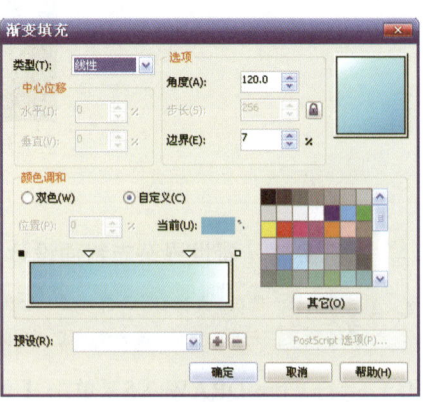

图3-43 渐变填充参数设置

书籍装帧设计

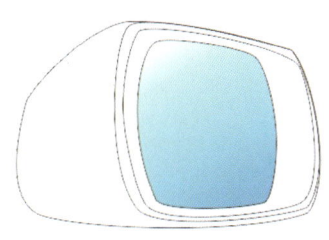
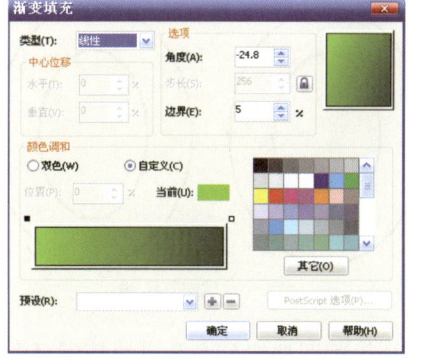

图3-44　填充效果　　　　　图3-45　渐变填充参数设置　　　　图3-46　填充效果

05 选择屏幕边缘图形，复制图形并调整大小，如图 3-47 所示。然后选中这两个图形，单击【属性栏】上的【移除前面对象】按钮，修剪图形，将填充颜色设置为白色，去除轮廓线，效果如图 3-48 所示。

图3-47　复制图形　　　　　　　　　　　图3-48　填充颜色

06 选择电视机屏幕内测图形，单击工具箱中的【填充工具】，选择【渐变填充】选项，弹出【渐变填充】选项对话框，渐变颜色分别设置为 0（C85、M75、Y75、K85）、100（C80、M55、Y45、K5），渐变设置如图 3-49 所示，去除轮廓线，填充渐变后的效果如图 3-50 所示。

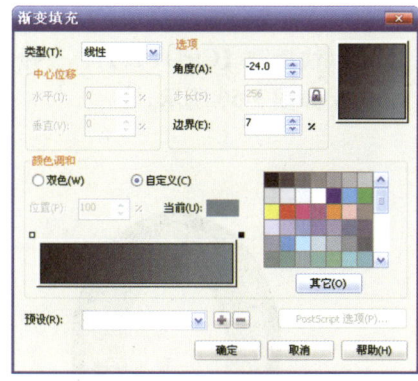

图3-49　渐变填充参数设置　　　　　　图3-50　填充效果

07 单击工具箱中的【椭圆工具】，在页面中绘制大小为 7.2mm×11mm 的椭圆形，单击工具箱中的【轮廓工具】，向外拖动图形，轮廓工具参数设置如图 3-51 所示，得到如图 3-52 所示的效果。

图3-51　轮廓工具参数设置

图3-52 添加轮廓

08 单击鼠标右键,选择【拆分轮廓图群组】命令(快捷键【Ctrl+K】),选择中间的小椭圆,将填充颜色设置为白色,去除轮廓线,然后选择大椭圆,单击工具箱中的【填充工具】,选择【渐变填充】选项,弹出【渐变填充】选项对话框,在【位置】选项中分别添加并输入 0、40、80、100 几个位置点,渐变颜色分别设置为 0 (C85、M69、Y75、K72)、40 (C62、M45、Y45、K2)、80 (C85、M60、Y75、K70)、100 (C58、M40、Y40、K2),渐变设置如图 3-53 所示,去除轮廓线,填充渐变后的效果如图 3-54 所示。

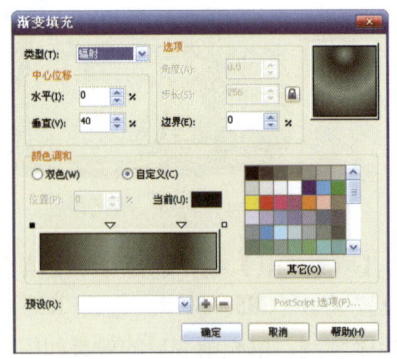 

图3-53 渐变填充参数设置　　　　图3-54 填充效果

09 选择渐变椭圆形,单击工具箱中的【轮廓笔工具】(快捷键【Ctrl+F12】),在弹出的对话框中设置参数,如图 3-55 所示。完成后单击【确定】,效果如图 3-56 所示。

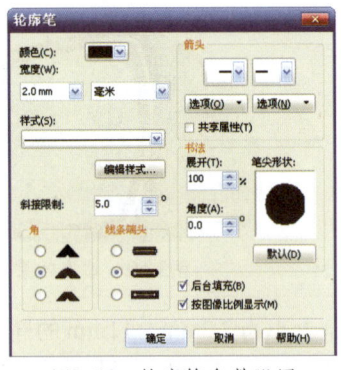 

图3-55 轮廓笔参数设置　　　　图3-56 添加轮廓

10 单击工具箱中的【矩形工具】,绘制一个矩形,然后单击工具箱中的【椭圆工具】,再绘制两个椭圆形,如图 3-57 所示。单击【属性栏】上的【合并】按钮,将图形结合成一个圆柱形,效果如图 3-58 所示。

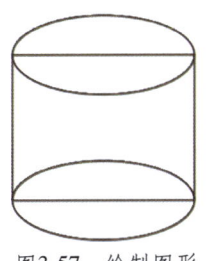

图3-57　绘制图形

图3-58　合并图形

11 选择圆柱体，选择【渐变填充】选项，弹出【渐变填充】选项对话框，在【位置】选项中分别添加并输入0、40、80、100几个位置点，渐变颜色分别设置为0（C85、M69、Y75、K72）、40（C62、M45、Y45、K2）、80（C85、M60、Y75、K70）、100（C58、M40、Y40、K2），渐变设置如图3-59所示，填充渐变后的效果如图3-60所示。

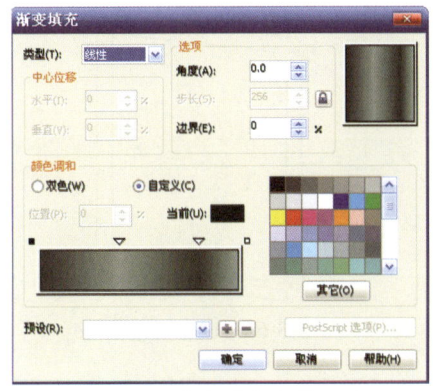

图3-59　渐变填充参数设置

图3-60　填充效果

12 选择圆柱形，单击工具箱中的【轮廓笔工具】 ，（快捷键【Ctrl+F12】），在弹出的对话框中设置参数，如图3-61所示。完成后单击【确定】，效果如图3-62所示。然后将【属性栏】上的【旋转角度】文本框设置为-90°，将其拖动到绘制的椭圆中，调整其位置和大小如图3-63所示。

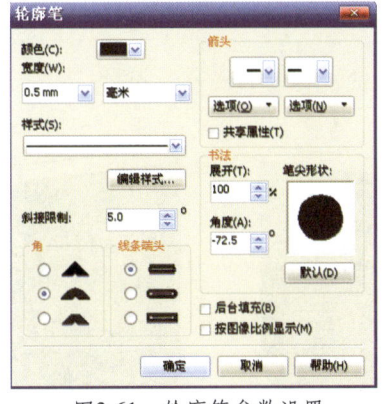

图3-61　轮廓笔参数设置

图3-62　修改轮廓

图3-63　调整圆柱形位置

13 单击工具箱中的【钢笔工具】 ，绘制如图3-64所示图形，然后复制图形并调整位置，如图3-65所示。选择两个图形并复制一组，单击【属性栏】上的【移除前面对象】 按钮，得到如图3-66所示图形。

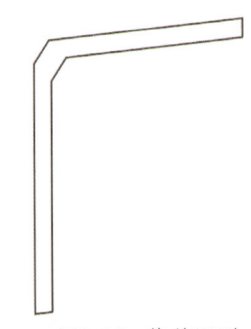

图3-64　绘制图形　　　图3-65　调整图形位置　　　图3-66　修剪图形

14 选择修剪后的图形，单击工具箱中的【形状工具】，调整节点修改形状，得到如图3-67所示的效果。群组复制修剪前的两个图形，调整修剪后的图形的位置，得到如图3-68所示的效果。

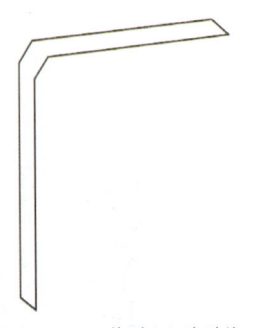
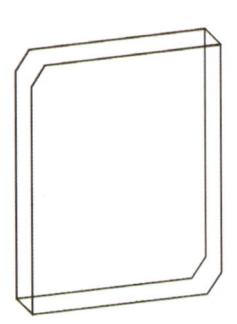

图3-67　修改图形形状　　　　　图3-68　调整图形位置

15 选择侧面图形，填充为白色，然后选择矩形图形，选择【渐变填充】选项，弹出【渐变填充】选项对话框，在【位置】选项中分别添加并输入0、60、100几个位置点，渐变颜色分别设置为0（C85、M69、Y75、K72）、60（C85、M60、Y75、K70）、100（C58、M40、Y40、K2），渐变设置如图3-69所示，填充渐变后的效果如图3-70所示。将三个图形群组，单击【属性栏】上的【水平镜像】按钮，如图3-71所示。

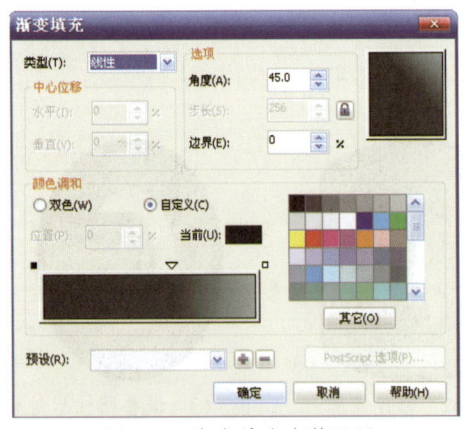

图3-69　渐变填充参数设置　　　图3-70　填充效果　　　图3-71　水平镜像

16 调整矩形组的位置和大小，将其放置在圆柱形上，双击鼠标右键进入调整状态，调整图形垂直角度，如图3-72所示，调整后的效果如图3-73所示。

书籍装帧设计

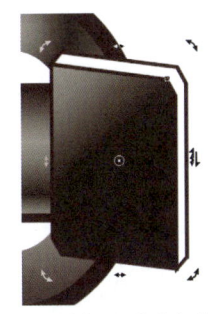

图3-72　调整图形垂直角度　　　　　　　图3-73　调整后的效果

17 选择调整后的旋转按钮图形，单击工具箱中的【轮廓笔工具】（快捷键【Ctrl+F12】），在弹出的对话框中设置参数，如图3-74所示。完成后单击【确定】，效果如图3-75所示。

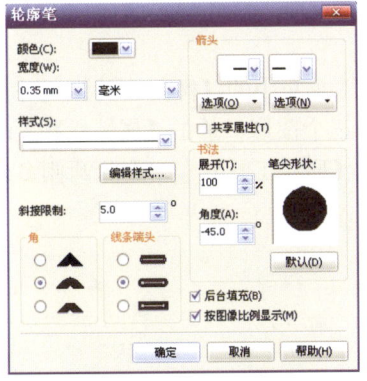

图3-74　轮廓笔参数设置　　　　　　　　图3-75　修改轮廓

18 全选完成后的控制器图形，将【属性栏】上的【旋转角度】文本框设置为15°，调整其位置和大小，将其移动到电视机中，效果如图3-76所示。使用相同的方法绘制另一个控制器图形，完成后的效果如图3-77所示。

图3-76　调整控制器图形　　　　　　　　图3-77　控制器完成

19 单击工具箱中的【贝塞尔工具】，在电视机图形中绘制如图3-78所示的图形，然后单击工具箱中的【填充工具】，选择【渐变填充】选项，弹出【渐变填充】选项对话框，渐变颜色分别设置为0（C64、M8、Y100、K5）、100（C93、M75、Y69、K70），渐变设置如图3-79所示，去除轮廓线，单击鼠标右键，选择【顺序】/【向后一层】命令（快捷键【Ctrl+PgDn】），将其放置在电视机最下层，效果如图3-80所示。

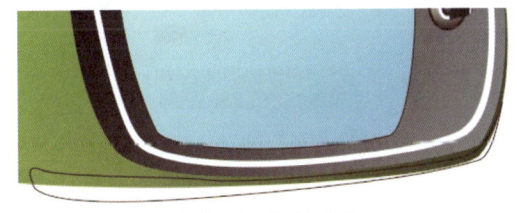

图3-78　绘制图形

图3-79 渐变填充参数设置　　　　图3-80 填充效果

20 单击工具箱中的【钢笔工具】，在电视机顶部绘制天线图形，然后单击工具箱中的【形状工具】，调整线条形状得到如图3-81所示效果。

21 使用与前面相同的方法绘制一个圆柱形，单击工具箱中的【椭圆工具】，在圆柱形两侧绘制两个椭圆形，调整至如图3-82所示效果。选中三个图形，单击【属性栏】上的【移除前面对象】按钮，修剪圆柱形，然后单击工具箱中的【形状工具】，删除两侧多余的节点，完成后的效果如图3-83所示。

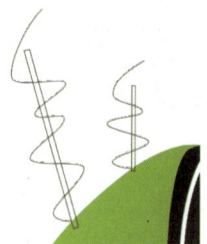
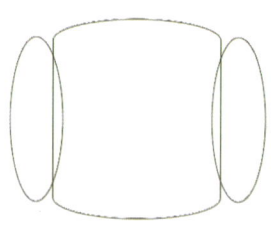

图3-81 绘制天线　　　　图3-82 绘制圆柱及椭圆　　　　图3-83 修剪图形

22 选择圆柱图形，单击工具箱中的【填充工具】，选择【渐变填充】选项，弹出【渐变填充】选项对话框，在【位置】选项中分别添加并输入0、23、68、100几个位置点，渐变颜色分别设置为0（C58、M2、Y91、K0）、23（C71、M18、Y100、K0）、68（C87、M54、Y100、K25）、100（C93、M78、Y94、K74），渐变设置如图3-84所示，去除轮廓，效果如图3-85所示。

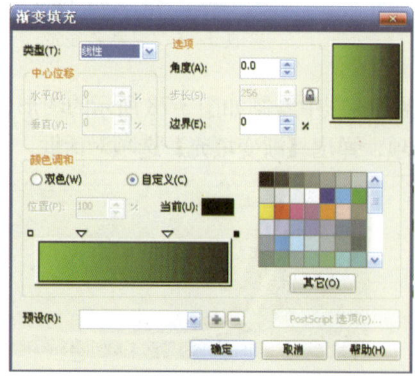

图3-84 渐变填充参数设置　　　　图3-85 填充效果

23 单击工具箱中的【椭圆工具】，分别绘制大小为 74mm×19.5mm、71.4mm×17.00mm 的椭圆形，调整至如图 3-86 所示的效果，选中图形，单击【属性栏】上的【修剪】按钮，修剪椭圆形，完成后的效果如图 3-87 所示。

图3-86　绘制椭圆　　　　　　　　　图3-87　修剪椭圆

24 选择底座顶面图形，单击工具箱中的【填充工具】，选择【渐变填充】选项，弹出【渐变填充】选项对话框，在【位置】选项中分别添加并输入 0、44、100 几个位置点，渐变颜色分别设置为 0（C91、M73、Y96、K62）、44（C86、M52、Y100、K20）、100（C62、M7、Y194、K0），渐变设置如图 3-88 所示，去除轮廓线，效果如图 3-89 所示。

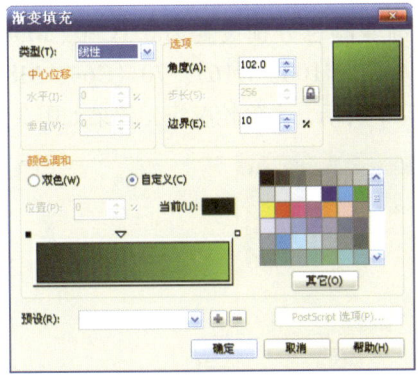

图3-88　渐变填充参数设置　　　　　　图3-89　填充效果

25 选择底座底部图形，单击工具箱中的【填充工具】，选择【渐变填充】选项，弹出【渐变填充】选项对话框，在【位置】选项中分别添加并输入 0、30、100 几个位置点，渐变颜色分别设置为 0（C58、M2、Y91、K0）、30（C71、M18、Y100、K0）、100（C87、M54、Y100、K25），渐变设置如图 3-90 所示，去除轮廓线，效果如图 3-91 所示。

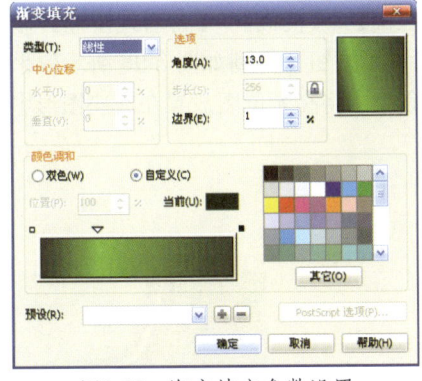

图3-90　渐变填充参数设置　　　　　　图3-91　填充效果

26 选择圆柱图形，调整大小后移动至底座图形上，如图 3-92 所示。单击鼠标右键，选择【编组】命令（快捷键【Ctrl+G】），群组底座图形，将其拖动到电视机图形中，调整位置后的效果如图 3-93 所示。

图3-92 调整图形位置

图3-93 调整图形位置

27 单击工具箱中的【贝塞尔工具】，绘制如图 3-94 所示的高光图形，单击工具箱中的【填充工具】，选择【渐变填充】选项，弹出【渐变填充】选项对话框，在【位置】选项中分别添加并输入 0、17、35、70、100 几个位置点，渐变颜色分别设置为 0（C80、M38、Y100、K14）、17（C62、M12、Y99、K0）、35（C82、M42、Y100、K16）、70（C64、M8、Y100、K5）、100（C55、M0、Y94、K0），渐变设置如图 3-95 所示，去除轮廓线，效果如图 3-96 所示。

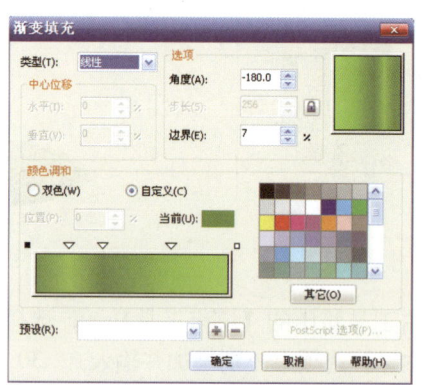

图3-94 绘制高光图形　　　图3-95 渐变填充参数设置　　　图3-96 填充效果

28 选择高光图形，执行【位图】/【转换为位图】命令，在弹出的对话框中设置各项参数，如图 3-97 所示，完成后单击【确定】按钮。执行【位图】/【模糊】/【高斯式模糊】命令，在弹出的对话框中设置【半径】为 5.0 像素，单击【确定】按钮，得到如图 3-98 所示效果。然后执行【效果】/【图框精确剪裁】/【放置在容器中】命令，将高光位图放置在底座图形中，效果如图 3-99 所示。

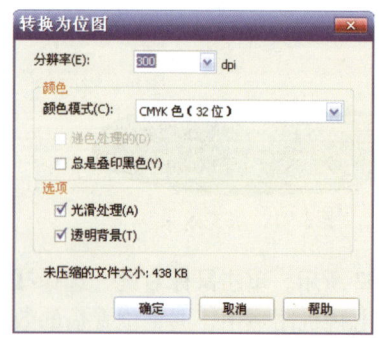

图3-97 转换为位图参数设置　　　图3-98 高斯式模糊　　　图3-99 调整高光位置

29 单击工具箱中的【贝塞尔工具】，在页面中绘制阴影图形，如图3-100所示。然后单击工具箱中的【填充工具】，选择【渐变填充】选项，弹出【渐变填充】选项对话框，在【位置】选项中分别添加并输入0、40、60、100几个位置点，渐变颜色分别设置为0（C93、M71、Y100、K64）、40（C87、M58、Y93、K64）、60（C64、M5、Y96、K0）、100（C84、M48、Y100、K11），渐变设置如图3-101所示，去除轮廓线，效果如图3-102所示。

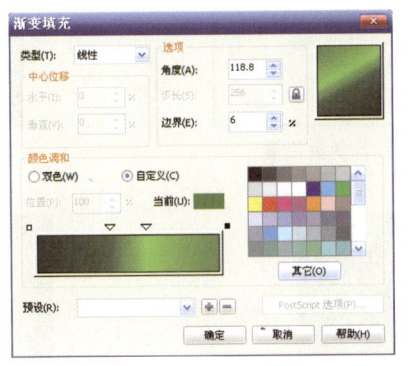

图3-100 绘制阴影图形　　图3-101 渐变填充参数设置　　图3-102 填充效果

30 选择阴影图形，执行【位图】/【转换为位图】命令，在弹出的对话框中设置各项参数，如图3-103所示，完成后单击【确定】按钮。执行【位图】/【模糊】/【高斯式模糊】命令，在弹出的对话框中设置【半径】为15.0像素，单击【确定】按钮，得到如图3-104所示效果。然后执行【效果】/【图框精确剪裁】/【放置在容器中】命令，将高光位图放置在底座图形中，效果如图3-105所示。

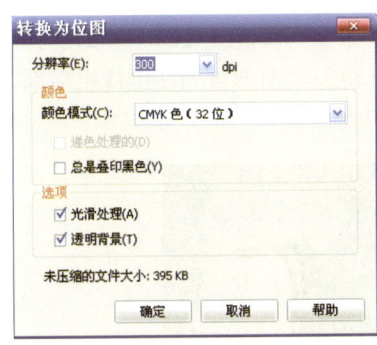  

图3-103 转换为位图参数设置　　图3-104 高斯式模糊　　图3-105 调整阴影位置

31 鼠标左键双击工具箱中的【矩形工具】，绘制与页面相同大小的矩形。作为背景图形，然后单击工具箱中的【填充工具】，选择【渐变填充】选项，弹出【渐变填充】选项对话框，在【位置】选项中分别添加并输入0、30、62、77、87、100几个位置点，渐变颜色分别设置为0（C95、M96、Y75、K69）、30（C100、M98、Y75、K68）、62（C100、M85、Y12、K0）、77（C78、M15、Y20、K0）、87（C97、M69、Y0、K0）、100（C100、M95、Y65、K53），渐变设置如图3-106所示，去除轮廓线，效果如图3-107所示。

32 选择天线图形，在图形中分别填充白色和 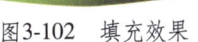，如图3-108所示，去除轮廓。群组天线图形，执行【排列】/【顺序】/【置于此对象后】命令，将天线图形排列在电视机后面，效果如图3-109所示。

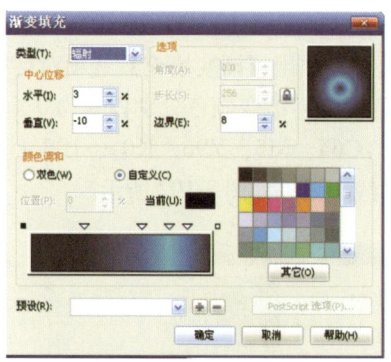

图3-106　渐变填充参数设置

图3-107　填充效果

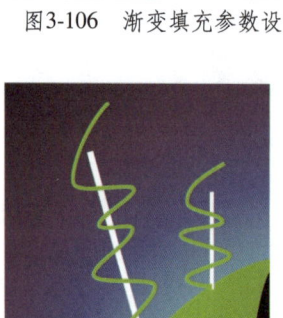

图3-108　修改天线颜色

图3-109　将天线图形排列在电视机后面

33 单击工具箱中的【椭圆工具】，在页面中绘制大小不同的四个圆形，并将填充颜色分别设置为 C:0 M:0 Y:100 K:0 、C:0 M:100 Y:100 K:0 、C:0 M:40 Y:20 K:0 、C:100 M:0 Y:0 K:0，去除图形轮廓线，调整至如图 3-110 所示效果。然后单击鼠标右键，选择【编组】命令（快捷键【Ctrl+G】）将四个圆形群组，执行【排列】/【顺序】/【置于此对象后】命令，将天线图形排列在电视机后面，效果如图 3-111 所示。

图3-110　绘制圆形

图3-111　调整圆形位置

34 单击工具箱中的【轮廓笔工具】，绘制箭头图形，然后单击工具箱中的【形状工具】，调整箭头形状，得到如图 3-112 所示效果。将填充颜色设置为 C:0 M:0 Y:100 K:0，去除轮廓线，效果如图 3-113 所示。

35 单击工具箱中的【立体化工具】，单击【属性栏】上的【立体化颜色】按钮，在其下拉面板中选择【使用递减色】，将填充颜色分别设置为 0（C0、M0、Y100、K0）、100（C0、M20、Y100、K0），参数设置如图 3-114 所示。在箭头图形中拖动出立体效果，如图 3-115 所示。

书籍装帧设计

图3-112　绘制箭头图形　　　　　　　图3-113　填充颜色

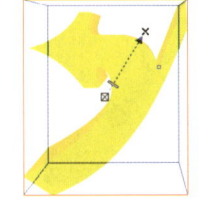

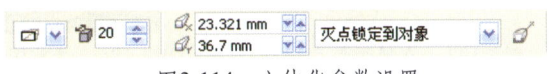

图3-114　立体化参数设置　　　　　　图3-115　立体化效果

36 单击工具箱中的【钢笔工具】，绘制箭头中的弧形，单击工具箱中的【形状工具】，调整弧形形状，如图3-116所示，将填充颜色分别设置为 C：0 M：78 Y：84 K：0 、 C：10 M：100 Y：2 K：0 ，去除轮廓线，效果如图3-117所示。单击鼠标右键，选择【编组】命令（快捷键【Ctrl+G】），群组弧形并将其放置在箭头图形中，调整位置得到如图3-118所示效果。

图3-116　调整弧形形状　　　图3-117　填充效果　　　图3-118　调整弧形位置

37 将绘制好的箭头图形群组，单击工具箱中的【矩形工具】，绘制一个和图形同样大小的矩形，执行【效果】/【图框精确剪裁】/【放置在容器中】命令，将图形放置在矩形中，去除矩形轮廓线并拖动到背景图形中，调整后的效果如图3-119所示。单击工具箱中的【椭圆工具】，在页面中绘制如图3-120所示的3个椭圆形，将填充颜色分别设置为 C：0 M：78 Y：84 K：0 、 C：0 M：0 Y：100 K：0 、 C：85 M：41 Y：100 K：4 ，去除轮廓线，效果如图3-121所示。

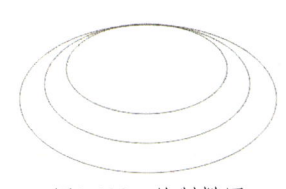

图3-119　将图形放置在矩形中　　图3-120　绘制椭圆　　　图3-121　填充效果

38 将三个椭圆形群组,复制图形并放置在背景图形中,适当调整位置、大小、角度,效果如图3-122所示。单击工具箱中的【钢笔工具】 ,结合【形状工具】 在页面中绘制飘带图形,将填充颜色设置为 C:0 M:0 Y:100 K:0 、 C:0 M:78 Y:84 K:0 、 C:10 M:100 Y:2 K:0 。去除轮廓线,效果如图3-123所示。群组图形,将图形放置在背景图形中,调整大小和位置,效果如图3-124所示。

图3-122 调整椭圆位置　　　　图3-123 绘制图形　　　　图3-124 调整图形位置

39 单击工具箱中的【钢笔工具】 ,结合使用【形状工具】 ,在页面中绘制图形,如图3-125所示,并将填充颜色设置为 C:10 M:100 Y:2 K:0 、 C:0 M:78 Y:84 K:0 、 C:0 M:0 Y:100 K:0 ,去除轮廓线,效果如图3-126所示。单击鼠标右键,选择【编组】命令(快捷键【Ctrl+G】),将图形群组,然后拖动到背景图形中,调整其大小和位置,效果如图3-127所示。

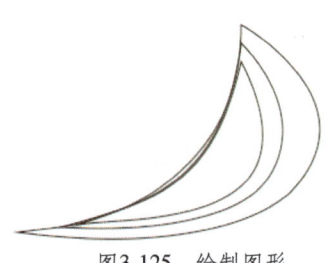      

图3-125 绘制图形　　　　图3-126 填充颜色　　　　图3-127 调整图形位置

40 单击工具箱中的【椭圆工具】 ,在页面中绘制一个椭圆形,单击工具箱中的【矩形工具】 ,在椭圆上绘制多个矩形,如图3-128所示。全选图形,单击【属性栏】上的【合并】 按钮,合并图形,并将填充颜色设置为黑色,去除轮廓线,效果如图3-129所示。复制绘制好的建筑图形,调整大小和位置,将其群组,然后拖动到背景图形中,调整至如图3-130所示效果。

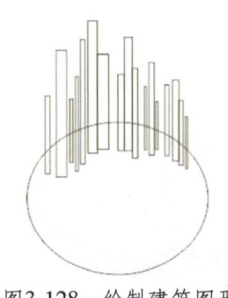   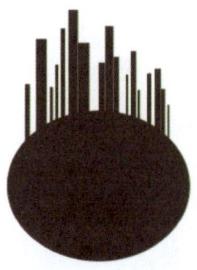   

图3-128 绘制建筑图形　　　图3-129 填充颜色　　　　图3-130 调整图形位置

41 使用相同的方法绘制局部飘带图形,并将颜色填充设置为 C:0 M:0 Y:100 K:0 、 C:0 M:78 Y:84 K:0 、 C:10 M:100 Y:2 K:0 ,效果如图3-131所示。将飘带图形群组并拖动到背景图形中,调整位置和大小得到如图3-132所示效果。然后单击工具箱中的【矩形工具】 ,结合工具箱中的【椭圆工具】 、【贝塞尔工具】 和工具箱中的【形状工具】 ,根据画面效果适当在背景图形中添加其他图形,完成后的效果如图3-133所示。

图3-131 绘制飘带图形

图3-132 调整图形位置

图3-133 绘制其他装饰图形

42 单击工具箱中的【文本工具】 ,输入文字"创刊号",然后将【属性栏】上的【字体列表】文本框设置为"方正琥珀简体",【字体大小】文本框设置为20pt,并将文本的填充颜色设置为 C:0 M:0 Y:0 K:39 。单击工具箱中的【轮廓笔工具】 ,选择【轮廓笔】,(快捷键【Ctrl+F12】),在弹出的对话框中设置参数,如图3-134所示。完成后单击【确定】按钮,效果如图3-135所示。选择文字,按下快捷键【Ctrl+K】拆分文字,调整文字至如图3-136所示效果。按下快捷键【Ctrl+Q】,将文字转换为曲线,单击【属性栏】上的【合并】 按钮,合并文字,效果如图3-137所示。

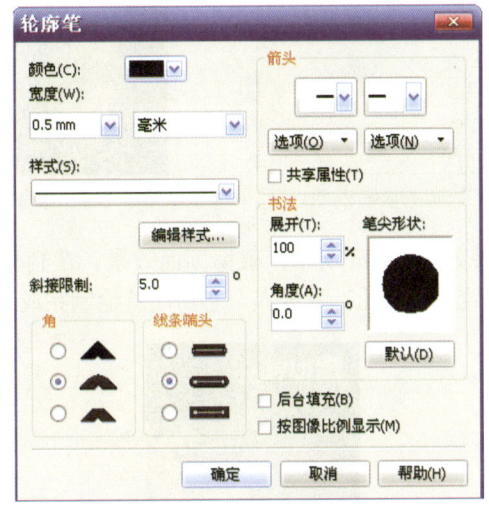
图3-134 轮廓笔参数设置

图3-135 修改文字轮廓

图3-136 调整文字

图3-137 合并文字

43 单击工具箱中的【矩形工具】 ,在页面中绘制大小为78mm×10mm的矩形,将填充颜色设置为 C:0 M:10 Y:100 K:0 ,去除轮廓线,单击工具箱中的【文本工具】 ,输入文字"ALL NEW EXPERIENCE",将【属性栏】上的【字体列表】文本框设置为"Impact",【字体大小】文本框设置为14pt，填充颜色设置为黑色，将文字拖动到绘制的矩形图形中，效果如图 3-138 所示。群组调整好的文字图形，执行【效果】/【图框精确剪裁】/【放置在容器中】命令，将文字图形放置在背景图形中，并根据画面效果调整角度，完成后的效果如图 3-139 所示。

图3-138　输入文字并调整其位置　　　　　图3-139　将文字放置在背景图形中

44 单击工具箱中的【文本工具】字，在页面中输入文字"看世界"，将【属性栏】上的【字体列表】文本框设置为"方正综艺简体"，【字体大小】文本框分别设置为 85pt、65pt，填充颜色设置为白色，调整至如图 3-140 所示位置。单击工具箱中的【填充工具】，选择【渐变填充】选项，弹出【渐变填充】选项对话框，将渐变颜色分别设置为 20% 黑和白色，渐变设置如图 3-141 所示，填充渐变后的效果如图 3-142 所示。

 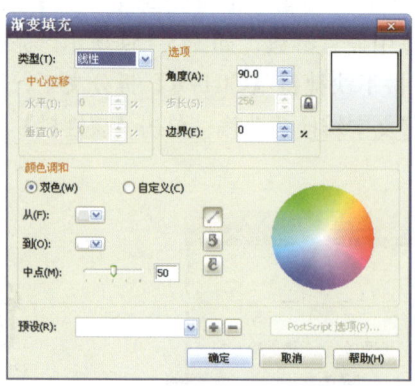 

图3-140　输入文字　　　　图3-141　渐变填充参数设置　　　　图3-142　填充效果

45 复制飞碟图形并放置在文字中，调整效果如图 3-143 所示，根据画面效果，在刊头部分添加文字，并调整其位置，得到如图 3-144 所示效果，至此，看世界杂志封面就绘制完成了。

图3-143　复制图形　　　　　　图3-144　看世界杂志封面完成

3.3 室内家具书籍封面封底设计

本实例结合素材文件设计出成熟的书籍封面封底作品，并通过辅助线的应用，准确的绘制图像，规范封面封底设计的格式。在制作时，首先分别建立水平、垂直方向的辅助线，然后导入背景图形文件并绘制装饰图形，接着使用文本工具添加文字并调整，最后通过插入条形码完成室内家具书籍封面封底设计。制作流程如图3-145所示，完成效果如图3-146所示。

(1) 学习建立辅助线
(2) 了解插入条形码的方法
(3) 掌握书籍封面封底的排版格式

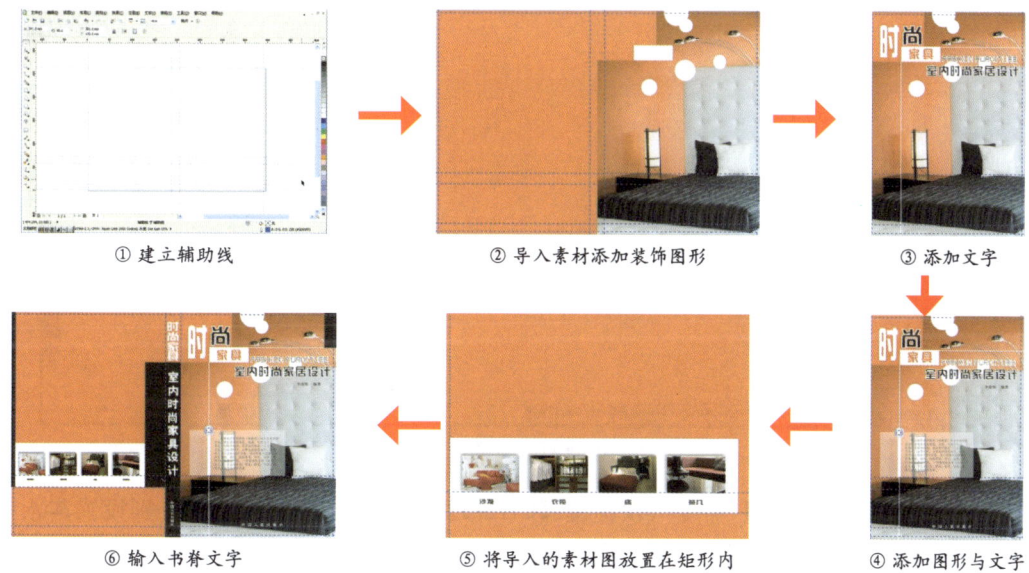

图3-145　制作流程图

图3-146　室内家具书籍封面封底设计实例效果图

上机实战　室内家具书籍封面封底设计

所用素材：光盘\素材\第3章\3.3　室内家具书籍封面封底设计
最终场景：光盘\效果\第3章\3.3　室内家具书籍封面封底设计

01 运行 CorelDRAW X5，单击【文件】/【新建】命令（快捷键【Ctrl+N】）创建一个 394mm×266mm 大小的图形文件，如图 3-147 所示。

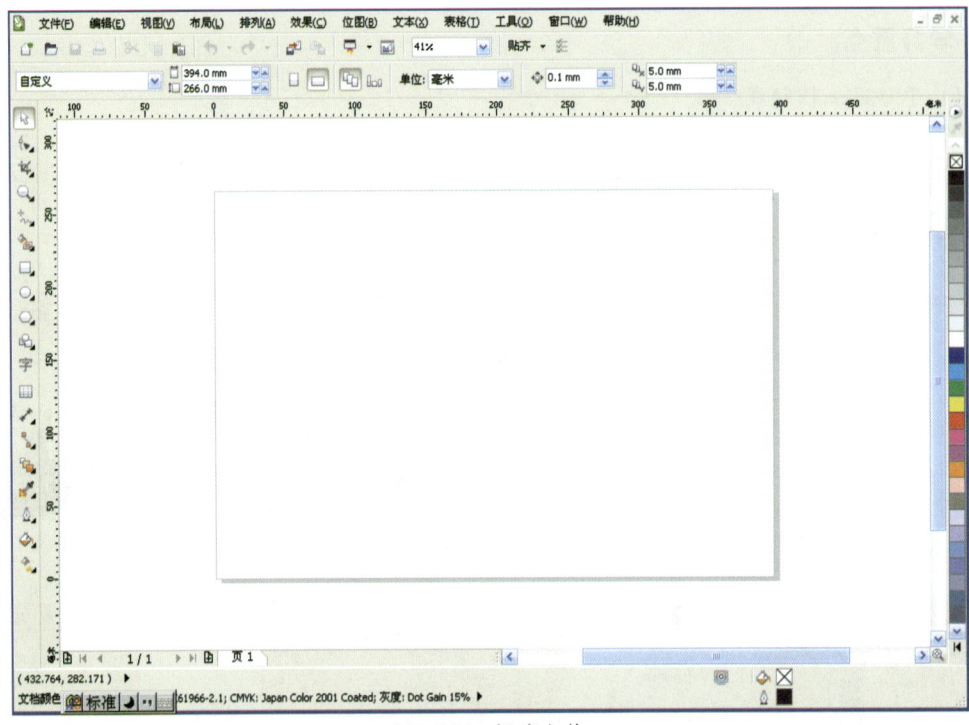

图3-147　新建文件

02 执行【工具】/【选项】命令（快捷键【Ctrl+J】），在弹出的对话框中分别设置其水平、垂直方向的辅助线，如图 3-148、图 3-149 所示。单击【确定】按钮得到如图 3-150 所示的辅助线。

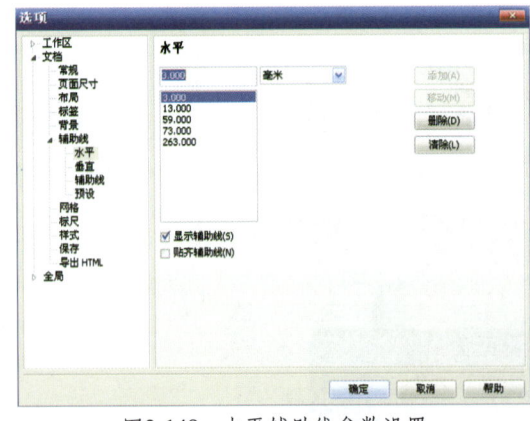

图3-148　水平辅助线参数设置

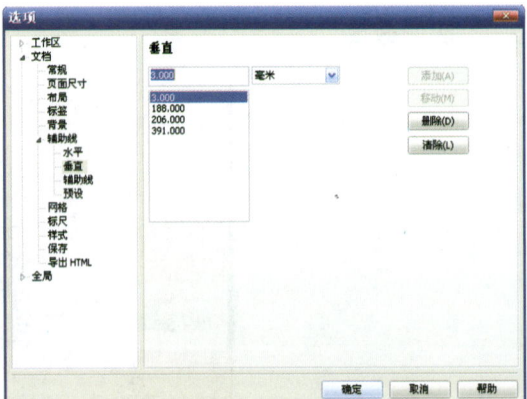

图3-149　垂直辅助线参数设置

书籍装帧设计

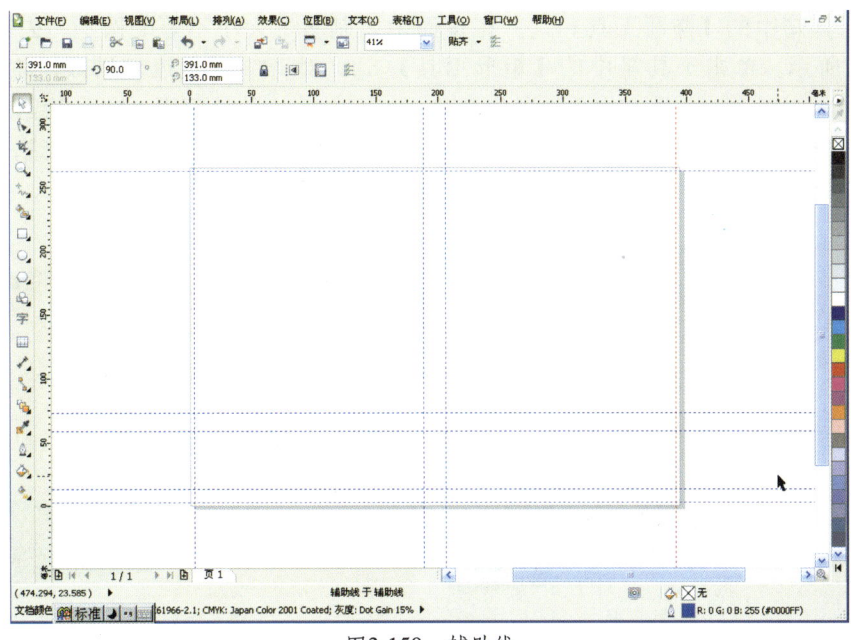

图3-150　辅助线

> **提示**　上下左右最边缘的辅助线是出血线,各线距边为3mm,在中间两条垂直的辅助线中制作书脊,宽度为18mm,书封宽度为185mm,中间三条水平的辅助线是用来定位封面内容的。

03 执行【文件】/【导入】命令(快捷键【Ctrl+I】),导入素材文件"背景",将其调整至与页面相同大小,如图3-151所示。

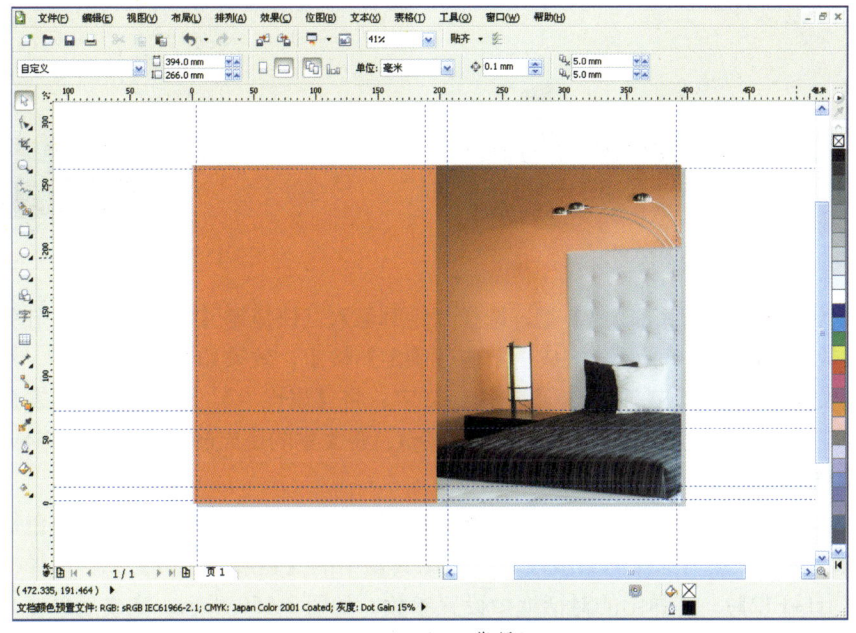

图3-151　导入背景图

04 单击工具箱中的【椭圆工具】 ，在页面中绘制多个大小不等的圆形。去除轮廓线，如图3-152所示。单击工具箱中的【矩形工具】 ，对齐书脊左边辅助线，绘制大小为80mm×59mm的矩形，将填充颜色设置为 C:0 M:74 Y:80 K:0 ，去除轮廓线，然后在绘制的矩形右下方绘制一个大小为48mm×18mm的矩形，将填充颜色设置为白色，去除轮廓线，效果如图3-153所示。

图3-152 绘制圆形

图3-153 绘制矩形

05 单击工具箱中的【文本工具】 ，在白色矩形上方输入文字"时尚"，然后将【属性栏】上的【字体列表】文本框设置为"汉真广标"，【字体大小】文本框设置为70pt，将文本的填充颜色设置为黑色，如图3-154所示。选择文字，按下快捷键【Ctrl+K】拆分文字，将"时"的填充颜色设置为白色，调整文字至如图3-155所示效果。

图3-154 输入文字

图3-155 调整文字

06 单击工具箱中的【轮廓笔工具】 ，选择【轮廓笔】，(快捷键【Ctrl+F12】)，在弹出的对话框中设置参数，如图3-156所示。完成后单击【确定】按钮，效果如图3-157所示。然后单击工具箱中的【文本工具】 ，在白色矩形上输入文字，将【属性栏】上的【字体列表】文本框设置为"汉真广标"，【字体大小】文本框设置为39pt，将文本的填充颜色设置为 C:0 M:74 Y:80 K:0 ，效果如图3-158所示。

07 单击工具箱中的【钢笔工具】 ，沿白色矩形上方边缘向右绘制线段，沿白色矩形的左侧边缘向下绘制线段，然后选择两条线段，单击工具箱中的【轮廓笔工具】 ，选择【轮廓笔】，(快捷键【Ctrl+F12】)，在弹出的对话框中设置参数，如图3-159所示。完成后单击【确定】按钮，效果如图3-160所示。

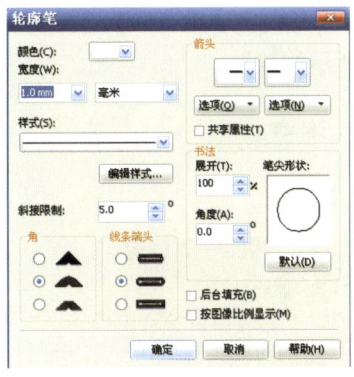

图3-156　轮廓笔参数设置　　　图3-157　修改文字轮廓　　　图3-158　输入文字

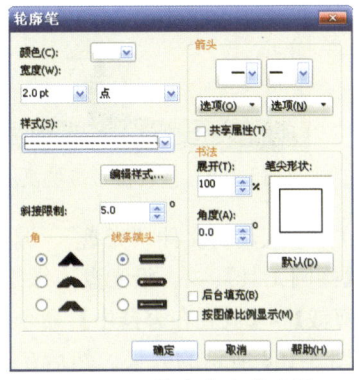

图3-159　轮廓笔参数设置　　　图3-160　修改轮廓

08 单击工具箱中的【文本工具】，在水平线段下方分别输入文字"Fashion Furniture"、"室内时尚家具设计"，将【属性栏】上的【字体列表】文本框分别设置为"04b_08"、"汉真广标"，【字体大小】文本框分别设置为22pt和37.8pt，将文本的填充颜色设置为黑色，效果如图3-161所示。选择文字，然后单击工具箱中的【轮廓笔工具】，选择【轮廓笔】，（快捷键【Ctrl+F12】），在弹出的对话框中设置参数，如图3-162所示。完成后单击【确定】按钮，效果如图3-163所示。

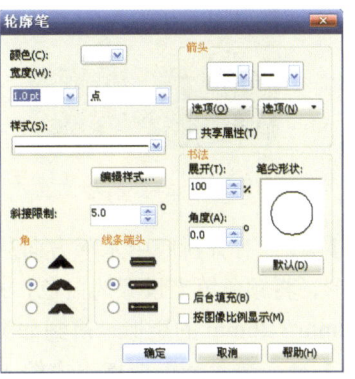

图3-161　输入文字　　　图3-162　轮廓笔参数设置　　　图3-163　修改文字轮廓

09 单击工具箱中的【矩形工具】，对齐水平方向中间的辅助线，绘制大小为115.5mm×54mm的矩形，将填充颜色设置为白色，去除轮廓线，如图3-164所示。单击工具箱中的【透明度工具】，参数设置如图3-165所示。在透明矩形上绘制大小为3.5mm×54mm的矩形，将填充颜色设置为白色，去除轮廓线，得到如图3-166所示的效果。

图3-164　透明度参数设置

图3-165　绘制矩形　　　　　　　　图3-166　修改图形透明度

10 执行【文件】/【导入】命令（快捷键【Ctrl+I】），导入素材文件"光盘"，调整其位置和大小，得到如图3-167所示的效果，单击工具箱中的【椭圆工具】，沿光盘边缘绘制一个圆形，去除轮廓线，选择光盘，执行【效果】/【图框精确剪裁】/【放置在容器中】命令，将其放置在绘制好的圆形中，调整图形的位置和大小，得到如图3-168所示的效果。然后在透明的白色形状上输入一些说明性的文字，在书名的右下方输入编著者名称，在封面的下方输入出版单位名称，得到如图3-169所示的效果。

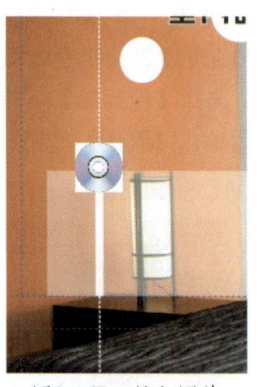

图3-167　导入图片　　　　图3-168　调整图形位置　　　　图3-169　输入文字

11 单击工具箱中的【矩形工具】，对齐封底中水平方向从上往下的第三条辅助线，绘制一个大小为160mm×52.5mm的矩形，将颜色填充设置为白色，去除轮廓线，如图3-170所示，再在白色矩形上绘制4个大小为32mm×26mm的矩形，得到如图3-171所示的效果。

12 单击工具箱中的【文本工具】，在4个矩形框下方输入放置图片的名称，如图3-172所示。执行【文件】/【导入】命令（快捷键【Ctrl+I】），导入与名称相应的素材图片，将其顺序调整到矩形框下方，调整素材图片至如图3-173所示的位置，再将素材图片依次放置到矩形框内，去除矩形轮廓线，得到如图3-174所示的效果。

图3-170 绘制矩形

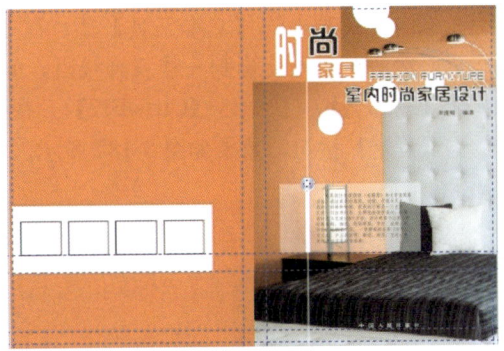

图3-171 绘制矩形

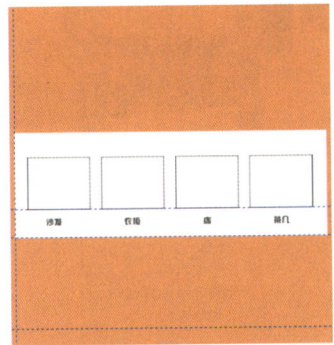

图3-172 输入文字

图3-173 导入图片

图3-174 将图片放置到矩形框内

13 选择放置了素材图片的四个矩形,将其群组,单击工具箱中的【阴影工具】 ,为其添加阴影,参数设置如图3-175所示,得到如图3-176所示效果。

图3-175 阴影参数设置

14 单击工具箱中的【矩形工具】 ,在页面的左右两侧边缘绘制如图3-177所示矩形,将填充颜色设置为黑色,去除轮廓线。在书脊中绘制如图3-178所示图形,将填充颜色设置为黑色,去除轮廓线。

图3-176 阴影效果

图3-177 绘制矩形

15 单击工具箱中的【文本工具】字，在书脊的辅助线内输入书脊上的文字信息，如图 3-179 所示。然后在封底上绘制一些装饰线段，如图 3-180 所示，单击工具箱中的【轮廓笔工具】，选择【轮廓笔】，（快捷键【Ctrl+F12】），在弹出的对话框中设置参数，如图 3-181 所示。完成后单击【确定】按钮，效果如图 3-182 所示。

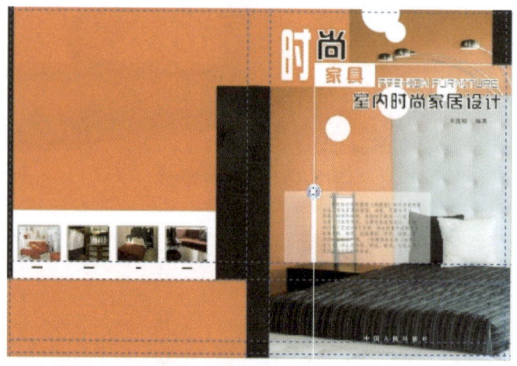

图3-178　绘制书脊中的图形

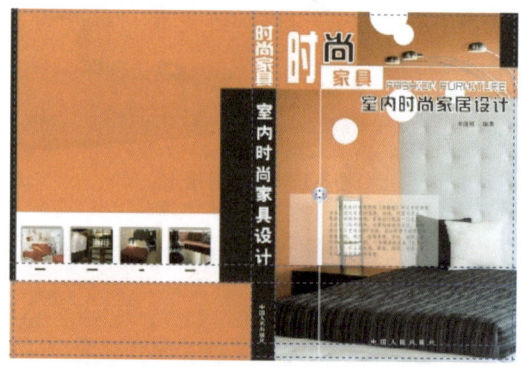

图3-179　输入文字

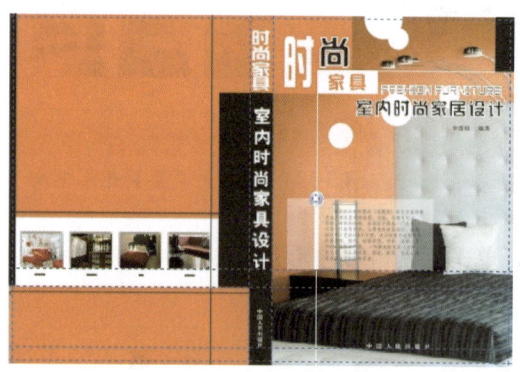

图3-180　绘制装饰线段

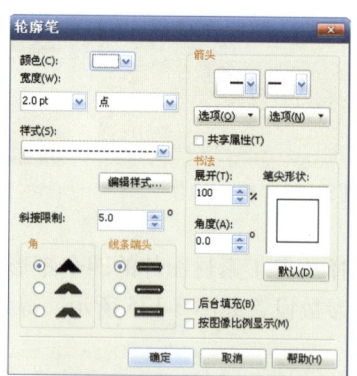

图3-181　轮廓笔参数设置

16 执行【编辑】/【插入条形码】命令，弹出【条码向导】对话框，输入条形码的数字，然后单击【下一步】按钮，弹出对话框的数值保持不变，继续单击【下一步】按钮，各数值保持不变，单击【完成】按钮，完成条形码的设置。然后将其移动到封底的右下角，隐藏辅助线，得到如图 3-183 所示的效果。至此，室内家具书籍封面封底设计完成。

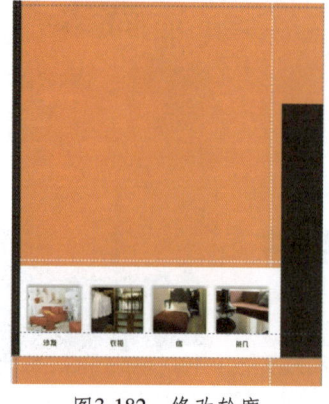

图3-182　修改轮廓

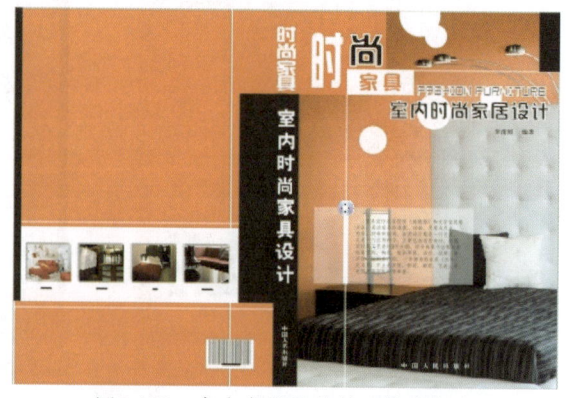

图3-183　室内家具书籍封面封底完成

3.4 本章小结

本章制作了瑞丽妆封面设计、看世界杂志封面设计、室内家具书籍封面封底设计3个实例，需要重点掌握用贝塞尔工具绘制图形，用形状工具调整图形，用渐变填充工具填充颜色等多项工具的使用技巧。

在本章中除了要注意工具的运用外，更要掌握封面的排版与设置技巧。同时在处理文字时，为方便文字的调整与变形，常常需要将文字拆分开来单个进行处理。文字的字体应与整体风格统一，注意色彩的搭配合理，使画面看起来更加精美。

3.5 习题

实训题

设计如图3-184所示的儿童读物封面。

制作提示：首先使用贝塞尔工具绘制卡通动物图形，部分图形根据整体需要调整透明度，然后使用贝塞尔工具和椭圆工具绘制糖果背景，将背景与卡通人物群组并为其添加阴影，接着使用贝塞尔工具绘制星形并复制，调整星形颜色、大小及角度，使星形不均匀分布在背景中。最后运用文本工具添加文字内容完成儿童读物封面设计。

图3-184　儿童读物封面设计

第 4 章 平面广告设计

> 平面广告被应用在 DM 单、户外广告、宣传单、宣传册等多个方面。灵活运用 CorelDRAW 中的各种工具，可以制作出丰富多彩的平面广告设计作品。本章通过制作 5 个具体实例，介绍平面广告设计的相关内容。

本章要点

- 平面广告设计的概念
- 平面广告的组成要素
- 绘制平面广告设计作品时主要工具的运用

4.1 平面广告设计概念

平面广告设计是集电脑技术、数字技术和艺术创意于一体的综合内容，它是一种工作或职业，也是一种具有美感、使用与纪念功能的造形活动。

平面广告是由点、线、面构成的，也可以说是图片和文案的组合。

优秀的平面广告作品，是点、线、面和谐的组合。既不失大体，也不觉另类味道，适合大众化。图片和文案之间简洁地组合，也可以达到设计者和需求者的要求为目的。

4.2 制作医院宣传海报

本实例学习制作医院宣传海报。在制作时，首先使用矩形工具和渐变填充工具绘制海报底部渐变背景，然后使用贝塞尔工具绘制背景装饰图形并为部分图形填充渐变颜色，接着导入矢量素材，调整素材位置和大小，最后通过文本工具添加文字完成医院宣传海报的设计。制作流程如图 4-1 所示，完成效果如图 4-2 所示。

学习重点

（1）用贝塞尔工具绘制不规则图形
（2）将素材运用到作品中
（3）学习怎样复制已有图形的渐变填充属性并运用于新绘制图形中

制作流程

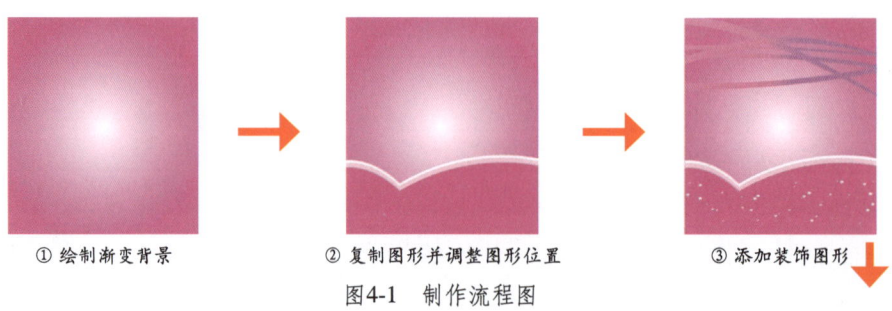

① 绘制渐变背景　　② 复制图形并调整图形位置　　③ 添加装饰图形

图 4-1　制作流程图

平面广告设计 4

⑥ 绘制装饰图形并添加文字　　　⑤ 添加文字　　　④ 导入矢量素材

图4-1（续）

实例效果

图4-2　海报实例效果图

上机实战　制作医院宣传海报

所用素材：光盘\素材\第4章\4.3　制作医院宣传海报
最终效果：光盘\效果\第4章\4.3　制作医院宣传海报

01 单击工具箱中的【矩形工具】，绘制海报的背景，绘制出的矩形大小为 190.0 mm / 210.0 mm，然后单击工具箱中【填充工具】，将渐变颜色设置为白色、M94，【属性栏】上的渐变设置如图4-3所示，填充渐变后的效果如图4-4所示。

图4-3　设置【渐变填充】选项对话框

02 单击工具箱中的【贝塞尔工具】，绘制下面的图形，并将其填充颜色设置为 C:0 M:100 Y:0 K:0，绘制并填充后的效果如图4-5所示。

03 选择刚刚绘制出的图形的状态下，按快捷键【Ctrl+C】将其复制，再按快捷键【Ctrl+V】将其粘贴，将其填充颜色设置为 C:0 M:40 Y:0 K:0，更改填充颜色后的效果如图4-6所示。

04 在选择复制出的图形的状态下，单击鼠标右键，选择【顺序】/【向后一层】命令（快捷键【Ctrl+PgUp】），将复制出的图形向后一层同时按键盘上的【↑】键，将其向上移动，效果如图4-7所示。

图4-4　填充渐变后的效果　　　　　图4-5　绘制图形并填充后的效果

05 使用步骤4和步骤5相同的方法，复制并将其向后一层，将填充颜色设置为白色，效果如图4-8所示。

图4-6　复制图形并更改填充颜色　　图4-7　调整排列图形顺序　　图4-8　复制移动并调整顺序后的效果

06 单击工具箱中的【贝塞尔工具】，绘制线条图形，如图4-9所示。

07 单击工具箱中的【填充工具】，选择【渐变填充】选项，弹出【渐变填充】选项对话框，渐变颜色分别设置为0（M81、Y1）、100（C28、M82），渐变设置如图4-10所示，填充渐变后的效果如图4-11所示。

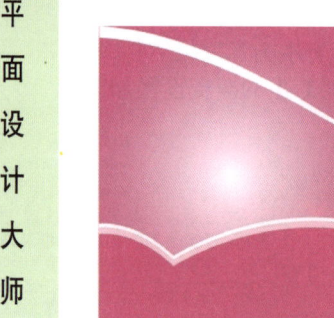
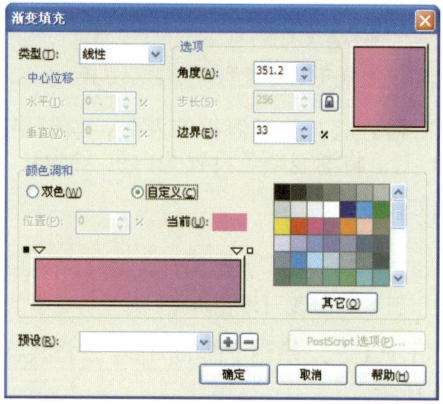

图4-9　绘制线条　　　　　图4-10　设置【渐变填充】选项对话框　　　　　图4-11　填充渐变后的效果

08 使用工具箱中的【贝塞尔工具】，绘制出另外一条线条图形，如图4-12所示。然后单击工具箱中【填充工具】，单击【属性栏】上的【复制属性】，使用鼠标左键单击步骤7中已经填充渐变颜色的图形，如图4-13所示，单击复制属性后的效果如图4-14所示。

平面广告设计 **4**

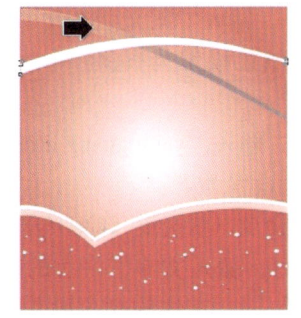

图4-12　绘制线条　　　　图4-13　单击以填充渐变颜色的图形　　　　图4-14　复制属性后的效果

> **提示**　在对象之间可以复制填充和轮廓的快速方法：
> 在选择需要填充渐变的图形的状态下，单击工具箱中【交互式填充工具】，此时可单击【属性栏】上的【复制属性】按钮，然会使用鼠标左键单击已经填充渐变颜色的图形个，就可以快速将其填充颜色和轮廓填充到需要填充颜色的图形上。

09 使用步骤 8 相同的方法，绘制并填充渐变颜色，效果如图 4-15 所示。

10 绘制下方的椭圆装饰，单击工具箱中的【椭圆工具】，绘制出白色椭圆，如图 4-16 所示，使用同样方法绘制出其他不同大小的椭圆，如图 4-17 所示。选择所有已经绘制出的白色椭圆，单击鼠标右键，选择【编组】命令（快捷键【Ctrl+G】），将椭圆群组。

图4-15　绘制并填充渐变后的线条系效果　　　　图4-16　绘制椭圆　　　　图4-17　复制其他椭圆效果

11 执行【文件】/【导入】命令（快捷键【Ctrl+I】），导入素材"矢量女性"，将其放置到画面的右上方，效果如图 4-18 所示。单击鼠标右键，选择【顺序】/【置于此对象前】命令，然后使用鼠标左键单击背景，将"矢量女性"素材放置到背景的前面，效果如图 4-19 所示。

图4-18　导入素材"矢量女性"　　　　图4-19　调整素材的顺序后的效果

12 单击工具箱中的【文本工具】字，输入"阳光丽人女子医院"，将"字体"和"字体大小"设置为 汉仪太极体简 36 pt，字体的颜色设置为 C: 100 M: 0 Y: 0 K: 0，输入文字后的效果如图 4-20 所示。

13 使用工具箱中的【文本工具】字，输入"yang guang li ren nv zi yi yuan"，将"字体大小"设置为 汉仪太极体简 21 pt，字体的颜色设置为 C: 100 M: 0 Y: 0 K: 0，输入文字后的效果如图 4-21 所示。单击鼠标右键，选择【转换为曲线】命令（快捷键【Ctrl+Q】），将两组文字转换为曲线。

14 单击工具箱中的【文本工具】字，输入文字"一次的选择，一生的幸福"将"字体"和"字体大小"设置为 经典综艺体简 24 pt，字体的颜色设置为 C: 0 M: 0 Y: 100 K: 0，输入文字后的效果如图 4-22 所示。

图4-20 输入文字后的效果　　图4-21 输入文字后的效果　　图4-22 输入文字后的效果

> **提示** 输入文字后，将文字转换为曲线的目的是在使用其他电脑打开此文件时，可能会出现没有目前使用的"字体"，这样当前的字体就会被替换，失去原有的效果。在实际制作中如果文字效果制作完毕，通过都会将文字【转换为曲线】以保障文字的效果。

15 单击工具箱中的【贝塞尔工具】，绘制图形，将其填充颜色设置为 C: 0 M: 100 Y: 0 K: 0，绘制并填充颜色后的效果如图 4-23 所示。

16 单击工具箱中的【椭圆工具】，使用鼠标左键拖动的同时按【Ctrl】键，绘制出一个正圆，将其填充颜色设置为 C: 100 M: 0 Y: 0 K: 0，绘制并填充的后的效果如图 4-24 所示。然后选择这两个刚刚绘制出的图形，分别执行【排列】/【对齐和分布】/【水平居中对齐】命令和【排列】/【对齐和分布】/【垂直居中对齐】命令，将两个图形以中心点对齐。

17 选择蓝色的圆形，按快捷键【Ctrl+C】将其复制，再按快捷键【Ctrl+V】将其粘贴，然后使用鼠标左键向内拖拽，将其缩小并将填充颜色为白色，效果如图 4-25 所示。

图4-23 绘制图形　　图4-24 绘制正圆并填充颜色　　图4-25 复制正圆后的效果

平面广告设计

18 单击工具箱中的【文本工具】字，输入"专业专科"，将"字体"和"字体大小"设置为 `汉仪大极体简  36 pt`，字体的颜色设置为 `C: 0 M: 60 Y: 100 K: 0`，输入文字后的效果如图 4-26 所示。将绘制出的图形和文字群组。

19 单击工具箱中的【阴影工具】，从图形的左上角向下拖动，添加阴影效果，添加阴影后的效果如图 4-27 所示。至此，医院宣传海报绘制完成。

图4-26 输入文字后的效果

图4-27 医院宣传海报完成

4.3 制作健身俱乐部宣传单

宣传单一般是为扩大影响力而做的一种纸面宣传材料，需要画面具有一定的视觉冲击力，内容具有一定的煽动力和影响力。本实例制作一份健身俱乐部宣传单，在制作时，首先使用矩形工具和椭圆工具制作宣传单背景，然后导入矢量素材并修改素材轮廓、大小和位置，接着使用贝塞尔工具和星形工具绘制人物衣服和对话框并为对话框添加阴影效果，最后通过文本工具添加文字完成健身俱乐部宣传单设计，制作流程如图 4-28 所示，完成效果如图 4-29 所示。

学习重点

（1）学习绘制条纹背景
（2）掌握宣传单的内容设置
（3）为图形添加阴影效果

制作流程

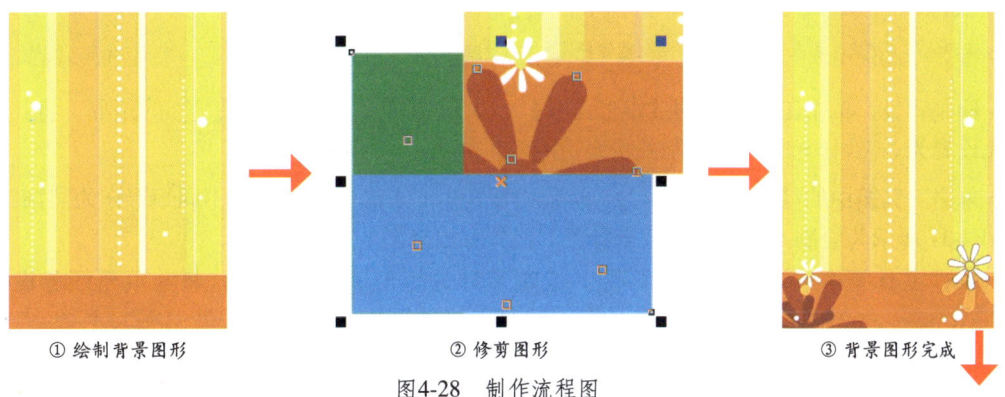

① 绘制背景图形　　　② 修剪图形　　　③ 背景图形完成

图4-28 制作流程图

⑥ 绘制对话框并添加文字　　⑤ 绘制人物衣服　　④ 导入矢量素材

图4-28（续）

实例效果

图4-29　健身俱乐部宣传单实例效果图

上机实战　制作健身俱乐部宣传单

所用素材：光盘\素材\第 4 章\4.4　制作健身俱乐部宣传单
最终效果：光盘\效果\第 4 章\4.4　制作健身俱乐部宣传单

01 绘制背景，单击工具箱中的【矩形工具】，绘制一个大小为 204.239 mm / 237.262 mm 的矩形，将其填充颜色设置为 C:0 M:20 Y:80 K:0，绘制并填充后的效果如图 4-30 所示。

02 单击工具箱中的【矩形工具】，绘制和背景矩形等高并不等宽的不同矩形作为装饰图形，如图 4-31 所示为绘制不同矩形及填充颜色的设置和填充后的效果。

03 单击工具箱中的【矩形工具】，绘制和背景矩形等宽的矩形，将其填充颜色设置为 C:0 M:75 Y:100 K:0，绘制并填充后的效果如图 4-32 所示。

04 单击工具箱中的【椭圆工具】，绘制椭圆，并将其填充白色，绘制并填充颜色后的效果如图 4-33 所示。

平面广告设计

图4-30　绘制矩形

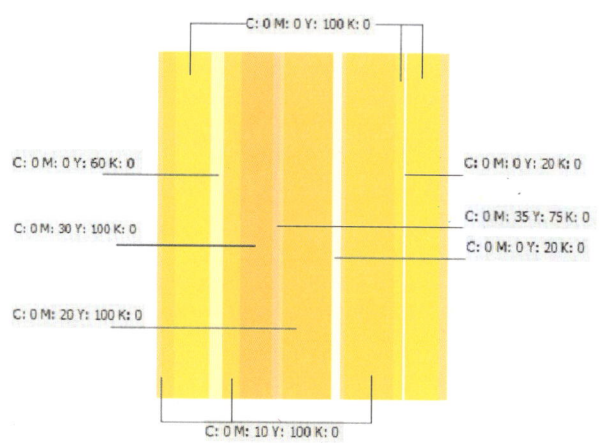

图4-31　绘制出不同颜色的矩形

图4-32　绘制矩形

图4-33　绘制白色圆形

05 垂直复制椭圆，按快捷键【Ctrl+D】重复上一步，达到如图4-34所示效果。选择所有的白色椭圆，然后单击鼠标右键，选择【编组】命令（快捷键【Ctrl+G】），将所有的椭圆群组。

06 在选择群组后椭圆的状态下，按快捷键【Ctrl+C】将其复制，再按快捷键【Ctrl+V】将其粘贴，然后将其进行缩放后放置到画面的右侧，效果如图4-35所示。

07 在复制并缩小后的群组的椭圆的周边分别绘制出四个大小不等的白色圆形，效果如图4-36所示。

图4-34　复制圆形后效果

图4-35　复制图形

图4-36　绘制出4个白色圆形

08 使用步骤6和步骤7相同的方法，复制并绘制出另外一侧的椭圆效果，如图4-37所示。

09 执行【文件】/【导入】命令（快捷键【Ctrl+I】），导入素材"花朵"，将其放置到画面的右下方，效果如图4-38所示。

10 在选择刚刚导入的"花朵"素材文件的状态下，按快捷键【Ctrl+D】将其复制，然后单击工具箱中的【轮廓笔工具】 ，选择【无轮廓】选项，去掉花瓣的轮廓，同时将其缩放并放置在画面的左下方，效果如图4-39所示。

图4-37 绘制出另外一侧的圆形

图4-38 导入素材"花朵"

图4-39 复制并删除轮廓线

11 在选择无轮廓的花朵的状态下，按快捷键【Ctrl+D】将其复制，将其填充颜色设置为 C:0 M:95 Y:100 K:15，然后将其放大并放置到如图4-40所示的位置。

12 需要将花朵多余画面的部分删除，单击工具箱中的【矩形工具】 ，分别在花朵的左侧和下面绘制出矩形，同时将花朵和刚刚绘制出的两个矩形选中，如图4-41所示，然后单击【属性栏】上的【修剪】 按钮，删除画面以外的图形，效果如图4-42所示。

图4-40 复制并放大花朵

图4-41 同时选中三个图形

图4-42 修剪并删除画面以外的图形

13 使用同样方法制作出如图4-43所示的另外两个被修剪过的花朵，填充颜色分别设置为 C:0 M:100 Y:80 K:35 与 C:0 M:50 Y:100 K:0。

14 单击工具箱中的【椭圆工具】 ，在画面的下方绘制出多个白色的圆形，效果如图4-44所示。

15 执行【文件】/【导入】命令（快捷键【Ctrl+I】），导入素材"女性"，将其放置到画面中，效果如图4-45所示。

图4-43 制作另外两个花朵效果

图4-44 绘制白色的圆形

图4-45 导入素材

16 单击工具箱中的【贝塞尔工具】，绘制出如图4-46所示的衣服图形，将其填充颜色设置为 C: 20 M: 0 Y: 100 K: 0，继续绘制出短裤的图形，将填充颜色设置为 C: 0 M: 100 Y: 100 K: 0，效果如图4-47所示。将刚刚绘制出衣服的人物和衣服选中，单击鼠标右键，选择【编组】命令（快捷键【Ctrl+G】），将其编组为一个整体，然后按照同样的方法绘制其他人物的衣服图形，效果如图4-48所示。

图4-46 绘制衣服效果

图4-47 绘制短裤效果

图4-48 绘制其他人物的服装效果

17 单击工具箱中的【文本工具】，在文字【属性栏】上选择相应字体 经典综艺体简 46 pt，然后在画面的下方输入文字"环宇女子健身俱乐部"，输入文字后的效果如图4-49所示。

18 单击工具箱中的【贝塞尔工具】，将填充颜色设置为白色，轮廓线的颜色设置为 C: 0 M: 45 Y: 100 K: 0，绘制出如图4-50所示的图形。

图4-49 输入文字后效果

图4-50 绘制白色图形

19 选择画面中被图形遮住手的人物，然后单击鼠标右键，选择【顺序】/【置于此对象前】命令，单击刚刚绘制出的白色图形，将人物的手显露出来，效果如图4-51所示。

20 使用同样的方法在左侧绘制出白色的图形，效果如图4-52所示。

21 单击工具箱中的【星形工具】，将其填充颜色设置为白色，轮廓线设置为刚刚绘制的白色图形相同的轮廓线，【属性栏】上的参数设置为 ☆ 5 △ 23 ，绘制出的星形效果如图4-53所示。

图4-51　调整图形的顺序　　　　图4-52　绘制白色图形　　　　图4-53　绘制星形

22 单击工具箱中的【文本工具】，在文字【属性栏】上选择相应字体 汉仪太极体简 30pt，字体的颜色设置为 C：0 M：100 Y：0 K：0，然后在画面的下方输入文字"7天还您一个全新的我"，输入文字后的效果如图4-54所示。

23 在文字【属性栏】上选择相应字体 微软雅黑 24pt，字体的颜色设置为 C：100 M：0 Y：100 K：0，在左侧白色图形上输入文字"只要坚持"，效果如图4-55所示。

24 在文字【属性栏】上选择相应字体 文鼎中特广告体 48pt，字体颜色设置为 C：0 M：100 Y：0 K：0，在星形上面输入文字"7天"，效果如图4-56所示。

图4-54　输入文字　　　　图4-55　输入文字　　　　图4-56　输入文字

25 在选择左侧的白色图形状态下，单击工具箱中的【阴影工具】，【属性栏】设置为 ，阴影颜色设置为（C0、M60、Y40、K40），这时使用鼠标左键在图形的左侧向右侧拖动出现阴影效果，如图4-57所示。

26 选择右侧的白色图形，单击工具箱中的【阴影工具】，在【属性栏】中将阴影的颜色设置为（C0、M100、Y100、K0），使用同样方法拖动出阴影效果，如图4-58所示。

27 选择星形图形，在【属性栏】中将阴影的颜色设置为（C0、M20、Y80、K0），使用同样方法拖动出阴影效果，如图4-59所示。至此，健身俱乐部宣传单绘制完成。

平面广告设计

图4-57　绘制左侧图形阴影

图4-58　绘制右侧图形阴影

图4-59　健身俱乐部宣传单完成

4.4　房地产形象招贴设计

本实例学习房地产形象招贴的设计制作，通过对色彩色度、饱和度、亮度的调整变化绘制立体效果图形。在制作时，首先使用贝塞尔工具绘制楼房，然后复制楼房并调整各个楼房的大小和位置，接着调整各个楼房的色度、饱和度、亮度。最后通过添加文字和装饰图形完成房产形象招贴的设计。制作流程如图4-60所示，完成效果如图4-61所示。

学习重点

（1）学习用轮廓笔工具绘制图形
（2）掌握运用【色度/饱和度/亮度】命令调整图形的色彩属性

制作流程

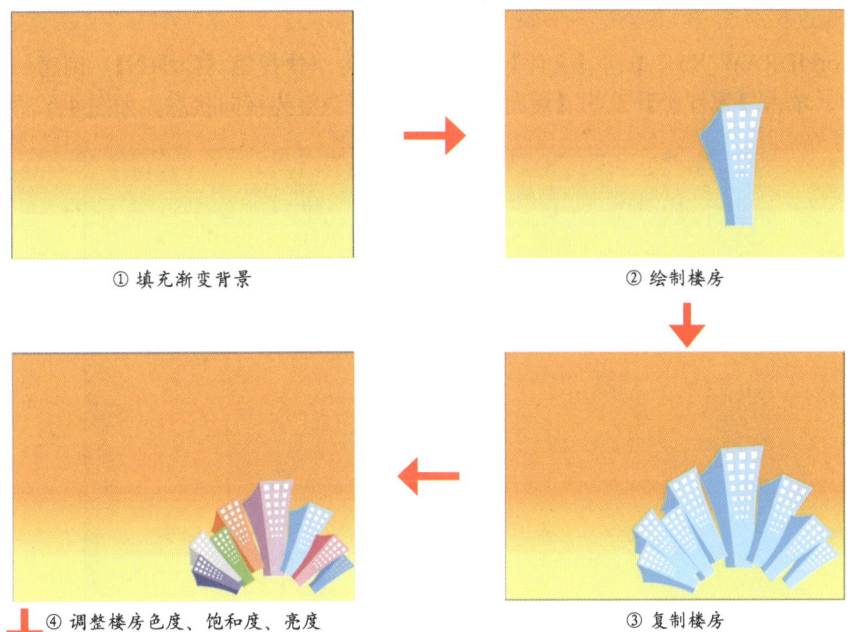
图4-60　制作流程图

⑤ 绘制装饰图形

⑥ 添加文字

图4-60（续）

图4-61 房地产形象招贴设计实例效果图

上机实战 房地产形象招贴设计

所用素材：光盘\素材\第4章\4.5 房地产形象招贴设计
最终效果：光盘\效果\第4章\4.5 房地产形象招贴设计

01 运行 CorelDRAW X5，单击【文件】/【新建】命令（快捷键【Ctrl+N】）创建一个 A4 大小的图形文件，单击【属性栏】上的【横向】 ，将页面调整为横向状态，如图 4-62 所示。

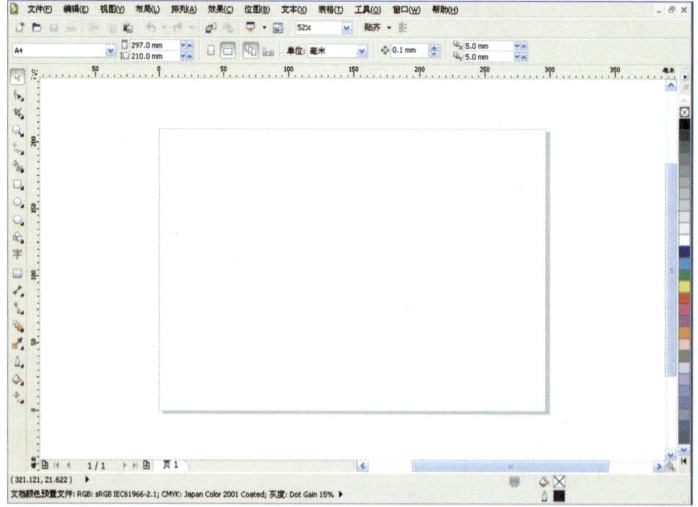

图4-62 新建文件

02 鼠标左键双击工具箱中的【矩形工具】□,绘制与页面相同大小的矩形,然后单击工具箱中的【填充工具】,选择【渐变填充】选项,弹出【渐变填充】选项对话框,在【位置】选项中分别添加并输入0、23、40、100几个位置点,渐变颜色分别设置为0(C4、M0、Y71、K0)、23(C0、M32、Y88、K0)、40(C0、M53、Y91、K0)、100(C0、M53、Y91、K0),渐变设置如图4-63所示,去除轮廓线,效果如图4-64所示。

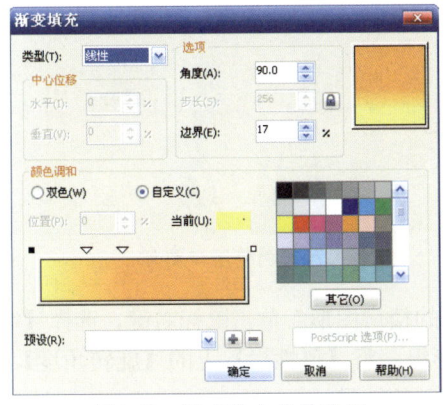

图4-63 渐变填充参数设置　　　　　　　　图4-64 填充效果

03 单击工具箱中的【贝塞尔曲线工具】,绘制如图4-65所示的图形,将填充颜色设置为 C:40 M:0 Y:0 K:0,去除轮廓线,得到如图4-66所示的效果。

04 单击工具箱中的【贝塞尔曲线工具】,将填充颜色设置为 C:67 M:13 Y:0 K:0,绘制楼房侧面图形,去除轮廓线,得到如图4-67所示的效果。

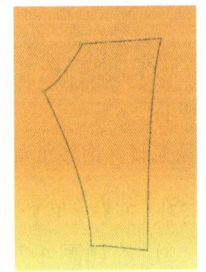

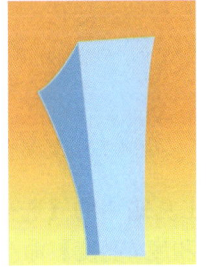

图4-65 绘制图形　　　　图4-66 填充颜色　　　　图4-67 绘制楼房侧面图形

05 单击工具箱中的【贝塞尔曲线工具】,将填充颜色设置为30%黑,绘制出楼房窗口图形,去除轮廓线,得到如图4-68所示效果。再次单击工具箱中的【贝塞尔曲线工具】,在30%黑的图形上绘制形状,将填充颜色设置为白色,去除轮廓线,得到如图4-69所示的效果。

图4-68 绘制楼房窗口图形　　　　　图4-69 绘制窗口

06 将窗口图形群组，按下小键盘上的【+】键，原位复制出1组，单击【属性栏】上的【锁定比例】按钮，调整其大小和位置，得到如图4-70所示的效果。

07 继续按下小键盘上的【+】键复制窗口图形，调整其大小和位置，得到如图4-71所示的效果。

图4-70　按比例复制图形

图4-71　调整窗口图形

08 单击工具箱中的【选择工具】，框选绘制出来的楼房图形，单击鼠标右键，选择【编组】命令（快捷键【Ctrl+G】），将其群组，复制楼房图形组，将【属性栏】上的【旋转角度】文本框设置为333°，调整大小和位置，得到如图4-72所示的效果。

09 继续运用复制、旋转、缩放命令调整形状，得到如图4-73所示的效果。

图4-72　复制楼房图形组

图4-73　复制并调整楼房图形组位置

10 单击工具箱中的【选择工具】，选择最左边的楼房图形，然后执行【效果】/【调整】/【色度/饱和度/亮度】命令（快捷键【Ctrl+Shift+U】），弹出对话框，设置如图4-74、图4-75所示。单击【确定】按钮，得到如图4-76所示的效果。

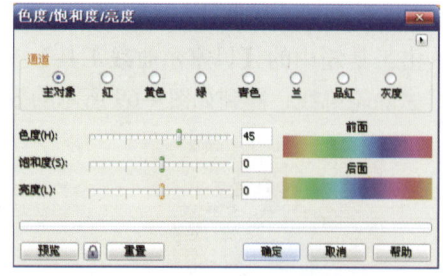
图4-74　色度/饱和度/亮度参数设置

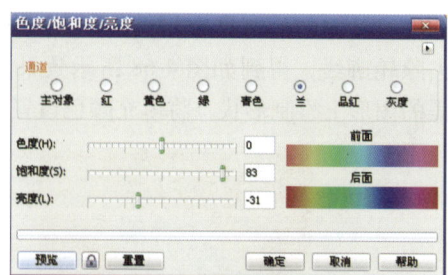
图4-75　色度/饱和度/亮度参数设置

11 单击工具箱中的【选择工具】，选择左边第2个楼房图形，然后执行【效果】/【调整】/【色度/饱和度/亮度】命令（快捷键【Ctrl+Shift+U】），弹出对话框，设置如图4-77、图4-78所示。单击【确定】按钮，得到如图4-79所示的效果。

图4-76 修改后效果

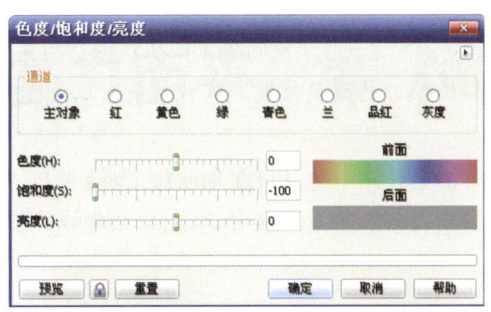

图4-77 色度/饱和度/亮度参数设置

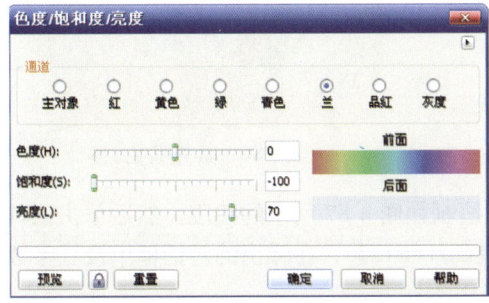

图4-78 色度/饱和度/亮度参数设置

图4-79 修改后效果

12 单击工具箱中的【选择工具】，选择左边第3个楼房图形，然后执行【效果】/【调整】/【色度/饱和度/亮度】命令（快捷键【Ctrl+Shift+U】），弹出对话框，设置如图4-80、图4-81所示。单击【确定】按钮，得到如图4-82所示的效果。

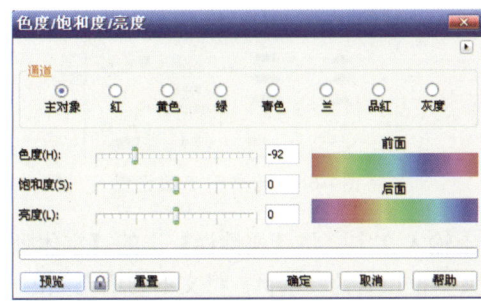

图4-80 色度/饱和度/亮度参数设置

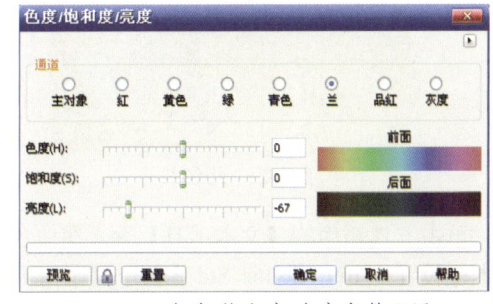

图4-81 色度/饱和度/亮度参数设置

13 从左到右执行【效果】/【调整】/【色度/饱和度/亮度】命令（快捷键【Ctrl+Shift+U】），得到如图4-83所示效果。将楼房图形群组，调整楼群的大小及位置，得到如图4-84所示的效果。

图4-82 修改后效果

图4-83 修改后效果

图4-84 调整楼群大小及位置

> **提示**　【色度/饱和度/亮度】命令用来调整位图及形状的颜色通道，从而改变色谱中的颜色位置，这种效果可以改变颜色及其浓度以及图像中白色所占的百分比。

14 单击工具箱中的【贝塞尔曲线工具】，在楼群下方绘制如图 4-85 所示图形，将填充颜色分别设置为 C:0 M:53 Y:91 K:0 和 C:0 M:0 Y:100 K:0，去除轮廓线，得到如图 4-86 所示的效果。

图4-85　绘制图形

图4-86　填充颜色

15 单击工具箱中的【手绘工具】，在页面上绘制如图 4-87 所示的线段，然后单击工具箱中的【轮廓笔工具】，选择【轮廓笔】（快捷键【Ctrl+F12】），在弹出的对话框中设置参数，如图 4-88 所示。完成后单击【确定】按钮，效果如图 4-89 所示。

图4-87　绘制线条

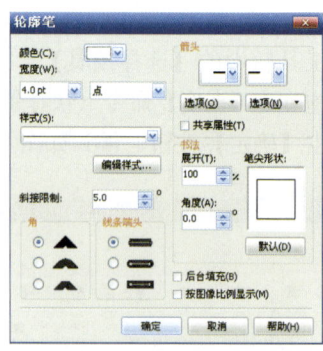
图4-88　轮廓笔参数设置

16 单击工具箱中的【文本工具】字，在白色线段上输入文字，将【属性栏】上的【字体列表】文本框设置为 Bell Gothic Std Black，【字体大小】文本框设置为 34.5pt，将文本的填充颜色设置为白色，效果如图 4-90 所示。

图4-89　修改轮廓后效果

图4-90　输入文字

17 单击工具箱中的【椭圆工具】，在文字的左上方绘制大小分别为 26.3mm × 10.4mm、16mm × 7.5mm 的两个椭圆，将填充颜色设置为白色，去除轮廓线，如图 4-91 所示。

平面广告设计

18 单击工具箱中的【选择工具】，选择两个椭圆，复制多组图形，调整其大小和位置，得到如图 4-92 所示的效果。至此，房地产形象招贴绘制完成。

图4-91　绘制椭圆

图4-92　房地产形象招贴完成

4.5　雀巢咖啡平面广告设计

本实例主要学习制作雀巢咖啡平面广告，在制作平面广告时要注意对广告内容的表现，做到直接、明确、画面美观、大方。本实例首先使用贝塞尔工具和椭圆工具绘制咖啡杯，然后使用透明度工具和阴影工具结合贝塞尔工具等绘制咖啡杯高光及阴影，接着使用透明度工具、椭圆工具绘制咖啡杯后的光晕和上方的光斑及下方的倒影，最后通过添加文字完成雀巢咖啡平面广告制作。制作流程如图 4-93 所示，完成效果如图 4-94 所示。

学习重点

（1）学习透明度工具的使用
（2）学习阴影工具的使用
（3）掌握拆分图形与阴影的方式

制作流程

图4-93　制作流程图

实例效果

图4-94 雀巢咖啡平面广告设计实例效果图

 雀巢咖啡平面广告设计

所用素材：光盘\素材\第 4 章\4.6 雀巢咖啡平面广告设计
最终效果：光盘\效果\第 4 章\4.6 雀巢咖啡平面广告设计

01 运行 CorelDRAW X5，单击【文件】/【新建】命令（快捷键【Ctrl+N】）创建一个 A4 大小的图形文件，鼠标左键双击工具箱中的【矩形工具】，绘制与页面相同大小的矩形，将填充颜色设置为 C: 72 M: 85 Y: 100 K: 67，去除轮廓，如图 4-95 所示。

图4-95 新建文件

02 单击工具箱中的【贝塞尔工具】，在页面中绘制如图 4-96 所示的咖啡杯图形，将填充颜色设置为 C: 0 M: 100 Y: 100 K: 0，去除轮廓线，效果如图 4-97 所示。

图4-96　绘制图形　　　　　　　　图4-97　填充颜色

03 单击工具箱中的【椭圆工具】，绘制如图4-98所示椭圆，然后选择【渐变填充】选项，弹出【渐变填充】选项对话框，渐变颜色分别设置为20%黑、白色，渐变参数设置如图4-99所示，单击【确定】按钮，并将轮廓颜色设置为白色，宽度设置为2.0pt，效果如图4-100所示。

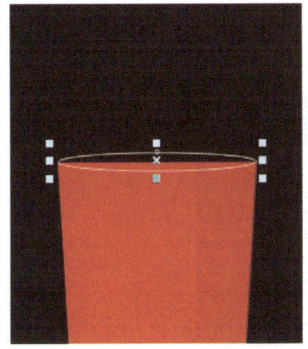
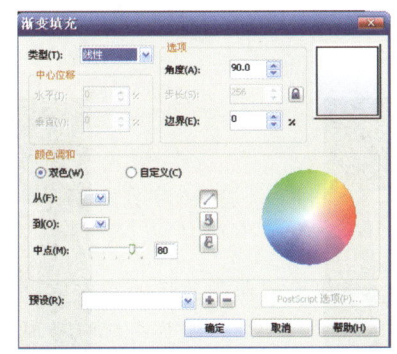

图4-98　绘制杯口　　　　图4-99　渐变填充参数设置　　　图4-100　填充效果

04 单击工具箱中的【贝塞尔工具】，绘制如图4-101所示的杯底阴影图形，选择【渐变填充】选项，弹出【渐变填充】选项对话框，渐变颜色分别设置为（C72、M85、Y100、K67）、（C0、M100、Y100、K0），渐变参数设置如图4-102所示，单击【确定】按钮，然后选择阴影图形，单击鼠标右键，选择【顺序】/【向后一层】命令（快捷键【Ctrl+PgDn】），调整杯底阴影位置，去除轮廓线，效果如图4-103所示。

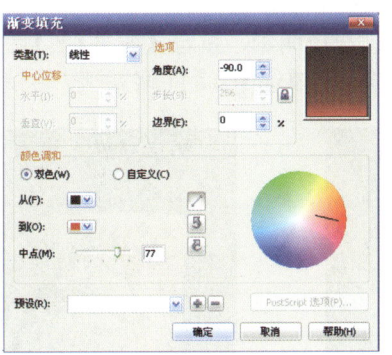

图4-101　绘制杯底阴影图形　　图4-102　渐变填充参数设置　　图4-103　填充效果

05 单击工具箱中的【矩形工具】，绘制3个如图4-104所示的矩形，将填充颜色设置为白色，去除轮廓线，然后单击工具箱中的【透明度工具】，为矩形添加透明效果，如图4-105所示。

图4-104　绘制矩形

图4-105　为矩形添加透明效果

06 选择3个矩形，将其群组。然后执行【效果】/【图框精确剪裁】/【放置在容器中】命令，将其放置在杯子图形中，效果如图4-106所示。

07 单击工具箱中的【椭圆工具】，绘制1个如图4-107所示的椭圆，将填充颜色设置为黑色，去除轮廓，然后单击工具箱中的【阴影工具】，参数设置如图4-108所示，得到如图4-109所示的效果。

图4-106　调整矩形位置

图4-107　绘制椭圆

图4-108　阴影参数设置

08 单击鼠标右键，选择【拆分阴影组群】命令（快捷键【Ctrl+K】），并将黑色形状删除，得到如图4-110所示的效果。选择阴影，执行【效果】/【图框精确剪裁】/【放置在容器中】命令，将其放置在杯子形状中，效果如图4-111所示。

图4-109　添加阴影效果

图4-110　删除黑色形状

图4-111　置入后效果

09 单击工具箱中的【贝塞尔工具】 ，绘制一个杯柄，将填充颜色设置为 C:0 M:100 Y:100 K:0 ，去除轮廓线，效果如图 4-112 所示。单击工具箱中的【贝塞尔工具】 ，将填充颜色设置为黑色，绘制如图 4-113 所示的杯柄暗部图形。

图4-112　绘制杯柄

图4-113　绘制暗部图形

10 框选 3 个暗部图形，将其群组，单击工具箱中的【阴影工具】 ，为暗部图形添加阴影，参数设置如图 4-114 所示，得到如图 4-115 所示的效果。然后按【Ctrl+K】键拆分阴影群组，并将黑色形状删除，调整阴影到如图 4-116 所示位置。执行【效果】/【图框精确剪裁】/【放置在容器中】命令，将阴影放置在杯柄中，得到如图 4-117 所示的效果。

图4-114　阴影参数设置

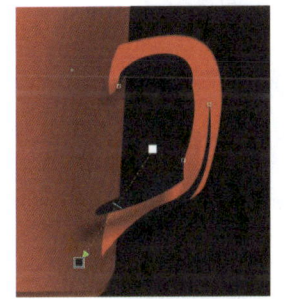
图4-115　为暗部图形添加阴影

图4-116　删除黑色形状

图4-117　将阴影放置在杯柄中

11 单击工具箱中的【矩形工具】 ，绘制如图 4-118 所示的矩形，将填充颜色设置为 C:0 M:100 Y:100 K:60 ，去除轮廓线，并单击工具箱中的【透明度工具】 ，调整到如图 4-119 所示的状态。然后执行【效果】/【图框精确剪裁】/【放置在容器中】命令，将其放置在杯柄图形中，效果如图 4-120 所示。

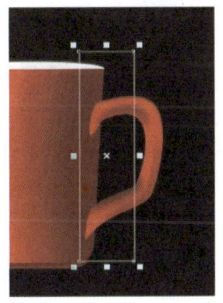
图4-118　绘制矩形

图4-119　调整透明度的状态

图4-120　置入杯柄的状态

12 单击工具箱中的【贝塞尔工具】，将填充颜色设置为黑色，绘制如图 4-121 所示图形，去除轮廓线，然后单击工具箱中的【阴影工具】，为暗部图形添加阴影，参数设置如图 4-122 所示，得到如图 4-123 所示效果。按【Ctrl+K】键拆分阴影群组，并将黑色形状删除，调整阴影到如图 4-124 所示的位置。

13 复制一份阴影并调整到如图 4-125 所示状态，选择两个阴影图形，然后执行【效果】/【图框精确剪裁】/【放置在容器中】命令，将阴影放置在杯子图形中，得到如图 4-126 所示的效果。

图4-121　绘制形状

图4-122　阴影参数设置

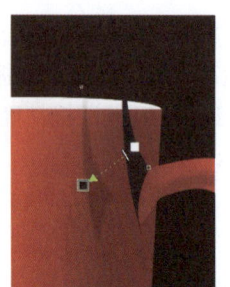 

图4-123　添加阴影效果　　　　图4-124　调整阴影位置

图4-125　复制阴影　　　　图4-126　将阴影放置在杯子图形中

14 单击工具箱中的【贝塞尔工具】并设置颜色，绘制出如图 4-127、图 4-128 所示杯子的高光及环境色。

  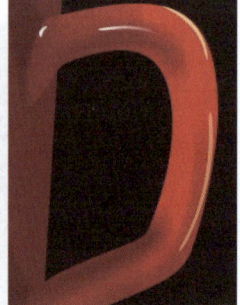

图4-127　绘制杯子的高光及环境色　　　　图4-128　绘制杯子的高光及环境色

平面广告设计

15 单击工具箱中的【选择工具】，框选杯子上的所有图形，然后单击鼠标右键，选择【编组】命令（快捷键【Ctrl+G】）将其群组，复制一份并单击【属性栏】上的【垂直镜像】按钮，调整到如图4-129所示的位置。

16 选择复制出的杯子图形，执行【位图】/【转换为位图】命令，弹出【转换为位图】对话框，参数设置如图4-130所示，然后单击工具箱中的【透明度工具】，制作出如图4-131所示效果，参数设置如图4-132所示。

图4-129　复制并调整杯子

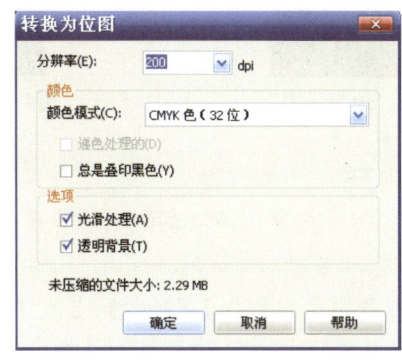
图4-130　转换为位图参数设置

图4-131　调整透明度状态

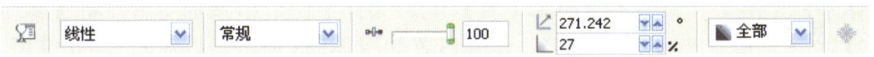
图4-132　透明度参数设置

17 选择背景矩形并复制，再选择复制出的杯子图形，执行【效果】/【图框精确剪裁】/【放置在容器中】命令，将其放置到复制出的矩形内，如图4-133所示。

18 选择置入杯子的矩形，单击鼠标右键，选择【顺序】/【向后一层】命令（快捷键【Ctrl+PgDn】），将其放置在如图4-134所示的位置。

图4-133　将倒影放置在复制的矩形中

图4-134　调整置入杯子的矩形

19 单击工具箱中的【椭圆工具】，在页面中绘制一个正圆。单击鼠标右键，选择【顺序】/【向后一层】命令（快捷键【Ctrl+PgDn】），将其调整到杯子图形下方并将填充颜色设置为 C: 0 M: 100 Y: 100 K: 70，如图4-135所示。

20 选择绘制出的正圆，单击工具箱中的【透明度工具】，制作出如图4-136所示效果，参数设置如图4-137所示。

图4-135 绘制正圆　　　　　图4-136 调整透明度状态

图4-137 透明度参数设置

 此步需要编辑透明度，单击【属性栏】上的【编辑透明度】按钮，弹出的对话框设置颜色从黑到白。

21 选择杯子，单击工具箱中的【阴影工具】，为杯子图形组添加阴影，将【属性栏】上的【预设列表】文本框设置为【透视右下】，参数设置如图4-138所示，得到如图4-139所示的效果。

22 单击工具箱中的【椭圆工具】，在杯子的上方绘制一个正圆，将填充颜色设置为白色，去除轮廓线，如图4-140所示。

图4-138 阴影参数设置

图4-139 添加阴影效果　　　　　图4-140 绘制正圆

23 选择绘制出的白色正圆，单击工具箱中的【透明度工具】，透明度参数设置如图4-141所示，效果如图4-142所示。

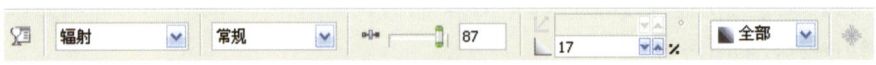

图4-141 透明度参数设置

24 使用相同的方法再绘制两个正圆，调整到如图4-143所示的位置。

平面广告设计

图4-142 调整透明度状态

图4-143 调整图形位置

> **提示** 此步需要编辑透明度，单击【属性栏】上的【编辑透明度】按钮，弹出的对话框设置颜色从黑到白。

25 单击工具箱中的【文本工具】字，输入文字"香醇体验　随时拥有"，然后将【属性栏】上的【字体列表】文本框设置为"方正美黑简体"，【字体大小】文本框设置为18pt，并将文本的填充颜色设置为白色，效果如图4-144所示。

26 执行【文件】/【导入】命令（快捷键【Ctrl+I】），导入素材"雀巢咖啡"，将其放置到杯子中间，效果如图4-145所示。至此，雀巢咖啡平面广告绘制完成。

图4-144 输入广告语

图4-145 导入图片

4.6 本章小结

本章制作了医院宣传海报、健身俱乐部宣传单、房地产形象招贴设计、雀巢咖啡平面广告设计4个实例。需要重点掌握贝塞尔工具、形状工具、椭圆工具、矩形工具、填充工具、轮廓笔工具等工具的运用方式。

在学习本章内容时，应注意学习平面广告的构图与色彩搭配的方式，同时要注意对文字的处理技巧，将文字融入画面，使画面看起来统一、和谐。

4.7 习题

实训题

制作如图 4-146 所示的新年宣传海报。

制作提示：首先使用贝塞尔工具绘制背景彩带与蝴蝶图形，其次分别为彩带和蝴蝶填充颜色并添加透明效果，再次使用椭圆工具绘制装饰图形，最后通过添加文字并对文字变形完成新年宣传海报的制作。

图4-146 新年宣传海报

网页设计 5

第5章 网页设计

> 本章将介绍3个网页设计的绘制实例，通过将多种工具相互配合使用，得到独特的图形效果。

本章要点
- 制作具有个人风格的网页
- 多种工具的配合使用
- 表现文字不同的立体效果

5.1 CD网页设计

本实例制作一则网页的首页画面，整个画面构图简洁大方，颜色明快，充满时尚感。在制作时，首先使用文本工具、形状工具等制作文字的基本形状，然后使用立体化工具使文字立体化并为文字绘制阴影高光等，接着使用贝塞尔工具、椭圆工具结合透明度工具等绘制中间装饰小球，最后通过添加导航栏文字完成CD网页设计。制作流程如图5-1所示，完成效果如图5-2所示。

学习重点

（1）学习页面的构图方式。
（2）掌握阴影工具，立体化工具，透明工具的使用。
（3）制作具有立体效果的文字图形，结合各种工具的运用使其看起来更加真实、生动。

制作流程

① 添加文字　　　　　　② 调整文字形状，添加立体效果

图5-1　制作流程图

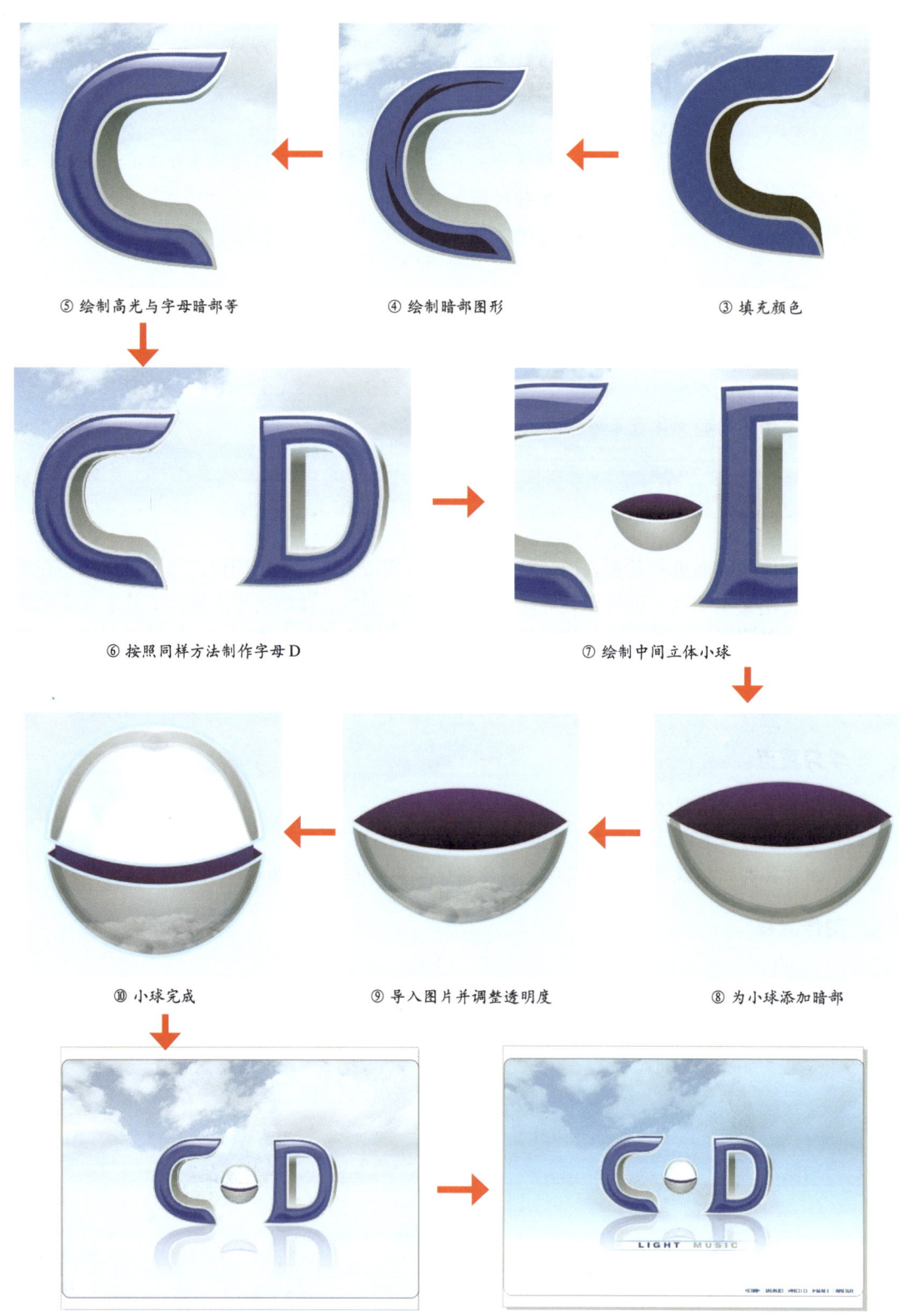

图5-1（续）

网页设计

图5-2 CD网页设计实例效果图

上机实战 CD网页设计

所用素材：光盘\素材\第5章\5.1 CD网页设计
最终场景：光盘\效果\第5章\5.1 CD网页设计

01 运行CorelDRAW X5，单击【文件】/【新建】命令（快捷键【Ctrl+N】）创建一个A4大小的图形文件，单击【属性栏】上的【横向】，将页面调整为横向状态，如图5-3所示。

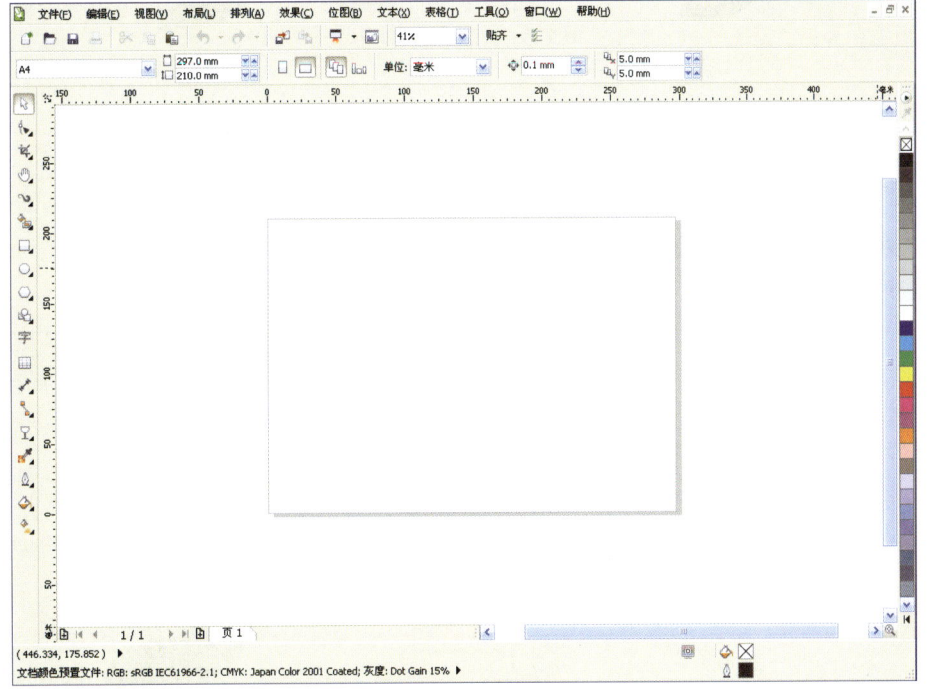

图5-3 新建文件

02 执行【文件】/【导入】命令（快捷键【Ctrl+I】），导入素材文件"天空"，将其放置在页面中部，然后单击工具箱中的【矩形工具】绘制矩形，如图5-4所示，并将【属性栏】上的

【圆角半径】文本框设置为 6。选择底部背景图像，执行【效果】/【精确剪裁】/【放置在容器中】命令，当鼠标出现在黑色箭头时单击绘制的圆角矩形，将背景图像放置到圆角矩形中，效果如图 5-5 所示。

图5-4　绘制矩形　　　　　　　　　　图5-5　将背景图像放置到圆角矩形中

03 单击工具箱中的【文本工具】字，在页面中创建字母 C，如图 5-6 所示。单击鼠标右键，选择【转换为曲线】命令（快捷键【Ctrl+Q】），然后单击工具箱中的【形状工具】，调整字母形状，并将其填充色设置为 C: 69 M: 71 Y: 89 K: 44，轮廓填充色设置为黑色，如图 5-7 所示。

图5-6　输入文字　　　　　　　　　　图5-7　修改文字

> **提示**　在编辑调整曲线图形时，应该注意对节点数量进行控制，减少不必要的节点，并使曲线更为光滑。这样在图形添加立体效果后，可以产生更为光滑、细腻的转折图形。

04 单击工具箱中的【立体化工具】，为字母添加立体效果，在【属性栏】上设置参数，如图 5-8 所示，效果如图 5-9 所示。

图5-8　立体化工具参数设置　　　　　图5-9　立体化效果

05 保持添加立体化图形的选择状态，单击鼠标右键，选择【拆分斜角立体化群组】命令（快捷键【Ctrl+K】），再次单击鼠标右键，选择【取消群组】命令（快捷键【Ctrl+U】）取消群组，如图5-10所示。然后选择字母中间的图形，将颜色填充和轮廓颜色均设置为 C:90 M:80 Y:0 K:0，效果如图5-11所示。

图5-10　拆分群组

图5-11　填充颜色

06 选择左侧和右侧边缘图形，将其删除，并选择字母侧面3个图形，然后单击【属性栏】上的【合并】按钮，效果如图5-12所示。完成后单击工具箱中的【填充工具】，选择【渐变填充】选项，弹出【渐变填充】选项对话框（快捷键【F11】），为底部字母图形填充渐变，渐变颜色分别设置为（C0、M0、Y0、K40）、白色，渐变设置如图5-13所示，去除轮廓，效果如图5-14所示。

图5-12　合并图形

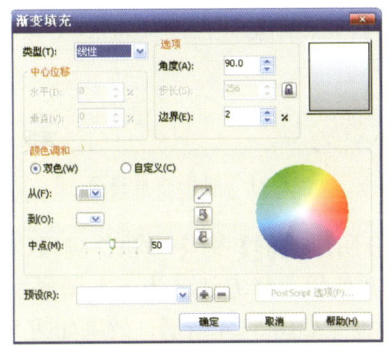

图5-13　渐变填充参数设置

图5-14　填充效果

07 选择字母侧面图形，单击工具箱中的【填充工具】，选择【图样填充】选项，弹出【图样填充】选项对话框（快捷键【F11】），渐变颜色分别设置为 0（C40、M0、Y0、K0）、23（C75、M60、Y60、K12）、62（C47、M35、Y36、K4）、100（C5、M1、Y3、K0）、填充参数如图5-15所示。单击【确定】按钮，效果如图5-16所示。

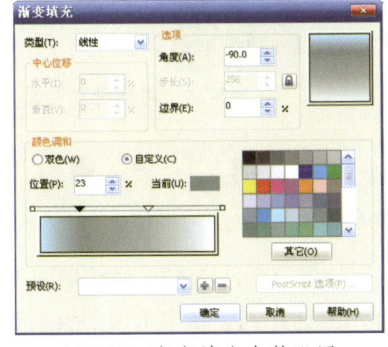

图5-15　渐变填充参数设置

图5-16　填充效果

08 选择字母中间的图形，单击工具箱中的【轮廓图工具】 ，参数设置如图 5-17 所示，在【属性栏】上设置【对象和颜色加速】 的参数，如图 5-18 所示。为其添加轮廓效果，效果如图 5-19 所示。

图5-17　轮廓图工具参数设置

09 单击工具箱中的【贝塞尔工具】 ，绘制图形，如图 5-20 所示，为其填充任意一种颜色。

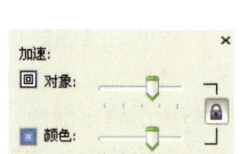

图5-18　对象和颜色加速参数设置　　　图5-19　添加轮廓效果　　　图5-20　绘制图形

10 单击工具箱中的【阴影工具】 ，阴影颜色设置为（C100、M100、Y0、K0），参数设置如图 5-21 所示，效果如图 5-22 所示。

图5-21　阴影参数设置

11 单击鼠标右键，选择【拆分阴影组群】命令（快捷键【Ctrl+K】），并将原图删除，然后调整阴影位置如图 5-23 所示。并使用同样方法，为下方图形添加阴影效果，阴影颜色设置为（C100、M100、Y0、K0），参数设置如图 5-24 所示，效果如图 5-25 所示。

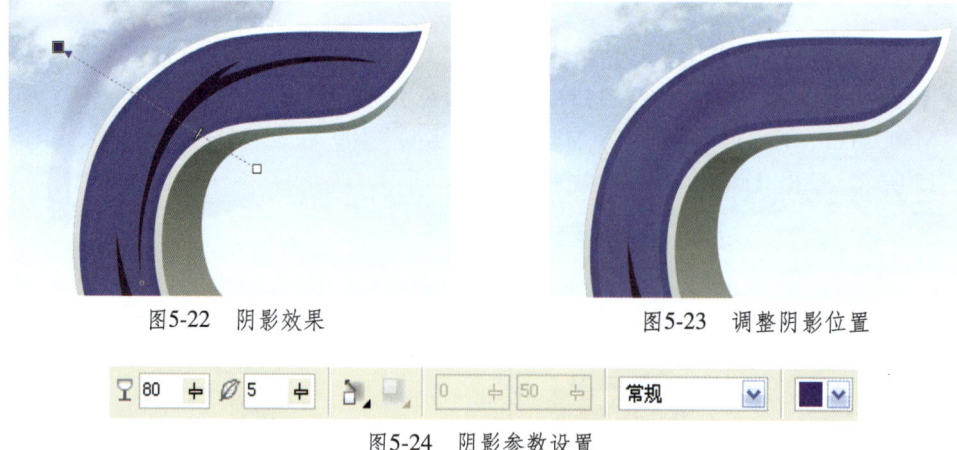

图5-22　阴影效果　　　　　　　　　　图5-23　调整阴影位置

图5-24　阴影参数设置

12 单击鼠标右键，选择【拆分阴影组群】命令（快捷键【Ctrl+K】），并将原图删除，然后调整阴影位置如图 5-26 所示。单击工具箱中的【贝塞尔工具】 ，在字母顶部绘制高光图形，如图 5-27 所示，去除轮廓，并将填充颜色设置为白色。

图5-25　添加阴影　　　　　图5-26　调整阴影位置　　　　　图5-27　绘制高光

13 单击工具箱中的【填充工具】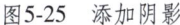，选择【渐变填充】选项，弹出【渐变填充】选项对话框（快捷键【F11】），为其填充渐变色，渐变设置如图 5-28 所示，填充渐变后的效果如图 5-29 所示。

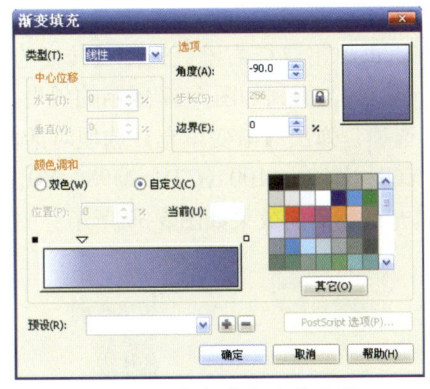

图5-28　渐变填充参数设置　　　　　　　　　图5-29　填充效果

14 单击工具箱中的【贝塞尔工具】，绘制字母暗部图形，将颜色填充为 C:89 M:67 Y:0 K:0，效果如图 5-30 所示。

15 选择底部字母图形，复制图形，单击鼠标右键，选择【顺序】/【向前一层】命令（快捷键【Ctrl+PgUp】），调整顺序到所有图形上面，如图 5-31 所示。然后保持复制底部字母图形的选择状态，去掉其填充色，轮廓颜色设置为 10% 黑色，如图 5-32 所示。

图5-30　绘制暗部　　　　　图5-31　复制图形　　　　　图5-32　去掉填充色

16 单击工具箱中的【阴影工具】，阴影颜色设置为 10% 黑，参数设置如图 5-33 所示，并将【属性栏】上的【羽化方向】文本框设置为外向，为曲线图形添加灰色的阴影，制作立体字边缘发光效果，如图 5-34 所示。

17 按照同样方法，为字母的内边添加边缘发光效果，如图 5-35 所示。

图5-33 阴影羽化设置

图5-34 边缘发光

图5-35 添加发光效果

18 参照字母"C"制作立体字方式，再制作另外一个立体字D效果，如图5-36所示。

19 单击工具箱中的【椭圆工具】，绘制一个椭圆。再单击鼠标右键，选择【转换为曲线】命令（快捷键【Ctrl+Q】），将其转换为曲线，调整图形形状，得到如图5-37所示的效果。然后单击工具箱中的【填充工具】，选择【渐变填充】选项，弹出【渐变填充】选项对话框（快捷键【F11】），渐变颜色分别设置为0（C91、M98、Y69、K60）、100（C71、M98、Y0、K0），轮廓颜色设置为20%黑，渐变设置如图5-38所示，填充渐变后的效果如图5-39所示。

图5-36 制作立体字"D"

图5-37 绘制图形

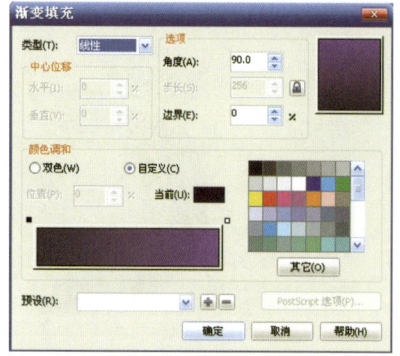

图5-38 渐变填充参数设置

图5-39 填充效果

20 按照同样方法绘制半个圆形，然后再单击工具箱中的【填充工具】，选择【渐变填充】选项，弹出【渐变填充】选项对话框（快捷键【F11】），渐变颜色分别设置为0（C64、M53、Y47、K5）、100（C13、M10、Y9、K0），轮廓颜色的宽度设置为 C: 20 M: 0 Y: 0 K: 0 0.500 mm，渐变设置如图5-40所示，填充渐变后的效果如图5-41所示。

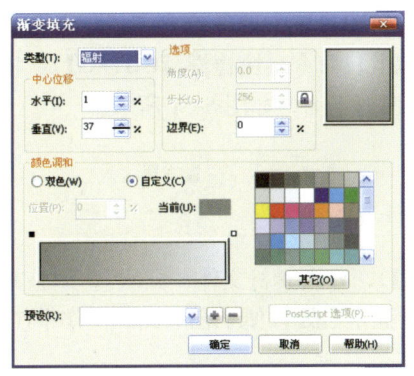

图5-40 渐变填充参数设置　　　　　　　　图5-41 填充效果

21 单击工具箱中的【贝塞尔工具】，绘制暗部图形并为其填充渐变色，如图5-42所示，渐变颜色分别设置为 0（C64、M53、Y47、K5）、100（C51、M41、Y30、K0），渐变设置如图5-43所示，填充渐变后的效果如图5-44所示。

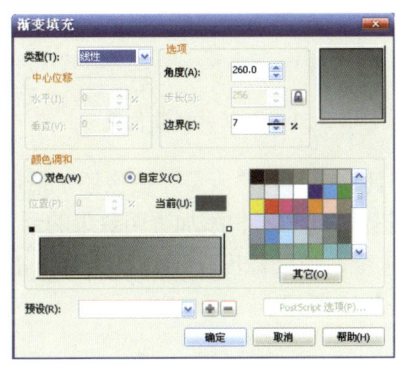

图5-42 绘制暗部图形　　　　图5-43 渐变填充参数　　　　图5-44 填充效果

22 单击工具箱中的【透明度工具】，为其添加透明效果，透明度参数设置如图5-45所示，效果如图5-46所示。按照同样方法，再绘制暗部图形，渐变颜色分别设置为 0（C64、M53、Y47、K5）、100（C51、M41、Y30、K0），渐变设置如图5-47所示，填充渐变后的效果如图5-48所示。

图5-45 透明度参数设置

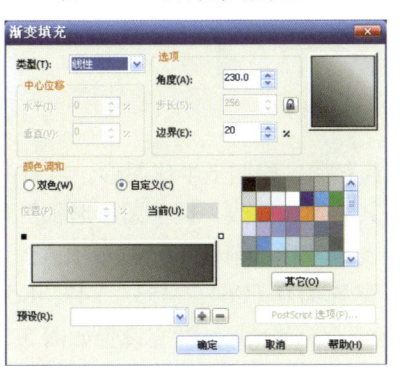

图5-46 添加透明效果　　　图5-47 渐变填充参数设置　　　图5-48 填充效果

23 单击工具箱中的【透明度工具】 ，为其添加透明效果，透明度参数设置如图5-49所示，效果如图5-50所示。然后单击鼠标右键，选择【编组】命令（快捷键【Ctrl+G】），将两个暗部图形群组，并复制，调整其位置和顺序到左侧暗部图形下面，如图5-51所示。

图5-49　透明度参数设置

24 执行【文件】/【导入】命令（快捷键【Ctrl+I】），导入素材文件"云层"，调整其大小和位置，如图5-52所示，复制文件，然后将其放置在页面空白处，便于在后面的操作中使用。

图5-50　添加透明效果　　　图5-51　复制并调整位置　　　图5-52　导入文件

25 单击工具箱中的【透明度工具】 ，为"云层"图像添加透明效果，参数设置如图5-53所示，效果如图5-54所示。然后选择暗部图形和添加透明效果的云层图像，执行【效果】/【图框精确剪裁】/【放置在容器中】命令，当鼠标出现黑色箭头时单击底部填充渐变色的半圆图形，将其放置在该图形中，效果如图5-55所示。

图5-53　透明度参数设置

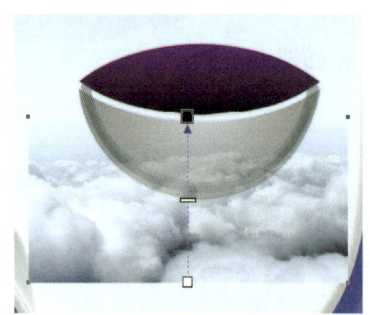 

图5-54　添加透明效果　　　　　图5-55　调整图形

26 单击工具箱中的【椭圆工具】 ，绘制上半球图形。再单击鼠标右键，选择【转换为曲线】命令（快捷键【Ctrl+Q】），将其转换为曲线，调整图形形状得到如图5-56所示的效果。然后再单击工具箱中的【填充工具】 ，选择【渐变填充】选项，弹出【渐变填充】选项对话框（快捷键【F11】），渐变颜色分别设置为 0 (C64、M53、Y47、K5)、100 (C13、M10、Y9、K0)，轮廓颜色和宽度设置为 C:20 M:0 Y:0 K:0 0.500 mm，渐变设置如图5-57所示，填充渐变后的效果如图5-58所示。

网页设计 5

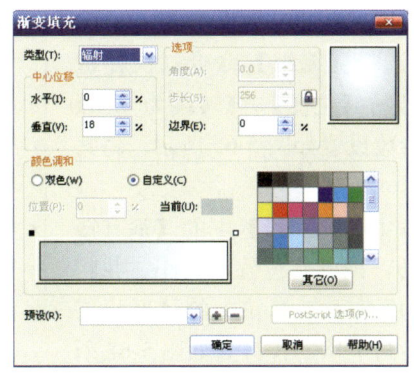

图5-56　绘制上半球图形　　　　图5-57　渐变填充参数　　　　　图5-58　填充效果

27 单击工具箱中的【贝塞尔工具】，绘制图形，如图5-59所示，然后为其填充渐变颜色，渐变颜色分别设置为0（C82、M89、Y0、K0）、100（C82、M89、Y37、K32），渐变设置如图5-60所示，去除轮廓，调整其顺序，置于上半圆图形与下半圆图形下方，得到如图5-61所示效果。

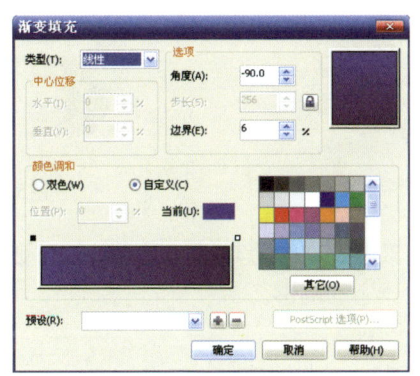

图5-59　绘制图形　　　　　　图5-60　渐变填充参数设置　　　　图5-61　填充效果

28 选择上面备份的云层图像，调整其位置，并为其添加透明效果，参数设置如图5-62所示。然后通过精确剪裁的方法，将云层图像放置在上半圆球图形当中，效果如图5-63所示。

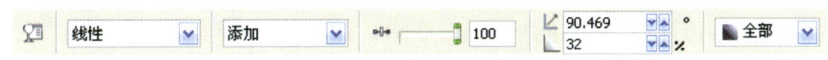

图5-62　透明度参数设置

29 按照上面绘制暗部图形的方法，在上半球图形上面绘制暗部图形，完成立体小球的制作，如图5-64所示，然后将制作的小球图形群组。

图5-63　调整图形　　　　　　　　　　　图5-64　小球完成

30 框选制作的立体字和立体小球图形，原位复制一组图形组，然后单击鼠标右键，选择【编组】命令（快捷键【Ctrl+G】）将其全部群组。执行【位图】/【转换为位图】命令（快捷键【Ctrl+N】），参数设置如图 5-65 所示，将其转换为位图。

31 保持位图的选择状态，单击【属性栏】上的【垂直镜像】按钮，将图像垂直翻转，调整其位置和大小，并将其压扁，如图 5-66 所示。然后单击工具箱中的【形状工具】，选中下方两个节点并向上移动，得到如图 5-67 所示的效果。

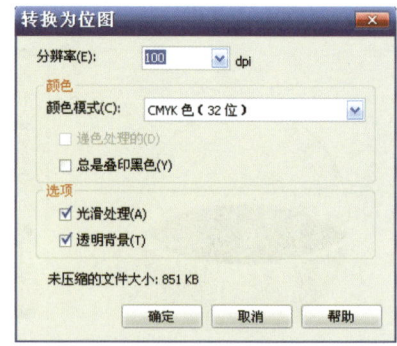

图5-65　转换为位图

图5-66　调整图形

图5-67　调整图形

32 单击工具箱中的【透明度工具】，为其添加透明效果，透明度参数设置如图 5-68 所示，效果如图 5-69 所示，制作出立体字的倒影。

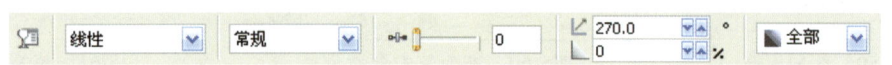

图5-68　透明度参数设置

33 单击工具箱中的【选择工具】，框选立体字"C"，将其复制并放置于页面空白处，接着依次执行【效果】/【清除轮廓】和【效果】/【清除阴影】命令，清除复制图形的轮廓图和阴影效果，将暗部的两个阴影和边缘轮廓曲线图形删除，如图 5-70 所示。选择剩余图形，单击【属性栏】上的【合并】按钮，将其合并。将填充色设置为 10% 黑，如图 5-71 所示。

图5-69　立体字倒影

图5-70　清除多余图形

图5-71　合并图形

34 单击工具箱中的【阴影工具】，为字母添加阴影效果，阴影颜色设置为（C27、M16、Y9、K10），参数设置如图 5-72 所示，效果如图 5-73 所示。然后调整添加阴影效果字母的位置与立体字重叠，并调整其顺序到立体字"C"图形的下方。按照同样方法，再制作另外一个立体字 D 的阴影效果，如图 5-74 所示。

图5-72　阴影参数设置

图5-73　添加阴影

图5-74　制作阴影

35 添加其他装饰图形和相关文字信息，完成 CD 网页的制作，如图 5-75 所示。

图5-75　CD网页完成

5.2　时尚动感网页设计

本实例绘制的是时尚动感的网页，主要学习使用贝塞尔工具及形状工具对人物造型的节点进行编辑，以及通过颜色填充表现人物身体部位的明暗关系。在制作时，首先使用贝塞尔工具绘制卡通人物，然后使用椭圆工具、星形工具结合调和工具绘制卡通人物的饰品，接着使用椭圆工具、贝塞尔工具绘制背景图形，最后通过添加导航文字完成时尚动感网页设计。制作流程如图 5-76 所示，完成效果如图 5-77 所示。

学习重点

（1）学习对丰富色彩的掌握
（2）根据光源，刻画人物的亮部及暗部
（3）掌握贝塞尔工具及形状工具对节点的编辑

 制作流程

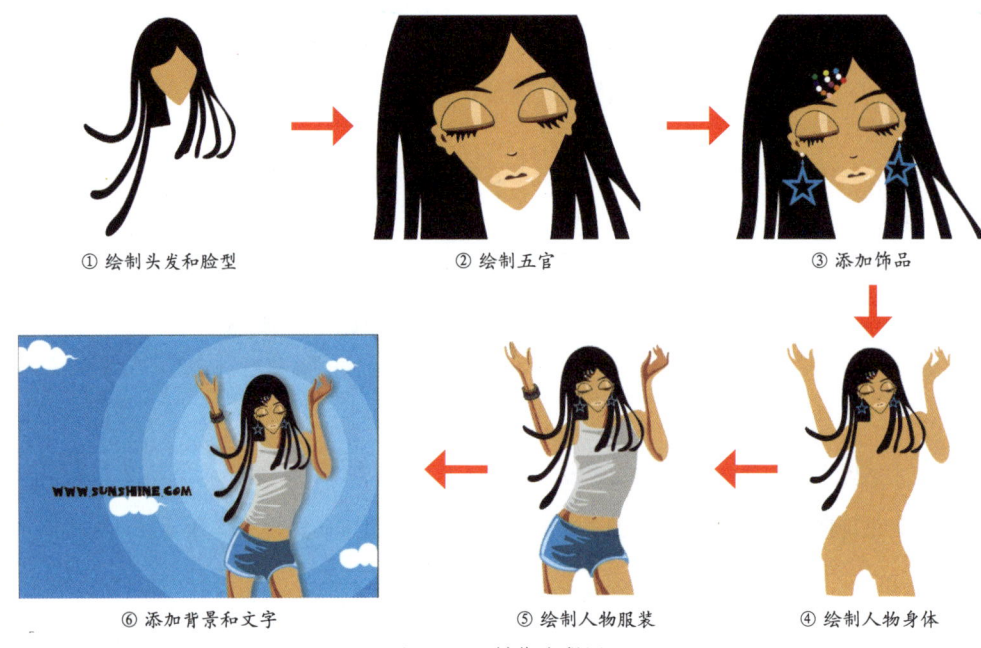

图5-76 制作流程图

 实例效果

图5-77 时尚动感网页设计实例效果图

 上机实战 时尚动感网页设计

所用素材：光盘\素材\第5章\无
最终场景：光盘\效果\第5章\5.2 时尚动感网页设计

01 运行 CorelDRAW X5，单击【文件】/【新建】命令（快捷键【Ctrl+N】）创建一个 A4 大小的图形文件，单击【属性栏】上的【横向】，将页面调整为横向状态，如图 5-78 所示。单击工具箱中的【贝塞尔工具】，绘制人物的脸部图形，如图 5-79 所示，将填充颜色设置为 C: 6 M: 37 Y: 65 K: 0，然后使用【贝塞尔工具】，在脸型外绘制头发图形，将填充颜色设置为黑色，得到的效果如图 5-80 所示。

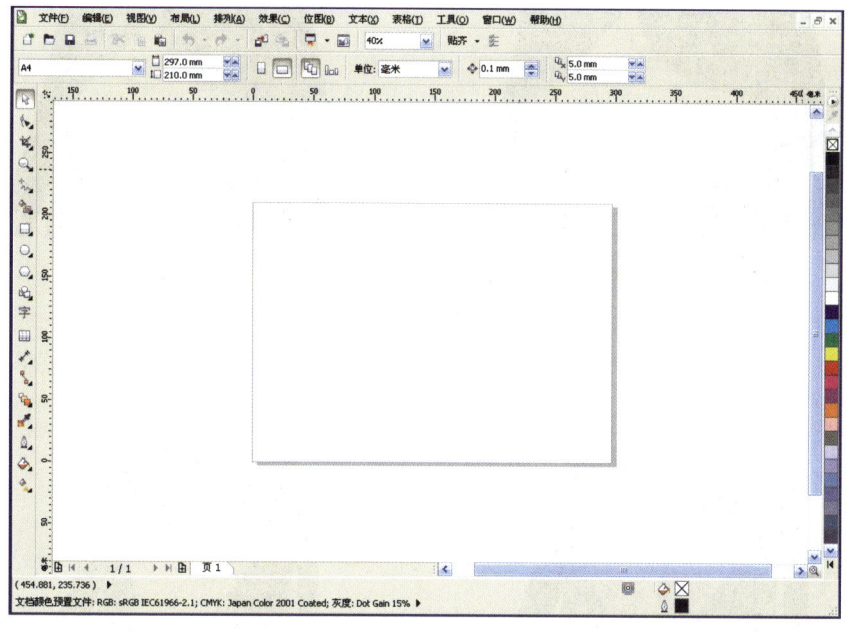

图5-78 新建文件

图5-79 绘制脸部

图5-80 绘制头发

02 单击工具箱中的【贝塞尔工具】，绘制人物的眉毛图形，如图 5-81 所示，填充其颜色为黑色，去除轮廓线，然后选择眉毛图形，复制图形，单击【属性栏】上的【镜像】按钮，水平镜像图形并调整两个眉毛的位置，将其放在人物的脸部图形中，效果如图 5-82 所示。

03 单击工具箱中的【贝塞尔工具】，在脸部图形中绘制人物的眼部图形，将填充颜色设置为 C: 6 M: 37 Y: 65 K: 0，轮廓宽度修改为 0.13mm，如图 5-83 所示。

图5-81 绘制眉毛

图5-82 调整位置

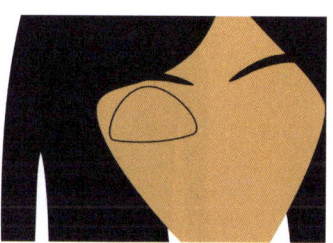

图5-83 绘制眼部图形

04 单击工具箱中的【贝塞尔工具】，绘制眼睑图形，将填充颜色分别设置为 C: 35 M: 60 Y: 75 K: 0、C: 62 M: 91 Y: 95 K: 23，去除轮廓线，效果如图 5-84 所示。然后绘制眼睛的高光部分，将填充颜色设置为 C: 0 M: 20 Y: 40 K: 0，去除轮廓，效果如图 5-85 所示。

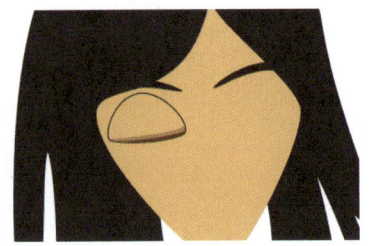
图5-84　绘制眼睑

图5-101　绘制高光

05 单击工具箱中的【贝塞尔工具】，按照前面相同的方法绘制人物的另外一只眼睛，效果如图 5-86 所示。单击工具箱中的【贝塞尔工具】，绘制睫毛图形，将填充颜色设置为黑色，去除轮廓，效果如图 5-87 所示。

图5-86　绘制眼睛

图5-87　绘制睫毛

06 单击工具箱中的【贝塞尔工具】，按照图 5-88 和图 5-89 所示的效果绘制人物的鼻子图形，去除图形的轮廓线，将填充颜色分别设置为 C:62 M:91 Y:95 K:63 ， C:0 M:20 Y:40 K:0 。

图5-88　绘制鼻子

图5-89　绘制鼻子

07 单击工具箱中的【贝塞尔工具】，绘制人物的嘴唇图形，将填充颜色分别设置为 C:0 M:20 Y:40 K:0 、 C:62 M:91 Y:95 K:23 ，去除图形的轮廓，效果如图 5-90 所示。然后绘制唇部的高光图形，将填充颜色设置为白色，去除图形轮廓线，效果如图 5-91 所示。

图5-90　绘制嘴唇

图5-91　绘制高光

08 单击工具箱中的【贝塞尔工具】，绘制人物的耳朵图形，将其颜色填充为 C:6 M:37 Y:65 K:0 ，去除轮廓线，效果如图 5-92 所示。然后绘制耳朵的阴影图形，将颜色填充为 C:62 M:91 Y:95 K:23 ，去除轮廓线，效果如图 5-93 所示。

09 单击工具箱中的【椭圆工具】○，绘制多个圆形，将其填充不同的颜色，调整圆形的位置放置在人物头部，效果如图5-94所示。

图5-92 绘制耳朵

图5-93 绘制耳朵阴影

图5-94 绘制头部装饰

10 单击工具箱中的【星形工具】☆，绘制一个星形，选择星形，执行【窗口】/【泊坞窗】/【圆角/扇形角/倒棱角】命令，在弹出的【泊坞窗】中设置【操作】为【圆角】，【半径】为0.5mm，如图5-95所示。然后单击【应用】按钮，得到圆角星形，如图5-96所示。

11 复制星形，修改复制的星形大小并调整其位置，如图5-97所示，然后框选这两个星形，单击【属性栏】上的【移除前面对象】按钮，将填充颜色设置为蓝色，去除轮廓，效果如图5-98所示。

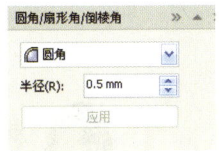
图5-95 圆角设置

图5-96 圆角星形

图5-97 调整星形

12 单击工具箱中的【椭圆工具】○，绘制大小两个圆形，将填充颜色分别设置为蓝色和白色，去除轮廓，将圆形放在星形图像上方，效果如图5-99所示。然后单击工具箱中的【贝塞尔工具】，绘制耳环吊绳，将填充颜色设置为蓝色，去除轮廓，效果如图5-100所示。

图5-98 填充颜色

图5-99 绘制圆形

图5-100 绘制耳环吊绳

13 单击工具箱中的【椭圆工具】○，绘制一个圆形，将填充颜色设置为白色，调整位置，如图5-101所示。然后去除圆形轮廓线，并框选整个耳环图像，将其群组（快捷键【Ctrl+G】）并放置在人物中，效果如图5-102所示。

14 选择耳环图像，复制图形组，调整其位置和大小，然后单击鼠标右键，选择【顺序】/【向后一层】命令（快捷键【Ctrl+PgDn】），将其放置在人脸的下方，如图5-103所示。

图5-101 绘制圆形

图5-102 调整位置

图5-103 耳环绘制完成

15 单击工具箱中的【贝塞尔工具】，绘制人物的身体部分，如图5-104所示，将填充颜色设置为 C:6 M:37 Y:65 K:0，去除轮廓线，效果如图5-105所示。

16 单击工具箱中的【贝塞尔工具】，绘制人物的上衣和短裤图形，分别设置填充图形的颜色为10%黑和蓝色，去除轮廓线，效果如图5-106所示。

图5-104 绘制人物身体

图5-105 填充颜色

图5-106 绘制人物衣服

17 单击工具箱中的【贝塞尔工具】，绘制人物身体部位的暗部图形，然后将填充颜色分别设置为 C:30 M:80 Y:80 K:0、C:30 M:80 Y:80 K:0，效果如图5-107所示。

18 单击工具箱中的【贝塞尔工具】，绘制衣服图形中的褶皱部分，如图5-108所示，然后将填充颜色设置为40%黑，去除轮廓线，效果如图5-109所示。

图5-107 绘制暗部阴影

图5-108 绘制衣服的褶皱

图5-109 填充颜色

19 单击工具箱中的【贝塞尔工具】，绘制人物短裤图形中的褶皱及亮部，将填充颜色分别设置为 C:93 M:56 Y:24 K:0、C:33 M:0 Y:0 K:0 和白色，去除轮廓线，效果如图5-110所示。然后单击工具箱中的【透明度工具】，修改白色图形的透明度，修改参数如图5-111所示，效果如图5-112所示。

图5-110 绘制褶皱及亮部

图5-111 调节亮部透明度

图5-112 透明度参数设置

20 单击工具箱中的【贝塞尔工具】，在人物手腕部位绘制手链曲线路径，如图5-113所示，然后单击工具箱中的【椭圆工具】，绘制两个大小相同的圆形，将填充颜色设置为黄色，将其放置在手链路径中，效果如图5-114所示。

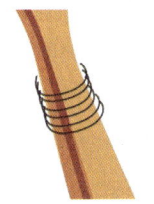 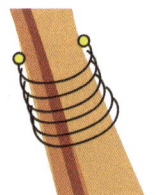

图5-113 绘制手链　　　　　　　　　　图5-114 绘制手链

21 选择黄色的圆形，单击工具箱中的【调和工具】，调整两个黄色圆形之间的步长，参数设置如图5-115所示，效果如图5-116所示。然后选择调和后的图形，单击【属性栏】上的【路径属性】按钮，在弹出的菜单中单击【新路径】命令，单击绘制好的手链曲线路径，得到如图5-117所示效果。

图5-115 图调和工具参数设置

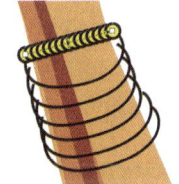 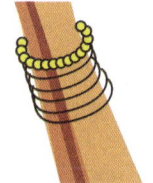

图5-116 调和后的图形　　　　　　　　图5-117 绘制手链

22 按照同样的方法绘制手链图形，分别填充不同的颜色，调整图形顺序得到如图5-118所示效果，人物绘制完成。然后单击鼠标右键，选择【编组】命令（快捷键【Ctrl+G】）将人物编组，得到如图5-119所示效果。

图5-118 手链绘制完成　　　　　　　　图5-119 人物绘制完成

23 鼠标左键双击工具箱中的【矩形工具】，绘制与页面相同大小的矩形，将填充颜色设置为蓝色，单击工具箱中的【椭圆工具】，绘制一个圆形，将填充颜色设置为白色，去除轮廓线并调整其位置，然后单击工具箱中的【透明度工具】，修改圆形的透明度，参数设置如图5-120所示，效果如图5-121所示。

图5-120　透明度参数设置

24 选择圆形，原位复制6个圆形并调节其大小，选择所有圆形，单击鼠标右键，选择【编组】命令（快捷键【Ctrl+G】）将圆形编组，然后执行【效果】/【图框精确剪裁】/【放置在容器中】命令，当鼠标出现黑色箭头时单击底部蓝色矩形，将其放置在该图形中，效果如图5-122所示。

图5-121　绘制背景图

图5-122　背景图绘制完成

25 单击工具箱中的【贝塞尔工具】 ，绘制多个云彩图形，将填充颜色设置为白色并对图形进行群组，通过精确剪裁的方法，将图形放置在底部蓝色矩形中，如图5-123所示。然后将绘制好的人物图形放置在背景图形中，调节人物位置及大小，效果如图5-124所示。

图5-123　绘制云彩

图5-124　放置人物图形

26 单击工具箱中的【阴影工具】 ，为人物添加阴影效果，参数设置如图5-125所示，然后通过精确剪裁的方法，将人物图形放置在底部蓝色矩形中，效果如图5-126所示。

图5-125　阴影参数设置

27 单击工具箱中的【文本工具】 ，在页面输入文字，调整文字的位置和大小，如图5-127所示。复制文字，将填充颜色修改为黄色，并调整文字位置，得到如图5-128所示效果，然后在页面左下角输入导航栏文字，至此，时尚动感网页绘制完成，效果如图5-129所示。

网页设计 5

图5-126 添加阴影

图5-127 输入文字

图5-128 修改文字

图5-129 时尚动感网页绘制完成

5.3 汽车主题网页设计

本实例将对位图进行个性化分割,制作出个性的汽车主题网页。在制作时,首先将矩形转换为圆角矩形,然后使用橡皮擦工具分割位图并将其放置在矩形中,最后通过文本工具添加网页相关文字完成汽车主题网页设计。制作流程如图 5-130 所示,完成效果如图 5-131 所示。

学习重点

(1) 学习将矩形转换为圆角矩形
(2) 掌握橡皮擦工具分割位图的方法
(3) 学习英文文字的排版方式

制作流程

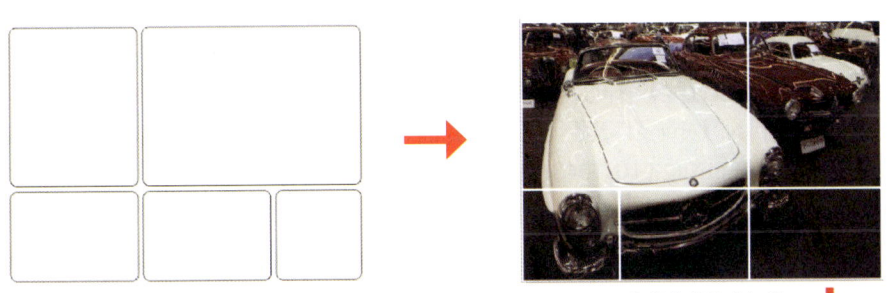

① 绘制圆角矩形   ② 将素材图片切割

图5-130 制作流程图

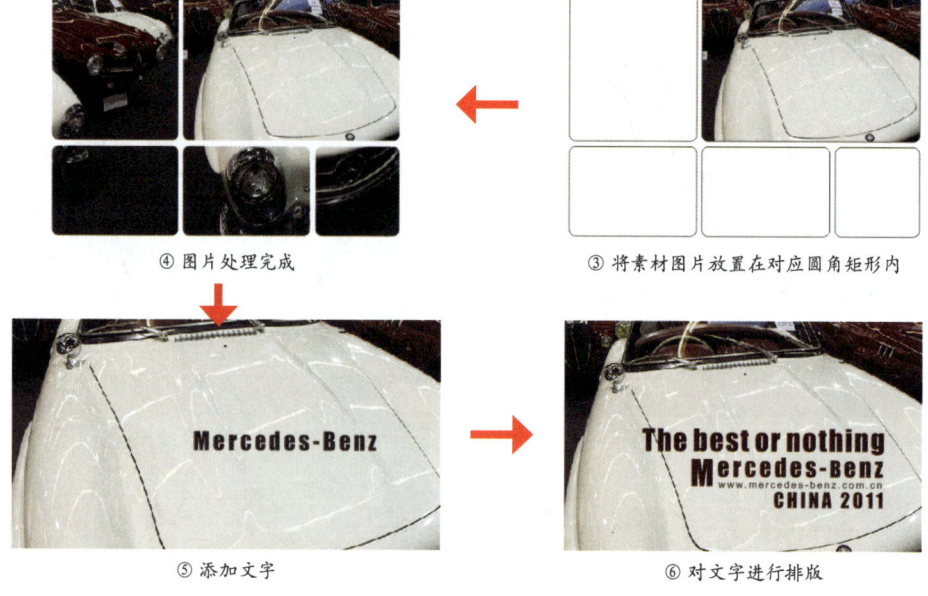

④ 图片处理完成　　　　　　　　　　　③ 将素材图片放置在对应圆角矩形内

⑤ 添加文字　　　　　　　　　　　　⑥ 对文字进行排版

图5-130（续）

实例效果

图5-131　汽车主题网页设计实例效果图

 汽车主题网页设计

所用素材：光盘\素材\第5章\5.3　汽车主题网页设计
最终效果：光盘\效果\第5章\5.3　汽车主题网页设计

01 运行CorelDRAW X5，单击【文件】/【新建】命令（快捷键【Ctrl+N】）创建一个A4大小的图形文件，单击【属性栏】上的【横向】□，将页面调整为横向状态，如图5-132所示。

02 单击工具箱中的【矩形工具】□，在页面中分别绘制大小为107.043mm×129.646mm、183.692mm×129.738mm、107.043mm×73.158mm、107.597mm×73.201mm、71.261mm×73.201mm的五个矩形，并排列图形的位置，如图5-133所示。选择矩形，执行【窗口】/【泊坞窗】/【圆角/扇形角/倒棱角】命令，在弹出的【泊坞窗】中设置【操作】为【圆角】，【半径】为5.0mm，如图5-134所示。然后单击【应用】按钮，效果如图5-135所示。

网页设计 5

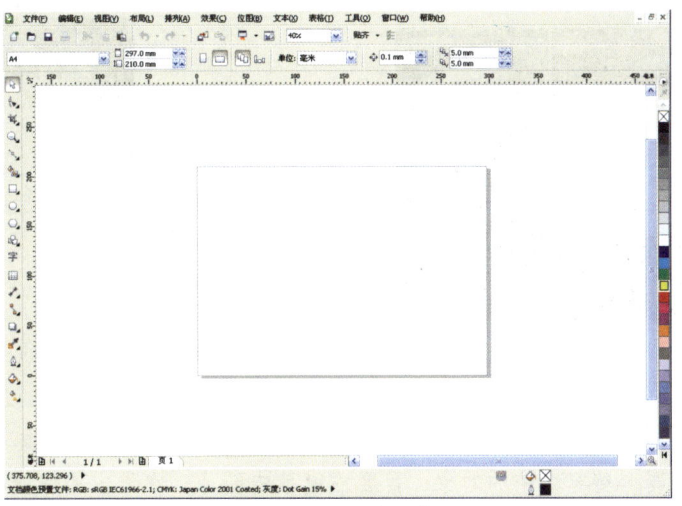

图5-132　新建文件

图5-133　绘制矩形

图5-134　圆角参数设置

图5-135　圆角矩形

03 执行【文件】/【导入】命令（快捷键【Ctrl+I】），导入"汽车"图像文件，如图5-136所示。然后单击工具箱中的【橡皮擦工具】，将【属性栏】上的【橡皮擦厚度】文本框设置为1.0mm，如图5-137所示的擦除图像。

图5-136　导入文件

04 单击鼠标右键，选择【拆分位图】命令（快捷键【Ctrl+K】），拆分位图。选择左上角的位图，执行【效果】/【图框精确剪裁】/【放置在容器中】命令，将其放置在右上角的圆角矩形中，然后进行调整，调整后的效果如图5-138所示。

图5-137 使用橡皮擦工具分割位图

图5-138 编辑内容

> **提示** 应用图框剪裁命令后,超出容器大小的内容区域会被隐藏,不会显示出来。如果需要调整容器中的对象,需要右键单击图像,在弹出的快捷菜单中选择【编辑内容】命令,在编辑状态下可以对图像进行调整,完成后再次单击右键,在弹出的快捷菜单中选择【结束编辑】命令,完成修改。

05 选择其他位图,分别执行【效果】/【图框精确剪裁】/【放置在容器中】命令,将位图放置在各个矩形中,调整图形后的效果如图5-139所示。然后选择所有圆角矩形,去除轮廓,如图5-140所示。

图5-139 编辑内容

图5-140 去除轮廓

06 单击工具箱中的【文本工具】字,在页面中输入文字"Mercedes-Benz",单击工具箱中的【形状工具】,将鼠标置于文字右下角,进行水平距离调整,效果如图5-141所示。

07 单击工具箱中的【形状工具】,将鼠标置于"M"右下角的字符控制标记,以呈黑色显示状态,然后将【属性栏】上的参数设置为 33px 5% -31% 0.0° 并拖动鼠标得到如图5-142效果。

图5-141 调整文字水平距离

图5-142 调整文字

08 将文字的填充颜色修改为 ◆ C: 68 M: 97 Y: 100 K: 66，单击工具箱中的【文本工具】字，在页面中输入文字"www.mercedes-benz.com.cn"并调整其位置，将填充颜色设置为 ■ C: 78 M: 91 Y: 93 K: 74，调整其水平距离，效果如图 5-143 所示。

09 单击工具箱中的【文本工具】字，在页面中输入文字"The best or nothing"和"CHINA 2011"，将填充颜色设置为 ◆ ■ C: 68 M: 97 Y: 100 K: 66，并调整其水平距离与位置，如图 5-144 所示。

图5-143　输入文字

图5-144　输入文字

10 单击鼠标右键，选择【编组】命令（快捷键【Ctrl+G】），将文字编组，然后单击工具箱中的【阴影工具】□，为文字添加阴影效果，参数设置如图 5-145 所示，效果如图 5-146 所示。至此，汽车主题网页绘制完成。

图5-145　阴影参数设置

图5-146　汽车主题网页完成

5.4　本章小结

　　本章制作了 CD 网页设计、时尚动感网页设计、汽车主题网页设计 3 个实例，读者应该掌握用立体化工具为图形添加立体效果，用轮廓笔工具修改图形轮廓，合并和修剪图形，用调和工具绘制图形等多种绘制技法制作出精美的网页的技巧。

　　在本章中常用到贝塞尔工具和钢笔工具绘制图形，初次绘制完成的图形往往达不到所需要的要求，形状工具的修改就变得异常重要。在绘制时，要注意对节点的控制，耐心认真，勤加练习后必定能绘制出所需要的效果。

5.5 习题

实训题

制作如图 5-147 所示的网页。

制作提示：首先使用贝塞尔工具绘制卡通人物，其次使用矩形工具绘制网页背景，再次使用矩形工具结合透明度工具绘制导航及内容栏，最后通过文本工具添加文字完成网页的制作。

图5-147　网页制作

第 6 章　包装设计

> 包装设计在商业上的运用非常普遍，在产品包装中，产品的自身、色彩结构设计和外包装设计是商品在市场营销中的关键所在。通过本章的学习不仅要掌握色彩运用的技巧，同时要注意整体画面构图的协调和新颖，要有较强的现代感。最后要掌握对文字的运用，要有较强的创意，与产品很好地搭配起来。

本章要点
- 注重画面的构图及整体形式美感
- 色彩在画面中的合理运用
- 掌握运用基本工具的绘制技巧
- 文字运用的艺术性，以及文字的编排

6.1　包装设计的概念

包装是品牌理念、产品特性、消费心理的综合反映，它直接影响到消费者的购买欲。包装是建立产品与消费者亲和力的有力手段。在经济全球化的今天，包装与商品已融为一体。包装作为实现商品价值和使用价值的手段，在生产、流通、销售和消费领域中，发挥着极其重要的作用，是企业界、设计不得不关注的重要课题。包装的功能是保护商品、传达商品信息、方便使用、方便运输、促进销售、提高产品附加值。包装作为一门综合性学科，具有商品和艺术相结合的双重性。

6.2　包装的分类

商品种类繁多、形态各异、五花八门，其功能作用、外观内容也各有千秋。所谓内容决定形式，包装也不例外。所以，为了区别商品与设计上的方便，我们对包装设计进行如下分类。

1. 按产品内容划分

按产品内容分类，包装可以分为日用品类、食品类、烟酒类、化装品类、医药类、文体类、工艺品类、化学品类、五金家电类、纺织品类、儿童玩具类、土特产类等。

2. 按包装材料划分

不同的商品，考虑到它的运输过程与展示效果等，所以使用材料也不尽相同。按包装材料划分，包装可以分为纸包装、金属包装、玻璃包装、木包装、陶瓷包装、塑料包装、棉麻包装、布包装等。

3. 按产品性质划分

（1）销售包装

销售包装又称商业包装，可分为内销包装、外销包装、礼品包装、经济包装等。销售包装是直接面向消费的，因此，在设计时，要有一个准确的定位，要符合商品的诉求对象，力求简洁大方，方便实用，而又能体现商品性。

（2）储运包装

储运包装，也就是以商品的储存或运输为目的的包装。它主要在厂家与分销商、卖场之间流通，便于产品的搬运与计数。在设计时，并不是重点，只要注明产品的数量、发货与到货日期、时间与地点等。

（3）军需品包装

军需品的包装，也可以说是特殊用品包装，由于在设计时很少遇到，所以在这里也不作详细介绍。

6.3 包装设计的构图要素

构图是将商品包装展示面的商标、图形、文字和色彩组合排列在一起的一个完整的画面。这四方面的组合构成了包装的整体效果。

1. 商标设计

商标是一种符号，是企业、机构、商品和各项设施的象征形象。

2. 图形设计

包装的图形主要指产品的形象和其他辅助装饰形象等。图形作为设计的语言，就是要把形象的内在、外在的构成因素表现出来，以视觉形象的形式把信息传达给消费者。图形就其表现形式可分为实物图形和装饰图形，如图6-1所示。

图6-1 国内aerolite包装设计

（1）实物图形

采用绘画手法、摄影写真等来表现。绘画是包装设计的主要表现形式，根据包装整体构思的需要绘制画面，为商品服务。与摄影写真相比，它具有取舍、提炼和概括自由的特点。绘画手法直观性强，欣赏趣味浓，是宣传、美化、推销商品的一种手段。然而，商品包装的商业性决定了设计应突出表现商品的真实形象，要给消费者直观的形象，所以用摄影业表现真实、直观的视觉形象是包装设计的最佳表现手法。

（2）装饰图形

分为具象和抽象两种表现手法。具象的人物、风景、动物或植物的纹样作为包装的象征性图形可用来表现包装的内容物及属性。抽象的手法多用于写意，采用抽象的点、线、面的几何形纹样、色块或肌理效果构成画面，简练、醒目、具有形式感，也是包装设计的主要表现手法。通常，具象形态与抽象表现手法在包装设计中并非孤立的，而是相互结合的。

内容和形式的辩证统一是图形设计中的普遍规律，在设计过程中，根据图形内容的需要，选择相应的图形表现技法，使图形设计达到形式和内容的统一，创造出反映时代精神、民族风貌的适用、经济、美观的装潢设计作品是包装设计者的基本要求。

3. 色彩设计

色彩设计在包装设计中占据重要的位置。色彩是美化和突出产品的重要因素。包装色彩的运用与整个画面设计的构思、构图紧密联系。包装设计中的色彩要求醒目，对比强烈，有较强的吸引力和竞争力，以唤起消费者的购买欲望，促进销售。例如，食品类和鲜明丰富的色调，以暖色为主，突出食品的新鲜、营养和味觉；医药类以单纯的冷暖色调为主；化妆品类常用柔和的中间色调；小五金、机械工具常用蓝、黑及其他沉着的色块，以表示坚实、精密和耐用的特点；儿童玩具常用鲜艳夺目的纯色和冷暖对比强烈的各种色块，以符合儿童的心理和爱好；体育用品类多采用鲜明响亮色块，以增加活跃、运动的感觉等，不同的商品有不同的特点与属性。设计者要研究消费者的习惯和爱好以及国际、国内流行色的变化趋势，以不断增强色彩的社会学和消费者心理学意识。

4. 文字设计

文字是传达思想、交流感情和信息、表达某一主题内容的符号。文字设计包括商品包装上的牌号、品名、说明文字、广告文字以及生产厂家、公司或经销单位等，反映了包装的本质内容。在设计时必须把这些文字作为包装整体设计的一部分来统筹考虑。

包装设计中的文字设计的要点有：文字内容简明、真实、生动、易读、易记；字体设计应反映商品的特点、性质、独特性，并具备良好的识别性和审美功能；文字的编排与包装的整体设计风格应和谐。

> **提示** 包装设计流程：(1) 设计课题的立项与调研。(2) 包装与生产工艺方式的总体策划定位。(3) 销售包装设计的创新点定位于设计创意构思。(4) 包装材料的选择与设计。(5) 包装造型设计。(6) 包装结构设计。(7) 包装视觉传达设计。(8) 商品包装附加物设计。(9) 包装的防护技术应用处理。(10) 编制设计说明书

6.4 洗发水包装设计

本实例制作洗发水包装，在学习时需要掌握包装整体的构图方式，颜色与色调的搭配，并掌握运用基本工具绘图的技巧。在制作时，首先使用矩形工具、贝塞尔工具绘制洗发水瓶身并为部分图形填充渐变颜色，然后使用矩形工具、椭圆工具绘制洗发水标签，最后通过文本工具添加标签文字等完成洗发水包装的设计。制作流程如图6-2所示，完成效果如图6-3所示。

学习重点

(1) 学习包装整体的构图方式
(2) 掌握用形状工具调整节点改变图形形状
(3) 包装中文字的运用与编排

制作流程

图6-2 制作流程图

实例效果

图6-3 洗发水包装设计实例效果图

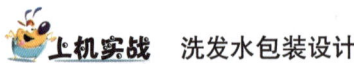 洗发水包装设计

所用素材：光盘\素材\第6章\无
最终效果：光盘\效果\第6章\6.4 洗发水包装设计

01 打开 CorelDRAW X5，单击【文件】/【新建】命令，新建一个空白文档。

02 绘制洗发水瓶体的主体部分，单击工具箱中的【矩形工具】 ，绘制一个长为128mm、宽为62mm 的只有填充的矩形，填充任意颜色，绘制出的矩形效果如图 6-4 所示。

03 在选择矩形的状态下，选择【属性栏】上的【圆角】按钮，将矩形的四个直角转化为弯角，设置如图6-5所示，转化为弯角后的矩形效果如图6-6所示。单击鼠标右键，选择【转换为曲线】命令（快捷键【Ctrl+Q】），将矩形转化为可编辑的曲线。

04 单击工具箱中的【形状工具】，通过控制节点调整曲线，将现有的矩形调整，效果为如图6-7所示。

05 将调整后的形状填充为渐变颜色，单击工具箱中的【填充工具】，选择【渐变填充】选项，弹出【渐变填充】选项对话框，将渐变颜色分别设置为 0 白色，21（K20），51 白色，82（C24、M18、Y17、K0），100 白色渐变设置如图6-8所示，填充渐变后的效果如图6-9所示。

图6-4 绘制出的矩形效果

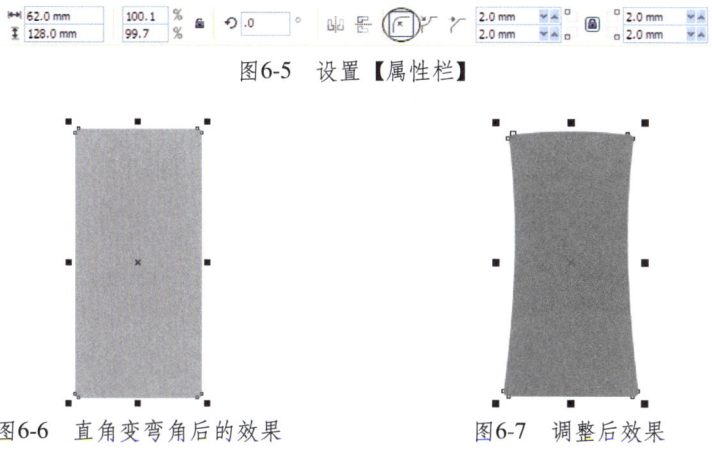

图6-5 设置【属性栏】

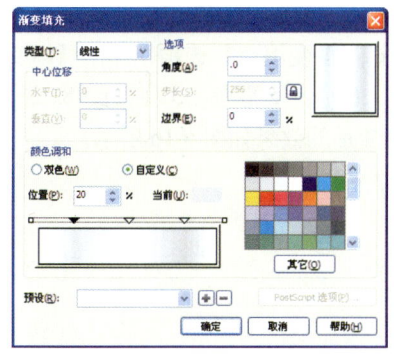

图6-6 直角变弯角后的效果

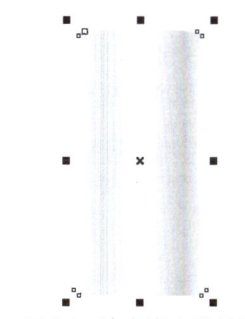

图6-7 调整后效果

图6-8 【渐变填充】选项对话框　　图6-9 填充渐变后效果

06 单击工具箱中的【贝塞尔工具】，绘制出洗发水瓶体的侧面，效果如图6-10所示。然后单击工具箱中的【填充工具】，选择【渐变填充】选项，弹出【渐变填充】选项对话框，渐变颜色分别设置为 0（C24、M18、Y17、K0），66（C47、M38、Y36、K0），80（K5），100（C12、M9、Y9、K0），渐变设置如图6-11所示，填充渐变后的效果如图6-12所示。

07 绘制瓶口部分，单击工具箱中的【矩形工具】，绘制出一个宽为27mm、高为17mm的矩形，然后单击工具箱中的【填充工具】，选择【渐变填充】选项，弹出【渐变填充】选项对话框，渐变颜色分别设置为 0（C24、M18、Y17、K0），15（C47、M38、Y36、K0），51 白色，82（C24、M18、Y17、K0），100（C12、M9、Y9、K0），渐变设置如图6-13所示，填充渐变后的效果如图 6-14 所示。

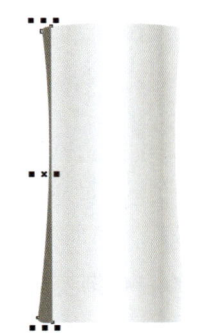

图6-10　绘制出的图形

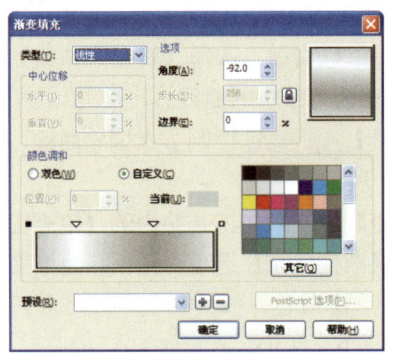

图6-11　【渐变填充】选项设置

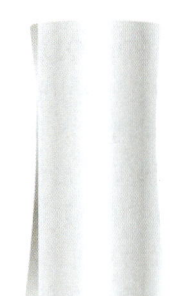

图6-12　填充渐变后效果

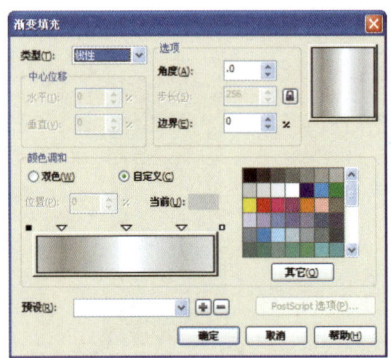

图6-13　【渐变填充】选项设置

图6-14　填充渐变后效果

08 绘制瓶口底部，单击工具箱中的【矩形工具】，绘制出一个宽为27mm、高为0.787mm的矩形，然后单击工具箱中的【填充工具】，选择【渐变填充】选项，弹出【渐变填充】选项对话框，渐变颜色分别设置为 0（C24、M18、Y17、K0），15 黑色，51 白色，82 黑色，100（C12、M9、Y9、K0），渐变设置如图 6-15 所示，填充渐变后的效果如图 6-16 所示。

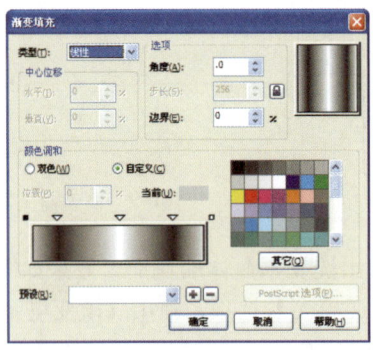

图6-15　【渐变填充】选项设置

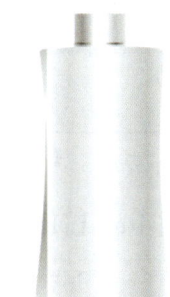

图6-16　填充渐变后效果

09 单击工具箱中的【矩形工具】，绘制出一个宽为20mm、高为5mm的矩形，然后单击工具箱中的【填充工具】，选择【渐变填充】选项，弹出【渐变填充】选项对话框，渐变颜色分别设置为 0 黑色，52（K60），100 黑色，渐变设置如图 6-17 所示，填充渐变后的效果如图 6-18 所示。

包装设计 6

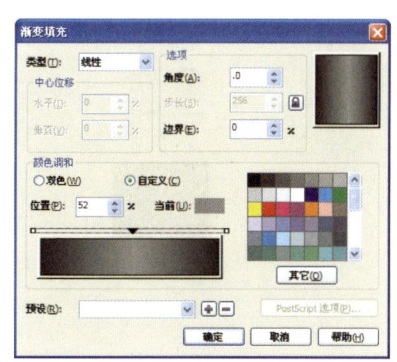 

图6-17　【渐变填充】选项设置　　　　图6-18　填充渐变后效果

10 单击工具箱中的【贝塞尔工具】，绘制出瓶口位置的形状，然后填充和步骤8相同的渐变颜色，绘制并填充渐变后的效果如图6-19所示。

11 使用同样的方法绘制出瓶口的按压部位，并填充和步骤8相同的同样的渐变颜色，绘制并填充渐变后的效果如图6-20所示。

图6-19　填充渐变后效果图　　　　图6-20　填充渐变后效果

12 单击工具箱中的【矩形工具】，在页面中绘制一个大小为35.956 mm×28.674 mm的矩形，如图6-21所示，然后单击工具箱中的【填充工具】，选择【渐变填充】选项，弹出【渐变填充】选项对话框，渐变颜色分别设置为0黑色、50（K80）、100黑色，渐变设置如图6-22所示，去除轮廓线，效果如图6-23所示。

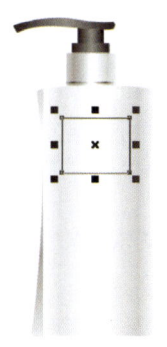 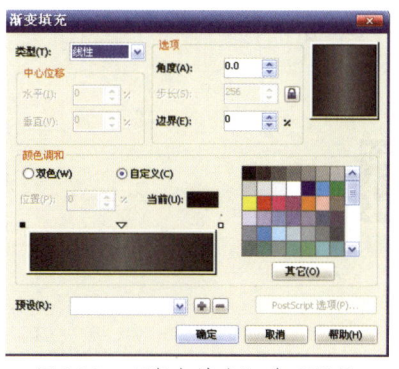 

图6-21　绘制矩形　　　　图6-22　【渐变填充】选项设置　　　　图6-23　填充渐变后效果图

13 单击工具箱中的【矩形工具】，在黑色矩形下方绘制一个大小为35.092mm×9.393mm的矩形，如图6-24所示。然后将填充颜色设置为白色，轮廓色设置为 C:100 M:0 Y:100 K:0 0.750 mm，效果如图6-25所示。

图6-24　绘制矩形　　　　　图6-25　填充颜色和轮廓色后效果

14 单击工具箱中的【矩形工具】，在白色矩形中间绘制一个大小为 32.575 mm × 6.75 mm 的矩形，如图 6-26 所示。然后单击工具箱中的【填充工具】，选择【渐变填充】选项，弹出【渐变填充】选项对话框，渐变颜色分别设置为 0（C100、Y100）、50（C75、Y75）、100（C100、Y100），渐变设置如图 6-27 所示，去除轮廓线，效果如图 6-28 所示。

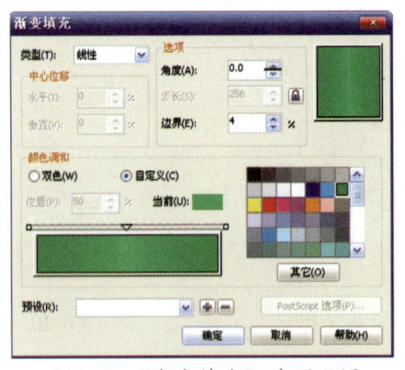

图6-26　绘制矩形　　　图6-27　【渐变填充】选项设置　　　图6-28　填充渐变后效果图

15 单击工具箱中的【文本工具】，输入文字 HENGQI、HQ，将【属性栏】上的【字体列表】文本框设置为 Arial，【字体大小】文本框分别设置为 21.98pt 和 60.42pt，将文本的填充颜色设置为白色，效果如图 6-29 所示。

16 单击工具箱中的【形状工具】，将鼠标置于文字右下角，分别对两组文字进行水平距离调整，得到如图 6-30 所示效果。

图6-29　输入文字　　　　图6-30　调整文字水平距离

17 选择文字"HQ"，单击鼠标右键，选择【转换为曲线】命令（快捷键【Ctrl+Q】），将文字转换为可编辑的曲线，使用工具箱中的【贝塞尔工具】，将其中的"Q"字变形，效果如图 6-31 所示。

18 单击工具箱中的【文本工具】，在绿色矩形上输入文字"专业卓效"和"与日本殿堂级

包装设计

资深发型师合作研发",将【属性栏】上的【字体列表】文本框分别设置为"粗黑体""黑体",【字体大小】文本框分别设置为 7.256 pt、4.62 pt,将文本的填充颜色设置为白色,调整其水平距离,效果如图 6-32 所示。

图6-31　文字变形　　　　　图6-32　输入文字

19 单击工具箱中的【椭圆工具】 ,在绿色矩形的下方绘制一个大小为 10.448 mm × 10.448 mm 的正圆,将填充颜色设置为 C: 100 M: 0 Y: 100 K: 0 ,去除轮廓线,效果如图 6-33 所示。

20 单击工具箱中的【矩形工具】 ,在正圆上绘制一个大小为 2.57 mm × 8.81 mm 的矩形,将填充颜色设置为白色,去除轮廓线,效果如图 6-34 所示。选择矩形并复制一个,然后将【属性栏】上的【旋转角度】文本框设置为 90°,效果如图 6-35 所示。

图6-33　绘制正圆　　　图6-34　绘制矩形　　　图6-35　复制并调整矩形

21 单击工具箱中的【文本工具】 ,输入产品的说明性文字,将【属性栏】上的【字体列表】文本框分别设置为"粗黑体"和"黑体",【字体大小】文本框分别设置为 19.198 pt、10 pt,将文本的填充颜色设置为 C: 100 M: 0 Y: 100 K: 0 和黑色,调整其水平距离,效果如图 6-36 所示。至此,洗发水包装设计就绘制完成了。

图6-36　洗发水包装设计完成

6.5　药品包装设计

本实例设计药品包装的展开图,在绘制过程中,要注意包装盒尺寸的准确性,本实例的产品说明性文字较多，在进行文字排版时，要做到整齐、统一。在制作时，首先使用矩形工具绘制药品包装展开图，然后使用贝塞尔工具绘制装饰图形并为部分图形填充渐变颜色，最后通过添加文字完成药品包装的设计。制作流程如图 6-37 所示，完成效果如图 6-38 所示。

学习重点

（1）学习运用矩形工具绘制包装盒的平面图
（2）掌握药品包装上说明性文字的排版方式

制作流程

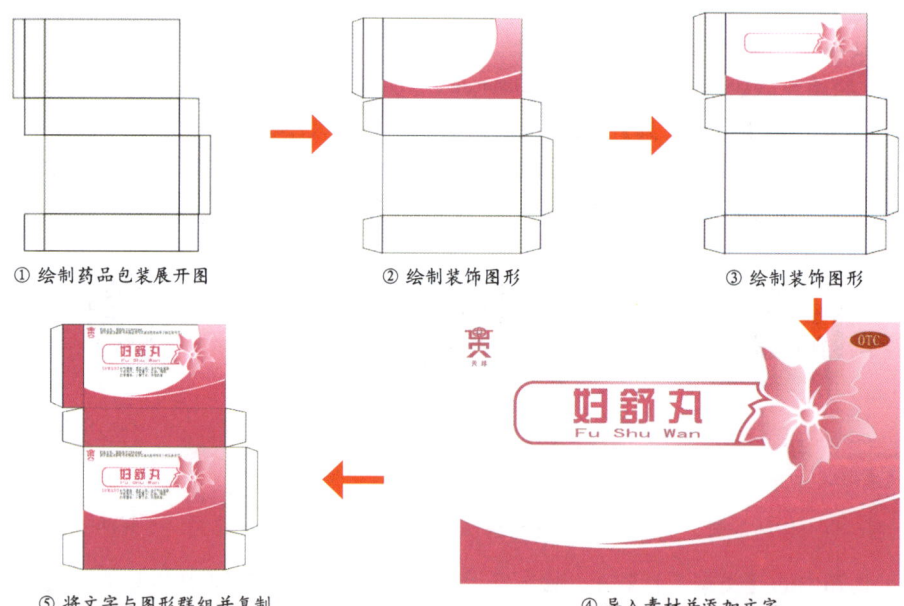

图6-37　制作流程图

实例效果

图6-38　药品包装设计实例效果图

包装设计 **6**

 药品包装设计

- 所用素材：光盘\素材\第6章\6.5 药品包装设计
- 最终效果：光盘\效果\第6章\6.5 药品包装设计

01 单击工具箱中的【矩形工具】□，绘制出药品外包装的平面图（尺寸大小根据实际需要而定），绘制出的平面图框架效果如图6-39所示。

02 将包装盒的边角部位进行变形，在选择需要变形的矩形的状态下，点击鼠标右键，选择【转换为曲线】命令（快捷键【Ctrl+Q】），将矩形转换为可编辑的曲线，然后选择如图6-40所示的节点，在按住【Ctrl】键的同时向下垂直移动节点，移动后的效果如图6-41所示。

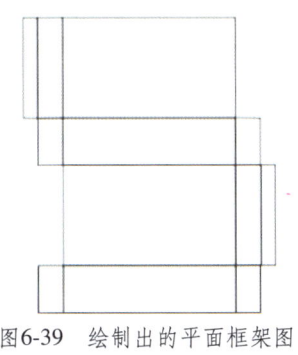 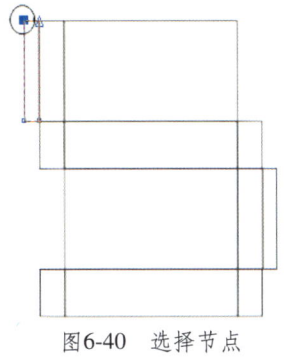 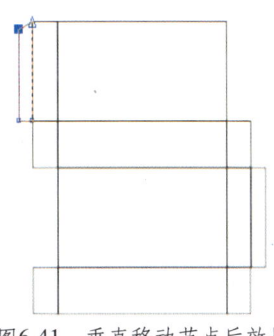

图6-39 绘制出的平面框架图　　图6-40 选择节点　　图6-41 垂直移动节点后效果

03 使用相同方法将其他需要变形的边角进行调整，调整后的效果如图6-42所示。

04 绘制外包装效果。单击工具箱中的【贝塞尔工具】，绘制出如图6-43所示的图形，并将颜色填充为 （C:0 M:92 Y:12 K:0），绘制并填充后的效果如图6-43所示。

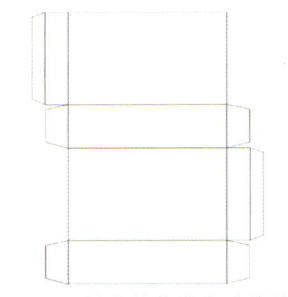 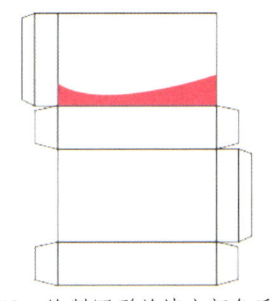

图6-42 调整其他节点后的效果　　图6-43 绘制图形并填充颜色后效果

05 使用相同方法绘制出另外的图形，然后在单击工具箱中的【交互式填充工具】，在【属性栏】上设置渐变的各项参数，渐变设置如图6-44所示，填充渐变后的效果如图6-45所示。

 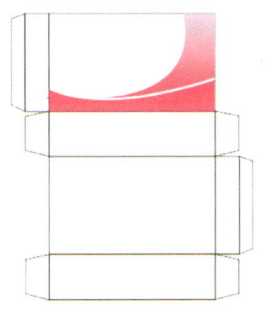

图6-44 在【属性栏】上设置渐变参数　　图6-45 填充渐变后的效果

06 在选择绘制出的图形的状态下将其复制，然后调整一下渐变的角度，渐变设置如图6-46所示，单击鼠标右键，选择【顺序】/【向后一层】命令（快捷键【Ctrl+PgUp】），增加立体感，效果如图6-47所示。

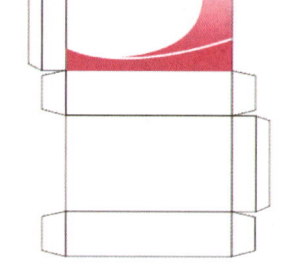

图6-46　在【属性栏】上设置渐变参数　　　　图6-47　【向后一层】的效果

07 分别单击工具箱中的【矩形工具】□和【贝塞尔工具】绘制出如图6-48所示的图形，在同时选择两个图形的状态下，单击【属性栏】上的【合并】按钮，将两个图形合并为一个图形，合并后的图形效果如图6-49所示。

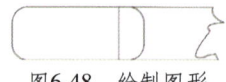

图6-48　绘制图形　　　　图6-49　合并后的图形效果

08 单击工具箱中的【交互式填充工具】，在【属性栏】上设置渐变的参数，如图6-50所示，填充渐变后的效果如图6-51所示。

图6-50　【属性栏】上的渐变设置

09 使用同样方法绘制出如图6-52所示的图形，并填充为白色，无轮廓，然后同时选择两个图形，执行【排列】/【对齐和分布】命令，分别执行【水平居中对齐】和【垂直居中对齐】命令，效果如图6-52所示。

10 单击工具箱中的【贝塞尔工具】，绘制出花瓣，并将其填充如同步骤6的渐变颜色，绘制并填充后的效果如图6-53所示。

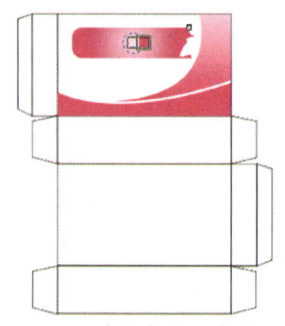 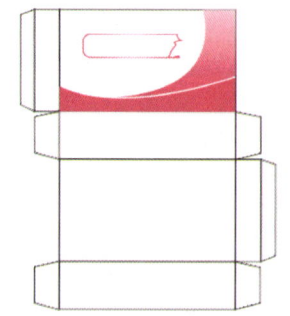 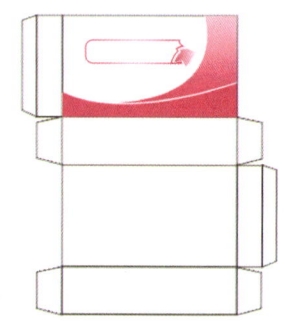

图6-51　填充渐变后的效果　　图6-52　填充白色并居中对齐后的效果　　图6-53　绘制并填充后效果图

11 使用同样方法绘制出其他的花瓣图形，然后填充渐变，效果如图6-54所示。

12 执行【文件】/【导入】命令，导入"标志"文件，然后单击工具箱中的【椭圆工具】，绘制出一个无轮廓填充为红色的椭圆，同时使用工具箱中的【文字工具】字，输入"OTC"三个文字，字体的颜色为白色，效果如图6-55所示。

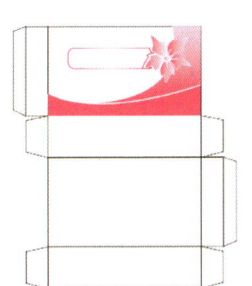

图6-54　绘制并填充后效果

图6-55　导入标志并绘制OTC图标后的效果

13 单击工具箱中的【文字工具】字，输入"妇舒丸"和"Fu Shu Wan"两组文字（字体根据自己的喜好而定），将文字的颜色设置为 C:0 M:92 Y:12 K:0 ，效果如图6-56所示。

14 使用工具箱中的【文字工具】字，输入其他的文字，其中【功能主治】的字体颜色为 C:0 M:92 Y:12 K:0 ，其他字体的颜色均为黑色，输入后的效果如图6-57所示。

图6-56　输入文字后的效果

图6-57　输入文字后的效果

15 使用工具箱中的【文字工具】字，输入"吉林市双士药业有限公司"素材文字，文字的颜色设置为白色，效果如图6-58所示。

16 单击工具箱中的【选择工具】，同时将如图6-58所示的所有图形和文字全部选中，然后执行【排列】/【群组】命令（快捷键【Ctrl+G】），将所有的图形和文字群组，并按【Ctrl+D】键将其复制到另外一个平面，复制后的效果如图6-59所示。

图6-58　输入文字后的效果

17 单击工具箱中的【选择工具】，在按【Shift】键同时选中如图6-60所示的矩形，将所有选中的图形填充颜色 C:0 M:92 Y:12 K:0 ，将矩形填充颜色后效果如图6-60所示。

图6-59　复制后的效果

图6-60　将矩形填充颜色后效果

18 使用工具箱中的【文字工具】字，输入其他文字，效果如图 6-61 所示，然后将将轮廓线的颜色更改为稍浅的颜色，使整个画面更加美观，效果如图 6-62 所示。至此，药品包装设计绘制完成。

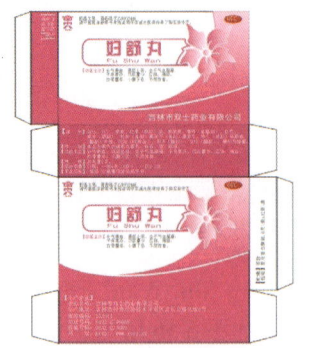

图6-61　将所有文字输入完毕后效果　　　　图6-62　药品包装设计完成

6.6　雅客糖果包装设计

　　本实例学习制作雅客糖果包装，在绘制包装图形时，需要在基本形状的基础上进行调整，这就需要注意左右节点的对称性，学会利用辅助线帮助绘制图形。在制作时，首先通过辅助线新建节点并调整包装袋形状，然后使用椭圆工具结合变形工具、粗糙笔工具、透明度工具绘制包装袋背景花纹，接着绘制高光及封口图形，最后通过导入产品相关素材并添加文字完成雅客糖果包装的设计。制作流程如图 6-63 所示，完成效果如图 6-64 所示。

学习重点

（1）利用辅助线添加节点
（2）掌握透明度工具的使用
（3）了解粗糙笔刷工具的使用方法
（4）学习包装封口的绘制

制作流程

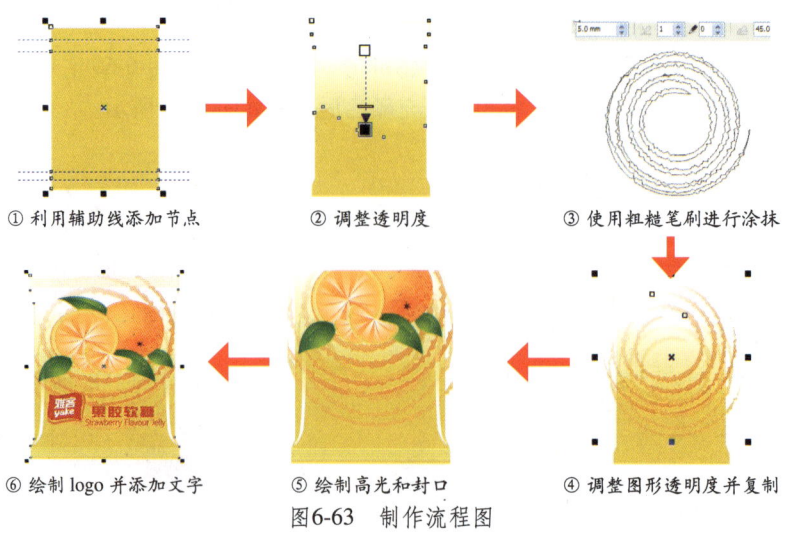

图6-63　制作流程图

包装设计 6

实例效果

图6-64 雅客糖果包装设计实例效果图

上机实战 雅客糖果包装设计

所用素材：光盘\素材\第6章\6.7 雅客糖果包装设计
最终效果：光盘\效果\第6章\6.7 雅客糖果包装设计

01 单击【文件】/【新建】命令（快捷键【Ctrl+N】），弹出【创建新文档】选项对话框，新建一个文档，文档的大小设置如图6-65所示。

02 单击工具箱中的【矩形工具】，将填充颜色设置为 C: 2 M: 15 Y: 96 K: 0，绘制一个矩形作为糖果的包装袋图形，绘制出的矩形如图6-66所示。在选择矩形的状态下，单击鼠标右键，选择【转换为曲线】命令（快捷键【Ctrl+Q】），将矩形转换为曲线。

03 单击工具箱中的【选择工具】，分别拖出4条辅助线，然后单击工具箱中的【形状工具】，分别在辅助线与矩形相交的边缘处单击鼠标右键，在弹出的选项对话框中选择【添加】选项，为矩形添加节点，添加节点后的效果如图6-67所示。

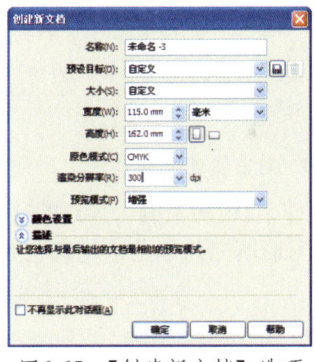  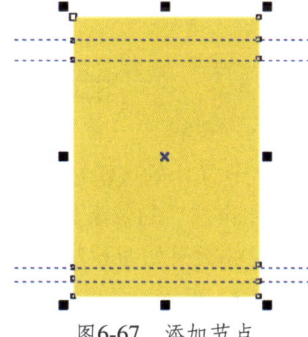

图6-65 【创建新文档】选项　　图6-66 绘制矩形　　图6-67 添加节点

04 单击工具箱中的【形状工具】，分别选择各个节点，并且配合键盘上的方向键调整节点的位置，调整后的节点位置如图6-68所示。

05 单击工具箱中的【贝塞尔工具】，将填充颜色设置为白色，轮廓色为无，沿糖果包装袋上半部分的边缘绘制出如图6-69所示的图形。

06 单击工具箱中的【透明度工具】，为其添加透明效果，效果如图6-70所示。

图6-68 调整节点位置

图6-69 绘制白色图形

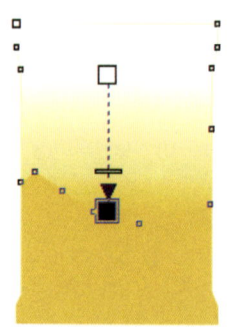
图6-70 添加透明度效果

07 单击工具箱中的【椭圆工具】 ，按键盘上的【Ctrl】键绘制出一个正圆，如图6-71所示。单击工具箱中的【变形工具】 ，【属性栏】的参数设置如图6-72所示。

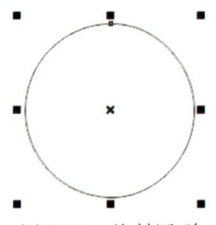
图6-71 绘制圆形

图6-72 属性栏参数设置

08 使用鼠标左键拖动圆形中心点位置的菱形图标，使圆形图形发生扭曲变形，扭曲后的效果如图6-73所示。然后单击鼠标右键，选择【转换为曲线】命令（快捷键【Ctrl+Q】），将扭曲变形后的图形转换为曲线。

09 单击工具箱中的【形状工具】 ，对转换后的曲线进行调整，调整后的效果如图6-74所示。

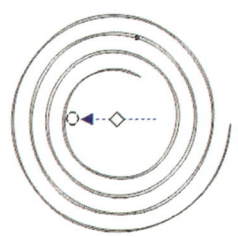
图6-73 扭曲变形后效果

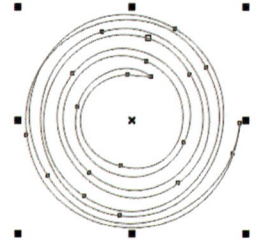
图6-74 对曲线进行调

10 单击工具箱中的【粗糙笔刷工具】 ，对图形的边缘进行涂抹，【粗糙笔刷工具】的【属性栏】设置和涂抹后的效果如图6-75所示。然后将涂抹后的曲线图形填充为橘色，轮廓色为无，填充颜色后的效果如图6-76所示。

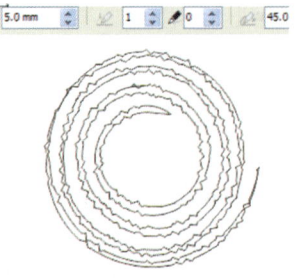
图6-75 使用粗糙笔刷进行涂抹

图6-76 填充颜色后效果

11 单击工具箱中的【透明度工具】，为图形添加透明度效果，【属性栏】的参数设置如图 6-77 所示，添加透明度后的效果如图 6-78 所示。

图6-77 设置【透明度属性栏】

12 在选择曲线图形的状态下，按快捷键【Ctrl+D】将其复制，并将复制后的图形填充颜色设置为 C: 2 M: 30 Y: 95 K: 0，效果如图 6-79 所示。

13 执行【文件】/【导入】命令（快捷键【Ctrl+I】），导入素材"橙子"文件，将其大小进行调整并将其放置到如图 6-80 所示的位置。

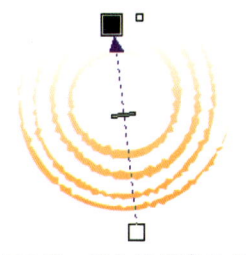
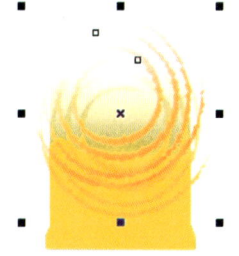

图6-78 添加透明度效果　　图6-79 复制并更改填充颜色后效果　　图6-80 导入文件

14 绘制出糖果包装边缘的高光，单击工具箱中的【贝塞尔工具】，将其填充颜色设置为白色，如图 6-81 所示。

15 单击工具箱中的【透明度工具】，为高光图形添加透明度效果，如图 6-82 所示。

图6-81 绘制高光图形　　图6-82 添加透明度

16 在选择高光图形的状态下，执行【排列】/【变换】/【比例】命令（快捷键【Alt+F9】），弹出【变换泊坞窗】，镜像复制出一个高光图形，【变换泊坞窗】的参数设置如图 6-83 所示，然后将镜像复制出的高光图形移动到另外一侧，效果如图 6-84 所示。

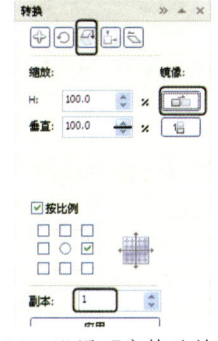

图6-83 设置【变换泊坞窗】　　图6-84 镜像复制高光图形

17 单击工具箱中的【钢笔工具】，绘制出一条路径，路径的颜色和宽度设置如图6-85所示。

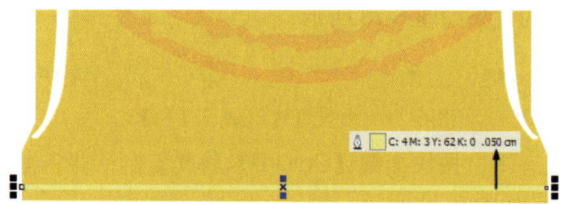

图6-85 绘制封口

18 制作糖果包装封口底部的纹理，在选择路径的状态下，执行【排列】/【变换】/【位置】命令（快捷键【Alt+F7】），弹出【变换泊坞窗】，参数设置如图6-86所示，然后单击【应用】按钮，复制出一条路径，继续单击【应用】按钮两次，复制出的路径如图6-87所示，将4条路径群组。

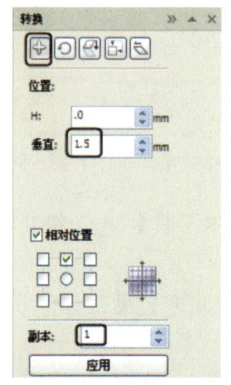   

图6-86 设置【变换泊坞窗】　　　　图6-87 复制出的路径

19 绘制雅客糖果的标识，单击工具箱中的【贝塞尔工具】，将图形中间位置的填充颜色设置为 C:0 M:100 Y:96 K:0，边缘的填充颜色设置为 C:1 M:75 Y:100 K:0，绘制出的标识图形如图6-88所示。

20 执行【文件】/【导入】命令（快捷键【Ctrl+I】），导入素材"雅客文字"文件，放置在刚刚绘制的图形中，效果如图6-89所示。然后按快捷键【Ctrl+G】将标识图形和文字群组。

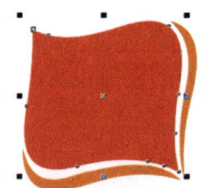   

图6-88 绘制标志图形　　　　图6-89 导入素材"雅客文字"文件

21 将雅客标识放置在合适位置，如图6-90所示。

22 单击工具箱中的【文本工具】字，将填充颜色设置为 C:0 M:100 Y:96 K:0，将字体设置为 经典综艺体简，输入文字"果胶糖果"；再将字体设置为 微软雅黑，输入文字"Strawberry Flavour Jelly"，效果如图6-91所示。

23 单击工具箱中的【选择工具】，选择文字"果胶糖果"，按快捷键【Ctrl+C】将其复制，然后再按快捷键【Ctrl+V】将其粘贴，将填充颜色设置为 C:14 M:69 Y:100 K:0，分别按键盘上的【向

包装设计

上】和【向右】键,效果如图6-92所示,然后单击鼠标右键,选择【顺序】/【向后一层】命令(快捷键【Ctrl+PgDn】),效果如图6-93所示。

图6-90　放置雅客标识　　　图6-91　输入文字　　　图6-92　复制并更改填充颜色

24 为糖果包装的上部添加纹理,单击工具箱中的【选择工具】,选择之前已经制作完成的下部的纹理图形,将其复制并移动到上面,然后将其颜色设置为 C:4 M:3 Y:29 K:0,效果如图6-94所示。

图6-93　向后一层后效果　　　　　　　图6-94　制作出的上部纹理效果

25 单击工具箱中的【选择工具】,选择除了糖果包装轮廓的图形以外的所有图形,然后单击鼠标右键,选择【编组】命令(快捷键【Ctrl+G】),将其群组。

26 执行【效果】/【图框精确剪裁】/【放置在容器中】命令,当光标变成黑色向右的箭头时,单击糖果包装袋轮廓图形的任意位置,如图6-95所示,可以将选择的图形放置到糖果包装轮廓图形内,效果如图6-96所示。

27 在选择刚刚制作完成的糖果包装的状态下,执行【效果】/【图框精确剪裁】/【编辑内容】命令,进入编辑内容状态,可以调整包装袋内的图形的位置,如图6-97所示,位置调整完成后执行【效果】/【图框精确剪裁】/【结束编辑】命令,退出编辑内容状态。

图6-95　放置图形　　　　图6-96　放置图形　　　　图6-97　编辑置入内容

> **提示** 在选择制作完成的糖果包装袋的状态下,使用工具箱中的【选择工具】,在按【Ctrl】键的同时单击包装袋的任意位置,可以进入编辑内容状态,调整包装内图形的位置。完成后再次按【Ctrl】键的同时,单击页面的空白处,退出编辑内容状态。

28 单击工具箱中的【阴影工具】,为糖果包装袋制作阴影效果,【属性栏】的参数设置如图 6-98 所示,效果如图 6-99 所示。至此,雅客糖果包装设计绘制完成。

图6-98 阴影工具参数设置   图6-99 雅客糖果包装设计完成

6.7 本章小结

本章制作了洗发水包装设计、药品包装设计、雅客糖果包装设计 3 个实例。读者应该掌握用形状工具调整节点改变图形形状、包装上说明性文字的排版方式和利用辅助线添加节点的方式等技巧。

在绘制图形时,应学会运用粗糙笔刷工具、艺术笔工具等工具对基本图形进行修改,产生独特的画面效果。在使用形状工具对图形进行调整时,对象必须为曲线对象。执行转换为曲线命令,可以将对象转换为可以进行节点编辑的曲线对象。

6.8 习题

实训题

制作如图 6-100 所示的纸巾盒。

制作提示:首先使用矩形工具绘制纸巾盒外形并填充渐变颜色,其次使用贝塞尔工具绘制彩带图形,分别为其填充颜色,再次使用椭圆工具绘制花瓣并使用形状工具对其形状进行调整,复制花瓣,为部分花瓣填充渐变效果,最后通过绘制其他装饰图形并添加产品相关文字完成纸巾盒的制作。

图6-100 纸巾盒效果

第 7 章 产品造型设计

> 本章将介绍使用 CorelDRAW X5 绘制各种产品造型效果图的方法，充分展示 CorelDRAW X5 在对结构复杂、材质多变的物体进行绘制时的表现力。

本章要点

- 根据产品质感进行不同的渐变填充
- 注意关于产品细节的描绘
- 交互式工具的灵活使用
- 学习透视关系的清晰表达

7.1 时尚靠背椅

本实例制作时尚靠背椅的造型效果，首先使用贝塞尔工具绘制椅子，然后使用矩形工具和椭圆工具绘制椅子的腿和椅子底部连接部分，最后通过导入背景图片完成时尚靠背椅的制作。制作流程如图 7-1 所示，完成效果如图 7-2 所示。

学习重点

(1) 运用交互式填充工具填充颜色
(2) 掌握运用贝塞尔工具绘制形状
(3) 合并多个图形

制作流程

① 绘制椅面　　　② 绘制椅子底座　　　③ 绘制椅子腿儿和连接部分

图 7-1　制作流程图

实例效果

图 7-2　时尚靠背椅造型实例效果图

上机实战　时尚靠背椅设计

所用素材：光盘\素材\第 7 章\7.1　时尚靠背椅
最终效果：光盘\效果\第 7 章\7.1　时尚靠背椅

01 单击工具箱中的【贝塞尔工具】，绘制出椅子的座位和靠背的基本形状，如图 7-3 所示。

02 将绘制出的图形填充渐变颜色，单击工具箱中【交互式填充工具】，在【属性栏】中设置渐变的各项参数，如图 7-4 所示，填充渐变后的效果如图 7-5 所示。

03 单击工具箱中的【贝塞尔工具】，绘制出椅子的前立面形状，同时设置填充颜色为 C: 54 M: 98 Y: 100 K: 42，如图 7-6 所示。

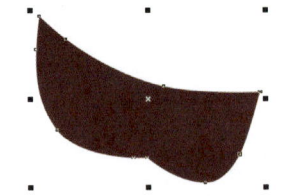

图7-3　绘制出的座位和靠背的图形

图7-4　【属性栏】上的渐变效果

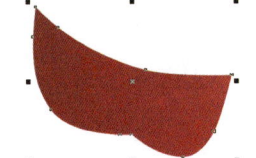

图7-5　填充渐变后的效果

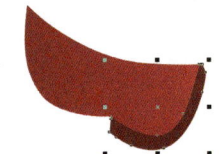

图7-6　绘制并填充前立面的效果

04 使用同样方法绘制出侧立面的形状，将填充颜色设置为 C: 40 M: 100 Y: 100 K: 7，如图 7-7 所示。在侧立面与靠背中间的留白处绘制出与白色相同的图形并填充颜色为 C: 25 M: 100 Y: 100 K: 0，以增加厚重感，如图 7-8 所示。

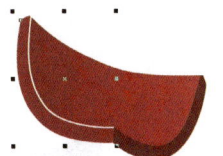

图7-7　绘制并填充侧立面的效果

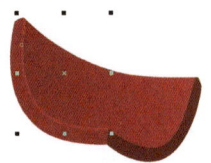

图7-8　绘制并填充前立面的效果

05 单击工具箱中的【贝塞尔工具】，绘制出椅子的底部形状，将填充颜色设置为 C: 79 M: 80 Y: 97 K: 69，如图 7-9 所示。

06 绘制支撑椅子的椅腿，单击工具箱中的【矩形工具】和【椭圆工具】，绘制出如图 7-10 所示的图形，并填充与椅子底部相同的颜色。然后在同时选中两个图形的状态下，单击【属性栏】上的【合并】按钮，将两个图形合并为一个图形。使用同样方法绘制出另外两个椅腿，如图 7-11 所示。

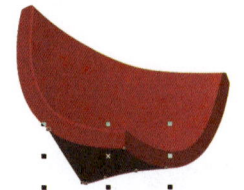

图7-9　绘制并填充椅子的底部

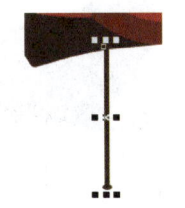

图7-10　绘制椅腿并填充

图7-11　绘制其他两个椅腿

产品造型设计 **7**

07 为了增加椅子的稳固性,单击工具箱中的【贝塞尔工具】,绘制出连接椅腿和椅子底部连接的部分,绘制并填充与椅子底部相同的颜色,如图7-12所示。

08 使用同样方法绘制出另外两个椅腿与椅子底部之间的连接,然后将支撑椅子的所有部件全部选中,单击【属性栏】上的【合并】按钮,将所有的部件合并为一个整体,如图7-13所示。

图7-12　绘制并填充连接部位　　　　　　图7-13　将所有部件合并为一个整体后效果

09 执行【文件】/【导入】命令(快捷键【Ctrl+I】),导入素材文件"背景",将其放置在已经制作完成后的椅子的后面,再复制出一把椅子,最终效果如图7-14所示。

图7-14　最后效果

7.2　制作瓢虫玩具

　　本实例在运用矩形工具和贝塞尔工具绘制图形的基础上,结合调和工具、填充工具等制作出瓢虫玩具的造型效果。在制作时,首先使用椭圆工具结合调和工具制作瓢虫外壳,然后使用椭圆工具、贝塞尔工具结合填充工具绘制瓢虫的头、眼睛、腿等,最后通过为瓢虫整体添加阴影完成瓢虫玩具的制作。制作流程如图7-15所示,完成效果如图7-16所示。

学习重点

(1) 掌握运用贝塞尔工具绘制形状
(2) 调和工具的使用方法
(3) 学习为整体图形添加阴影

制作流程

① 绘制瓢虫外壳　　② 绘制瓢虫眼睛　　③ 绘制瓢虫脚

图7-15　制作流程图

实例效果

图7-16　瓢虫玩具造型实例效果图

上机实战　制作瓢虫玩具

所用素材：光盘\素材\第7章\无
最终效果：光盘\效果\第7章\7.2 瓢虫玩具

01 单击【文件】/【新建】命令（快捷键【Ctrl+N】），新建一个文档。单击工具箱中的【椭圆工具】，分别绘制出两个椭圆，将颜色分别填充为 ■ C:0 M:100 Y:100 K:0 和 ■ C:0 M:40 Y:12 K:0，然后将两个圆形旋转角度，效果如图7-17 所示。

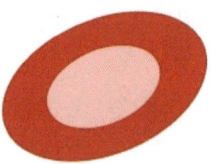

图7-17　绘制两个椭圆并旋转后效果

> **提示**：在绘制圆形时，若想旋转图像可以在保持圆形被选中的状态下，再次单击控制中心点，然后旋转控制柄，即可对图形旋转角度。

02 单击工具箱中的【调和工具】，按住鼠标左键从红色向浅色形状拖动，并在【属性栏】上设置调和工具的参数，如图7-18 所示，调和后的效果如图7-19 所示。

图7-18　调和工具的【属性栏】设置

产品造型设计 7

03 单击工具箱中的【椭圆工具】◯，将其填充颜色设置为黑色，绘制不同大小的椭圆，作为瓢虫的斑点，效果如图7-20所示。

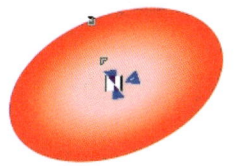

图7-19　调和后效果　　　　　　　　图7-20　绘制斑点

04 绘制瓢虫的头部，单击工具箱中的【椭圆工具】◯，在绘制的过程中同时按住【Ctrl】键绘制出一个正圆。然后单击工具箱中的【填充工具】，选择【渐变填充】选项，弹出【渐变填充】选项对话框，将渐变颜色分别设置为K90和白色，渐变设置如图7-21所示，填充渐变后的效果7-22所示。

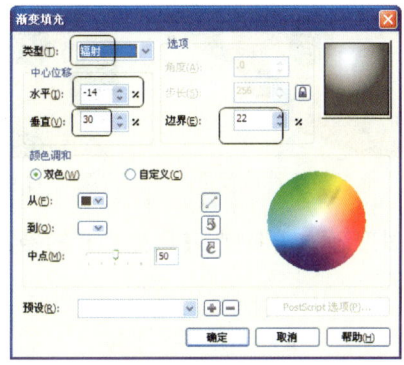
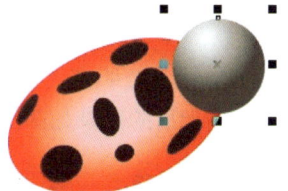

05 单击鼠标右键，选择【顺序】/【到图层后面】命令（快捷键【Shift+ PgDn】），将刚刚绘制的头部放置到后面，效果如图7-23所示。

06 绘制瓢虫的眼睛，单击工具箱中的【椭圆工具】◯，绘制一个椭圆。然后单击工具箱中的【填充工具】，选择【渐变填充】选项，弹出【渐变填充】选项对话框，渐变颜色分别设置为K100和白色，渐变设置如图7-24所示，填充渐变后的效果如图7-25所示。

图7-23　调整图层顺序后效果

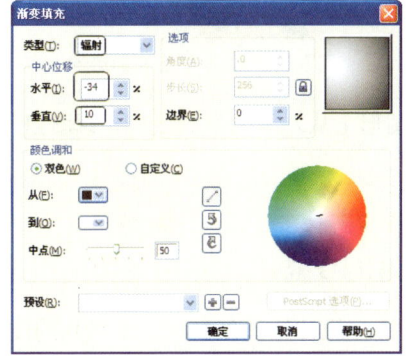

图7-24　设置【渐变填充】选项对话框　　　图7-25　填充渐变后的效果

157

平面设计大师

07 将刚刚绘制并填充渐变颜色的椭圆形复制出一个，按住【Alt+ Shift】键将其以中心点向内等比例缩放；然后单击工具箱中的【填充工具】 ，选择【渐变填充】选项，弹出【渐变填充】选项对话框，渐变颜色分别设置为（K100、Y100）和白色，渐变设置如图 7-26 所示，填充渐变后的效果 7-27 所示。

08 单击工具箱中的【贝塞尔工具】 ，绘制一个具有白色填充的高光图形，效果如图 7-28 所示。

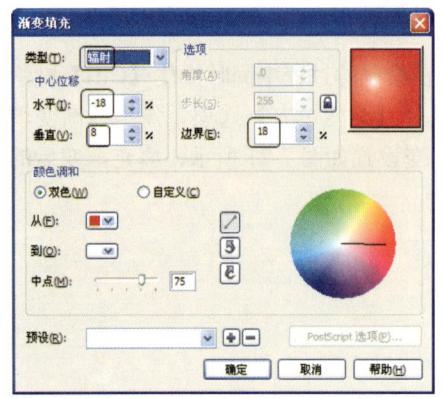

图7-26 设置【渐变填充】选项对话框　　图7-27 填充渐变后的效果　　图7-28 白色高光效果

09 单击工具箱中的【透明度工具】 ，为高光图形添加透明度，【属性栏】的参数设置如图 7-29 所示，添加高光后的效果如图 7-30 所示。

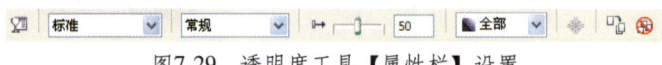

图7-29 透明度工具【属性栏】设置

10 绘制瓢虫的触角，单击工具箱中的【贝塞尔工具】 ，绘制出瓢虫的触角图形，然后将其颜色填充为 C: 0 M: 0 Y: 0 K: 60，绘制并填充颜色后的效果如图 7-31 所示。

图7-30 添加透明后的效果　　　　图7-31 绘制并填充的效果

11 单击工具箱中的【轮廓图工具】 ，在触角的图形上从左至右拖动鼠标，【属性栏】的参数设置如图 7-32 所示，效果如图 7-33 所示。

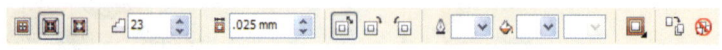

图7-32 轮廓图工具【属性栏】设置

12 在选择触角图形的状态下，按小键盘上的【+】键在原位置处复制出一个触角的图形，并将其移动到如图 7-34 所示的位置。

产品造型设计

图7-33　添加轮廓后的效果　　　　　　　图7-34　复制并移动触角图形后效果

13 单击工具箱中的【贝塞尔工具】 ，分别绘制出瓢虫脚的基本形状图形，如图7-35所示；然后单击工具箱中的【填充工具】 ，选择【渐变填充】选项，弹出【渐变填充】选项对话框，渐变颜色从上至下依次设置为如图7-36～图7-41所示，填充渐变后的效果如图7-42所示。

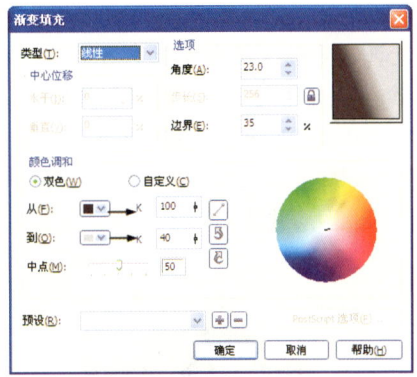

图7-35　绘制出的脚的图形　　　　　　　图7-36　渐变设置

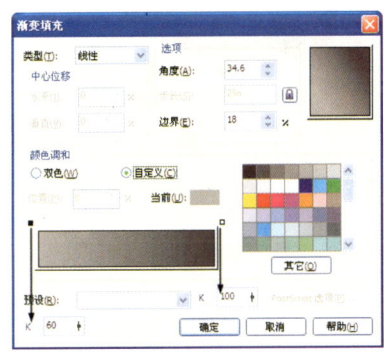
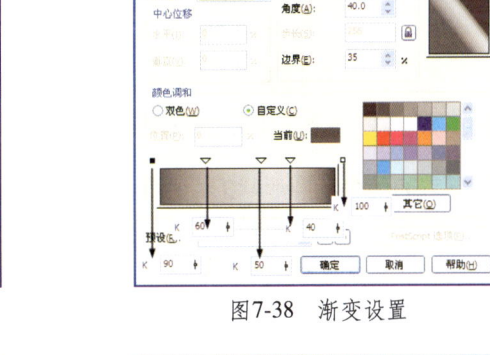

图7-37　渐变设置　　　　　　　　　　　图7-38　渐变设置

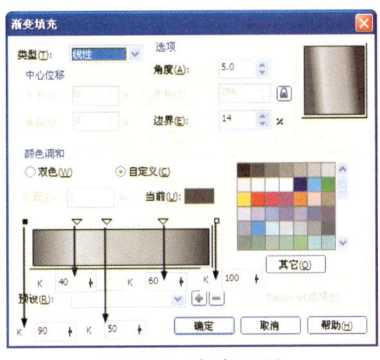

图7-39　渐变设置　　　　　　　　　　　图7-40　渐变设置

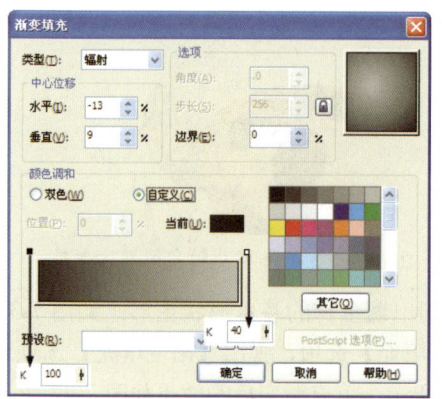

图7-41 渐变设置

图7-42 填充渐变后效果

14 单击工具箱中的【选择工具】，同时选中瓢虫脚部的所有图形，单击鼠标右键，选择【编组】命令（快捷键【Ctrl+G】），将其群组；单击鼠标右键，选择【顺序】/【到图层后面】命令（快捷键【Shift+ PgDn】），将其放置在图层的最下面，效果如图7-43所示。

15 在选择刚刚群组后的瓢虫脚部图形的状态下，按小键盘上的【+】键在原位置处复制出分别复制出两个脚部图形并将其缩放后放置到如图7-44所示位置。

图7-43 调整图层顺序后的效果

图7-44 复制并缩放后放置合适位置

16 将脚部下方的两个半圆形状的图形复制并粘贴到另外一侧，增加立体透视效果，如图7-45所示。

17 单击工具箱中的【贝塞尔工具】，将填充颜色设置为（K15），绘制出如图7-46所示的阴影效果。

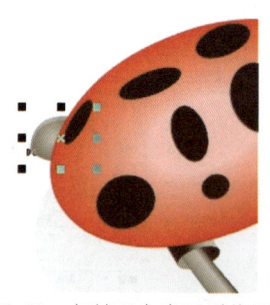

图7-45 复制两个半圆形状图形

图7-46 绘制阴影阴影效果

7.3 制作液晶显示器

本实例主要通过对颜色的协调搭配，然后配合钢笔工具、填充工具、矩形工具等工具的灵活运用，表现出液晶显示器的简洁、美观的现代造型，从而给人以较强的视觉感受。在制作时，首先使用矩形工具、椭圆工具结合填充工具绘制液晶显示器显示屏，然后使用钢笔工具、椭圆工具结合形状工具、填充工具绘制液晶显示器底座，最后通过绘制背景图形并添加文字完成液晶显示器的制作。制作流程如图7-47所示。完成效果如图7-48所示。

学习重点

（1）学习颜色的协调搭配
（2）掌握各工具的灵活使用
（3）运用形状工具调整图形形状

制作流程

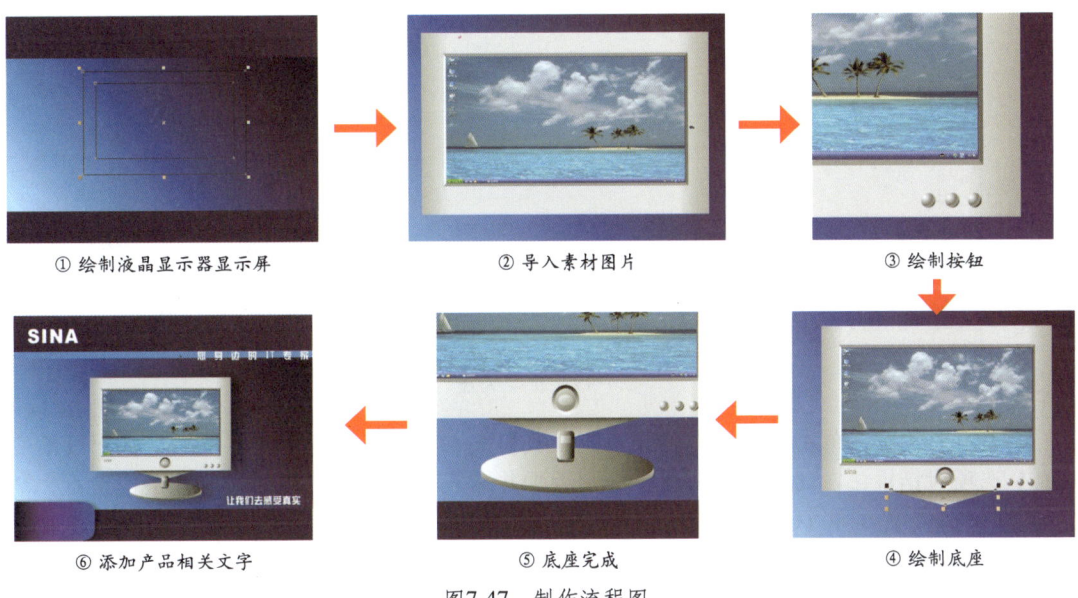

图7-47　制作流程图

实例效果

图7-48　液晶显示器实例效果图

上机实战　制作液晶显示器

所用素材：光盘\素材\第7章\7.3　液晶显示器
最终场景：光盘\效果\第7章\7.3　液晶显示器

01 运行CorelDRAW X5，单击【文件】/【新建】命令（快捷键【Ctrl+N】）创建一个A4大小的图形文件，单击【属性栏】上的【横向】 ，将页面调整为横向状态。单击工具箱中的【矩形工具】 ，在页面中绘制一个大小为297mm×142mm的矩形，如图7-49所示。

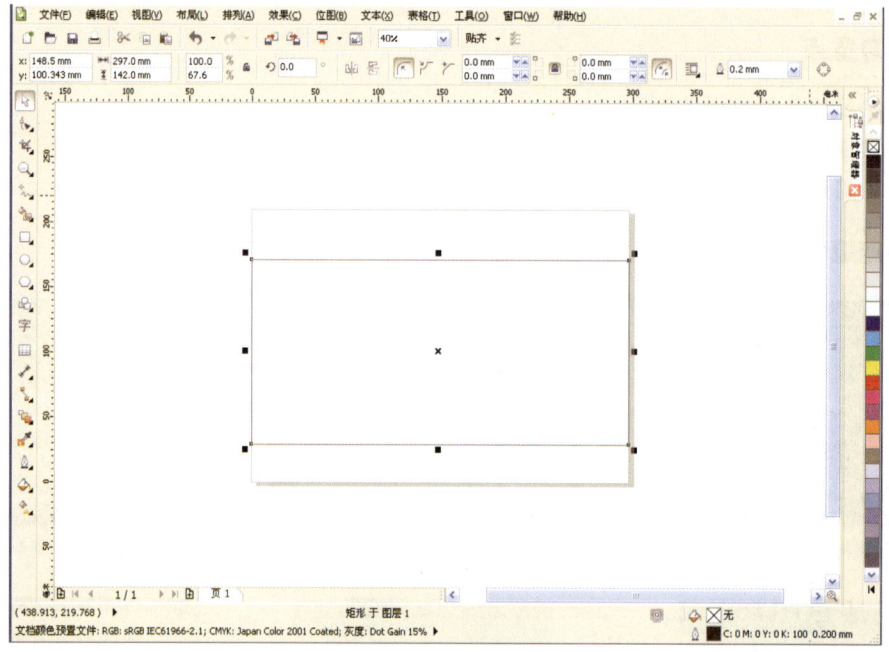

图7-49　新建文件

02 除去矩形轮廓，单击工具箱中的【填充工具】 ，选择【渐变填充】选项，弹出【渐变填充】选项对话框，在【位置】选项中分别添加并输入0、21、54、82、100几个位置点，渐变颜色分别设置为0（C93、M100、Y63、K58）、21（C87、M100、Y59、K36）、54（C100、M184、Y0、K0）、82（C70、M24、Y0、K0）、100（C40、M0、Y0、K0），渐变设置如图7-50所示，填充渐变后的效果如图7-51所示。

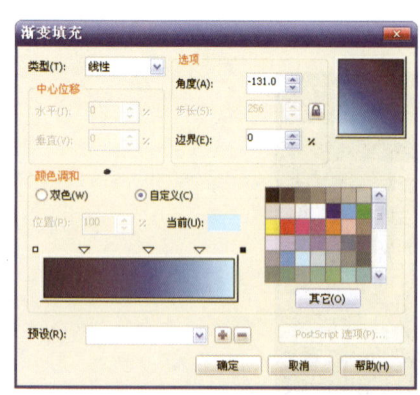

图7-50　渐变填充参数设置

图7-51　渐变填充后效果

产品造型设计

03 单击工具箱中的【矩形工具】□，绘制上下两个矩形，将填充颜色设置为 C:88 M:100 Y:59 K:40，如图 7-52 所示。

04 单击工具箱中的【矩形工具】□，绘制显示器的边框，如图 7-53 所示。

图7-52　绘制矩形

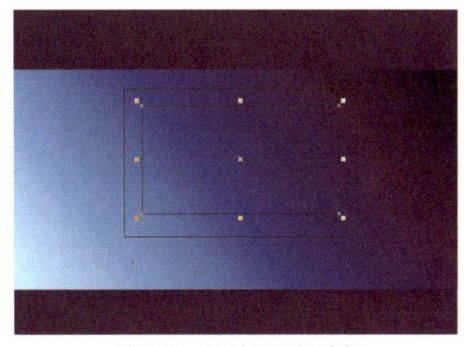

图7-53　绘制显示器边框

05 单击工具箱中的【选择工具】，选择两个矩形，单击【属性栏】上的【移除前面对象】按钮，移除后面对象中的前面对象，如图 7-54 所示。

06 单击工具箱中的【填充工具】，选择【渐变填充】选项，弹出【渐变填充】选项对话框，渐变参数设置如图 7-55 所示。在【位置】选项中分别添加并输入 0、10、90、100 几个位置点，颜色分别设置为 0（C0、M0、Y0、K50）、10（C0、M0、Y0、K30）、90（C0、M0、Y0、K30）、100（C0、M0、Y0、K50），单击【确定】按钮，去除轮廓，效果如图 7-56 所示。

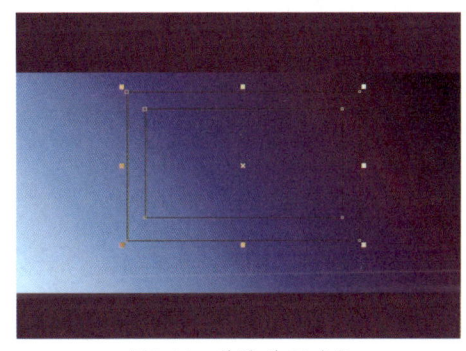

图7-54　移除前面对象

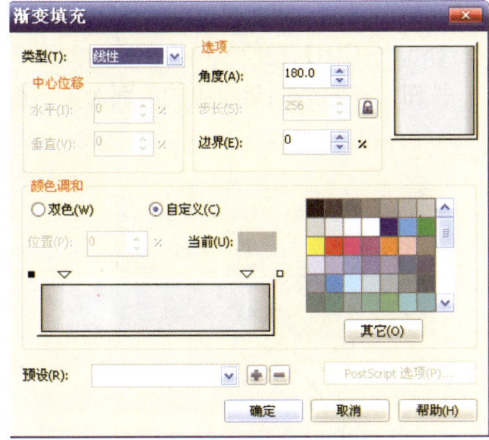

图7-55　渐变填充参数设置

图7-56　填充效果

07 单击工具箱中的【钢笔工具】，绘制显示器边框的内部厚度，将颜色设置为白色。去除轮廓，如图 7-57 所示。

08 选择显示器边框的内部厚度，按下小键盘上的【+】键，在原位置复制出 1 个，然后单击

【属性栏】中的【水平镜像】按钮，将其放在适当位置并将填充颜色设置为 C:0 M:0 Y:0 K:80，如图7-58所示。按照同样方法，绘制另外两条边的厚度，将填充颜色设置为 C:0 M:0 Y:0 K:60，效果如图7-59所示。

图7-57　绘制显示器内部厚度

图7-58　绘制右厚度

09 执行【文件】/【导入】命令（快捷键【Ctrl+I】），导入素材文件"桌面"，将其放置在已经制作完成后的显示器屏幕里，调整至适当大小，如图7-60所示。

图7-59　绘制上下厚度

图7-60　导入桌面

10 单击工具箱中的【椭圆工具】，绘制按钮，按【Shift+Ctrl】键绘制两个正圆，如图7-61所示。然后单击【属性栏】中的【移除前面对象】按钮，移除后面对象中的前面对象，如图7-62所示。

图7-61　绘制正圆

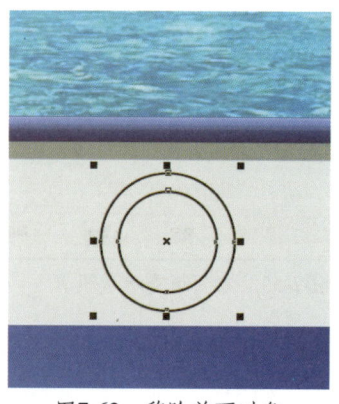

图7-62　移除前面对象

11 单击工具箱中的【填充工具】，选择【渐变填充】选项，弹出【渐变填充】选项对话框，渐变参数设置如图7-63所示，单击【确定】按钮，去除轮廓，效果如图7-64所示。

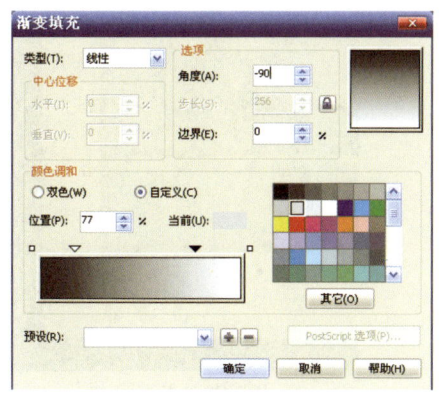
图7-63 渐变填充参数设置

图7-64 渐变填充效果

12 单击工具箱中的【椭圆工具】，在按钮中间绘制正圆，使用同样的方法填充颜色，渐变参数设置如图7-65所示，单击【确定】按钮，去除轮廓，效果如图7-66所示。

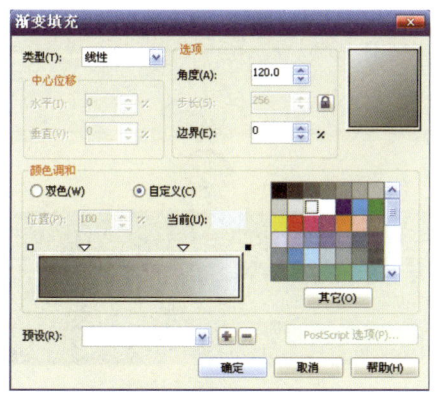
图7-65 渐变填充参数设置

图7-66 渐变填充效果

13 单击工具箱中的【椭圆工具】，绘制椭圆并填充渐变颜色，去除轮廓，效果如图7-67所示。

14 单击工具箱中的【椭圆工具】，在显示器的右下角绘制正圆，如图7-68所示。

图7-67 按钮完成

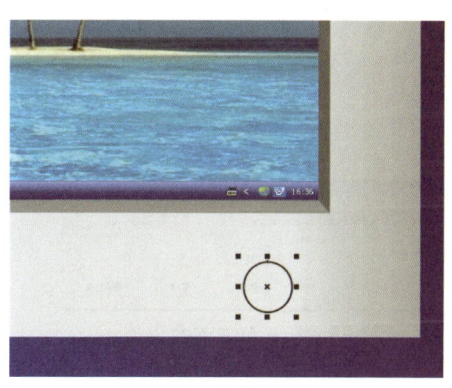
图7-68 绘制正圆

15 单击工具箱中的【填充工具】，选择【渐变填充】选项，弹出【渐变填充】选项对话框，设置如图 7-69 所示，去除轮廓，然后平行复制 3 个正圆并调整位子，效果如图 7-70 所示。

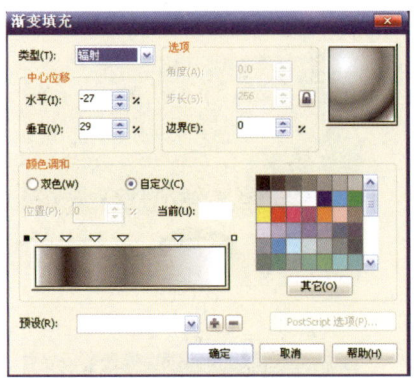

图7-69　渐变填充参数设置　　　　　　　　图7-70　复制按钮

16 单击工具箱中的【文本工具】，输入文字"Sina"并将填充颜色设置为 C:0 M:0 Y:0 K:80，效果如图 7-71 所示。

17 绘制显示器活动轴，单击工具箱中的【钢笔工具】，绘制多边形，如图 7-72 所示。

图7-71　输入文字　　　　　　　　　　图7-72　绘制多边形

18 单击工具箱中的【填充工具】，选择【渐变填充】选项，弹出【渐变填充】选项对话框，设置如图 7-73 所示，单击【确定】按钮，去除轮廓，效果如图 7-74 所示。

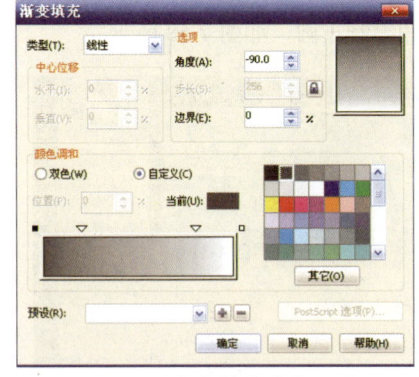

图7-73　渐变填充参数设置　　　　　　　　图7-74　填充效果

19 单击工具箱中的【钢笔工具】，绘制如图 7-75 所示的图形。然后单击工具箱中的【形状工具】，选中图形中的节点，单击【属性栏】中的【转换为曲线】按钮，拖动节点调整图形，如图 7-76 所示。

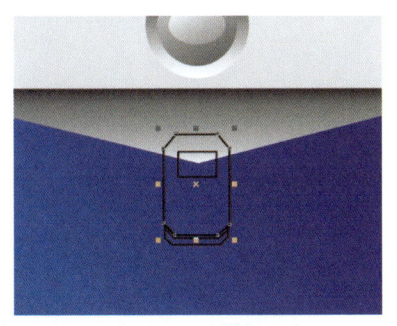 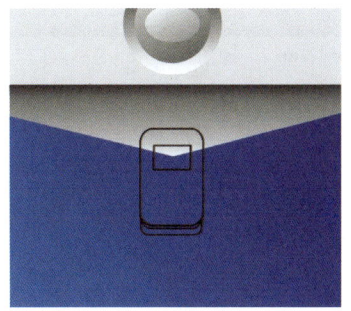

图7-75　绘制图形　　　　　　　　　　图7-76　调整图形

 提示　　在选择多个图形时，除了可以运用框选的方式外，也可以按住【Shift】键来进行多个对象的选择。

20 使用同样方法分别填充图形颜色，去除轮廓，得到如图 7-77 所示效果。
21 单击工具箱中的【椭圆工具】，绘制椭圆形显示器底座，使用同样的方法填充渐变颜色，如图 7-78 所示。

图7-77　填充活动轴　　　　　　　　　图7-78　绘制底座

22 单击鼠标右键，选择【顺序】/【向后一层】命令（快捷键【Ctrl+PgDn】），连续执行 3 次，将底座放至活动轴后，如图 7-79 所示。
23 单击工具箱中的【贝塞尔工具】，绘制底座厚度，如图 7-80 所示。

 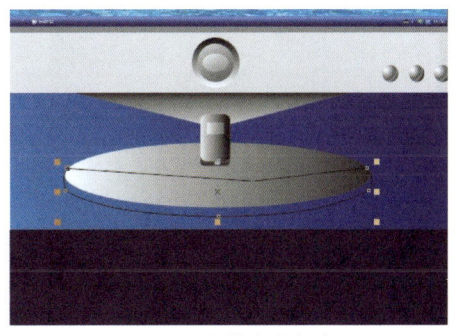

图7-79　调整底座位置　　　　　　　　图7-80　绘制底座厚度

24 单击工具箱中的【填充工具】，选择【渐变填充】选项，弹出【渐变填充】选项对话框，参数设置如图7-81所示，单击【确定】按钮，去除轮廓，调整顺序，效果如图7-82所示。

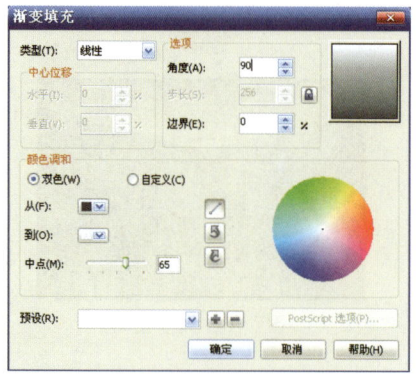
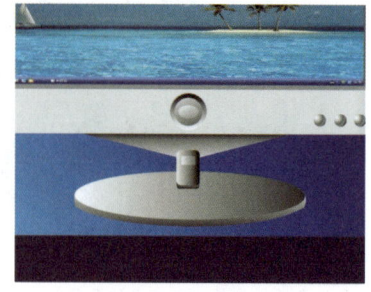

图7-81 渐变填充参数设置　　　　　　　图7-82 填充效果

25 显示器绘制完成后，选择所有图形，单击鼠标右键，选择【编组】命令（快捷键【Ctrl+G】），将显示器包含的图形编组。然后单击工具箱中的【阴影工具】，由左向右拉伸，如图7-83所示。

26 单击工具箱中的【矩形工具】，绘制矩形，调整其位置并将填充颜色设置为 C:80 M:40 Y:0 K:0，如图7-84所示。

图7-83 绘制阴影　　　　　　　图7-84 绘制矩形

27 单击工具箱中的【钢笔工具】，绘制如图7-85所示的多边形。然后单击工具箱中的【形状工具】，选中图形中的节点，单击【属性栏】中的【转换为曲线】按钮，拖动节点调整图形，调整后的效果如图7-86所示。

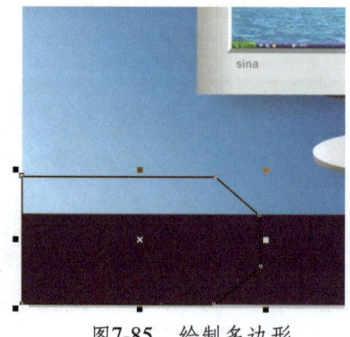

图7-85 绘制多边形　　　　　　　图7-86 调整多边形

产品造型设计 7

28 单击工具箱中的【填充工具】，选择【渐变填充】选项，弹出【渐变填充】选项对话框，参数设置如图 7-87 所示，单击【确定】按钮，去除轮廓，效果如图 7-88 所示。

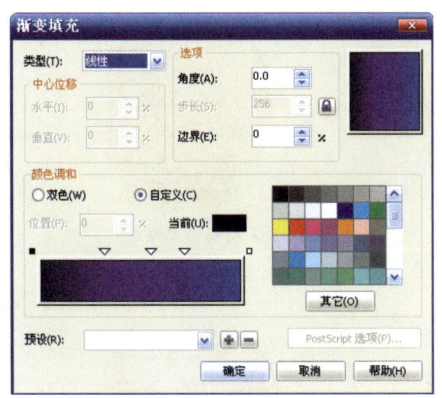
图7-87　渐变填充参数设置

图7-88　填充效果

29 选择多边形，单击工具箱中的【阴影工具】，由左向右拉伸，效果如图 7-89 所示。
30 单击工具箱中的【文本工具】，输入文字"您身边的 IT 专家"和"让我们去感受真实"，调整文字位置并将颜色填充设置为白色，最终效果如图 7-90 所示。

图7-89　绘制阴影

图7-90　液晶显示器完成

7.4　女性香水

本实例绘制的是女性香水图形，主要学习利用基本造型工具与交互式工具相结合，表现物体的透视关系以及玻璃的质感。在制作时，首先使用椭圆工具、贝塞尔工具结合填充工具、形状工具绘制香水瓶身，然后使用透明度工具为香水瓶添加透明效果产生玻璃的质感，接着使用椭圆工具结合调和工具绘制香水液面上的水珠，最后通过绘制香水喷口并导入背景图形完成女性香水的绘制。制作流程如图 7-91 所示，完成效果如图 7-92 所示。

学习重点

(1) 利用基本造型工具绘制图形
(2) 学会表现物体的透视关系
(3) 学会表现液体的质感

制作流程

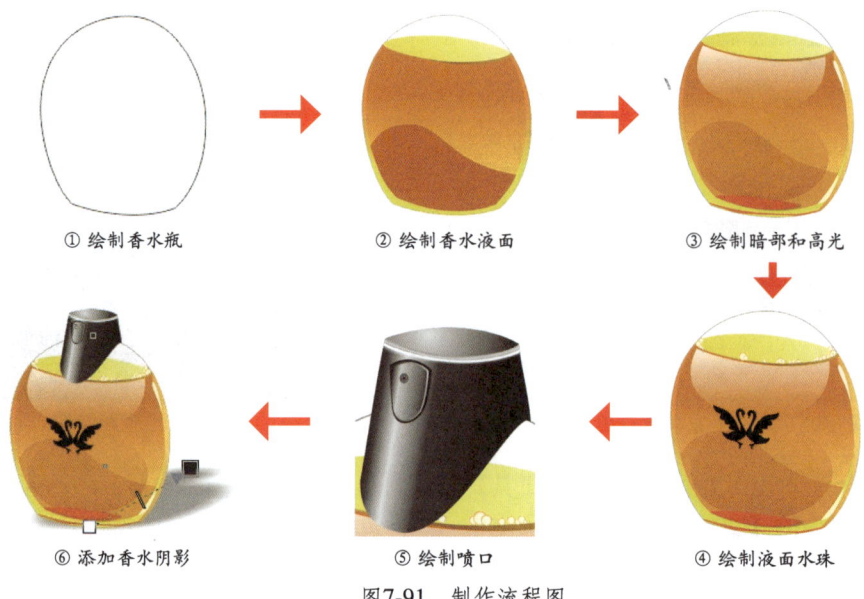

图7-91 制作流程图

实例效果

图7-92 女性香水实例效果图

 绘制女性香水

| 所用素材: 光盘\素材\第7章\7.4 女性香水
| 最终场景: 光盘\效果\第7章\7.4 女性香水

01 运行 CorelDRAW X5，单击【文件】/【新建】命令（快捷键【Ctrl+N】）创建一个 A4 大小的图形文件，然后单击【属性栏】上的【横向】 ，将页面调整为横向状态，如图 7-93 所示。

产品造型设计

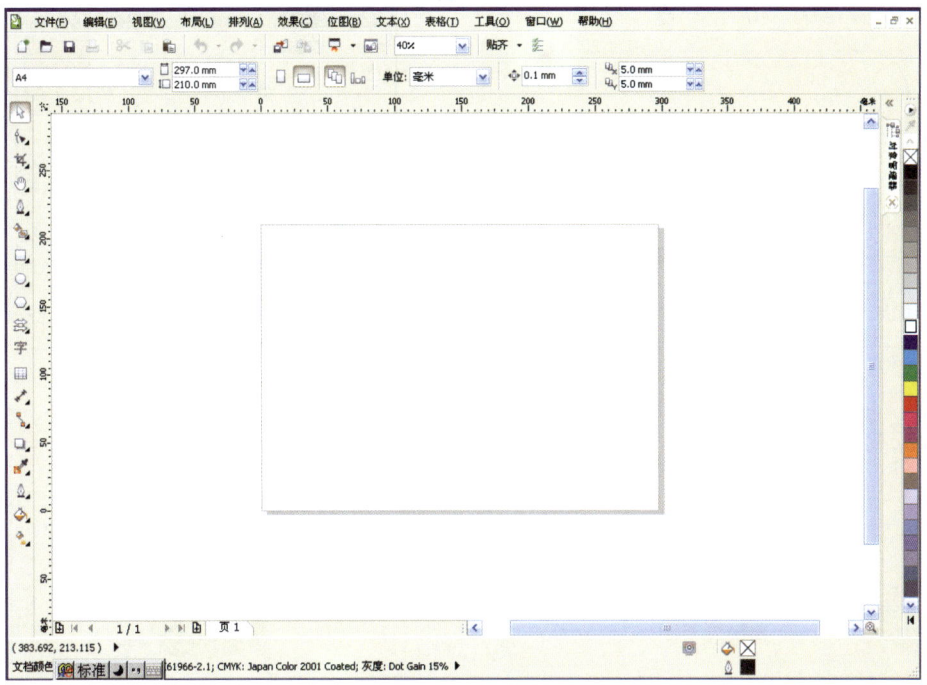

图7-93　新建文件

02 单击工具箱中的【椭圆工具】○，绘制一个大小为110mm×125mm的圆形，如图7-94所示。

03 单击鼠标右键，选择【转换为曲线】命令（快捷键【Ctrl+Q】），将其转换为曲线，然后单击工具箱中的【形状工具】，拖动节点调整图形，调整后的效果如图7-95所示。

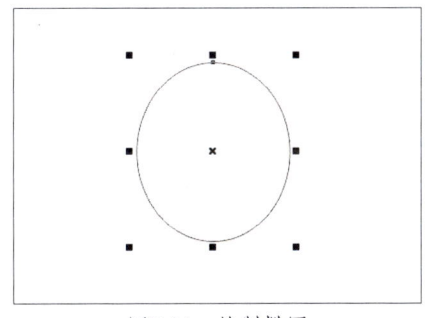
图7-94　绘制椭圆

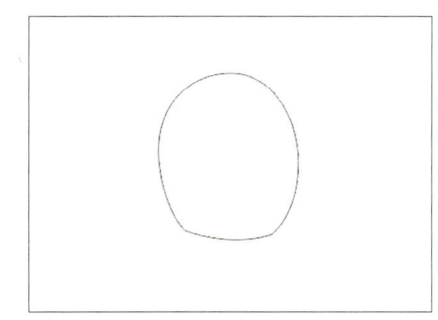
图7-95　调整图形

04 选择调整形状后的圆形，修改其轮廓，将填充颜色设置为 C:0 M:0 Y:0 K:60，轮廓宽度设置为0.35mm。复制圆形，将其轮廓填充颜色设置为黑色，然后单击工具箱中的【形状工具】，调整图形至如图7-96所示。

05 选择轮廓颜色为黑色的图形，单击工具箱中的【填充工具】，选择【渐变填充】选项，弹出【渐变填充】选项对话框，渐变颜色分别设置为0（C0、M60、Y100、K0）、100（C10、M0、Y90、K0），渐变设置如图7-97所示，去除轮廓线，效果如图7-98所示。

06 复制渐变填充后的瓶体图形，单击工具箱中的【形状工具】，对复制图形的形状进行调整，如图7-99所示。

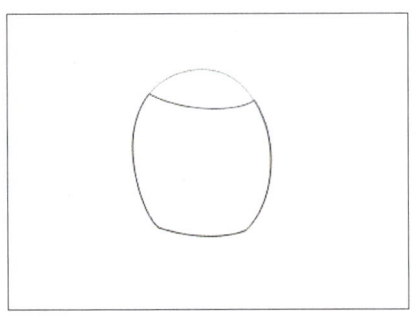

图7-96 调整图形

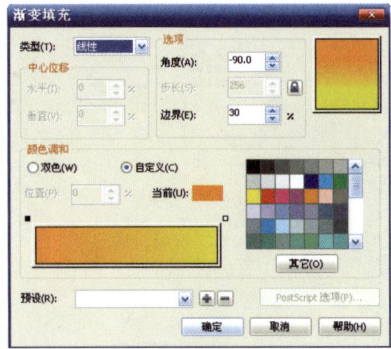

图7-97 渐变填充参数设置

图7-98 渐变填充后效果

图7-99 调整图形

07 修改图形的渐变填充，将渐变颜色分别设置为0（C10、M65、Y100、K0）、100（C10、M25、Y92、K0），参数设置如图7-100所示，单击【确定】按钮，填充效果如图7-101所示。

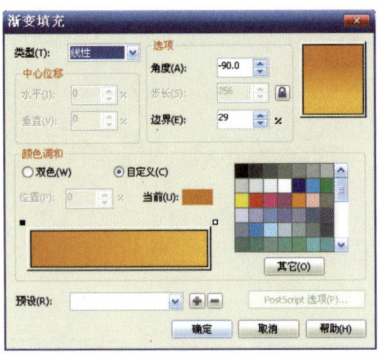

图7-100 渐变填充参数设置

图7-101 填充效果

08 绘制液体顶面图形，单击工具箱中的【椭圆工具】，绘制一个椭圆，调整椭圆的形状和位置，然后单击工具箱中的【填充工具】，选择【渐变填充】选项，弹出【渐变填充】选项对话框，渐变颜色分别设置为0（C6、M2、Y87、K0）、100（C2、M0、Y57、K0），渐变设置如图7-102所示，去除轮廓线，效果如图7-103所示。

09 单击工具箱中的【贝塞尔工具】，绘制液面中的暗部图形，调整其位置，如图7-104所

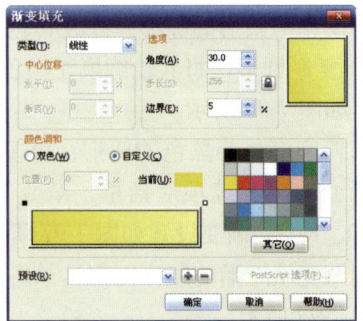

图7-102 渐变填充参数设置

示，然后单击工具箱中的【填充工具】，选择【渐变填充】选项，弹出【渐变填充】选项对话框，在【位置】选项中分别添加并输入 0、50、100 几个位置点，渐变颜色设置为 0（C0、M0、Y100、K0）、50（C40、M70、Y100、K3）、100（C16、M42、Y100、K0），渐变设置如图 7-105 所示，去除轮廓线，效果如图 7-106 所示。

图7-103　填充效果

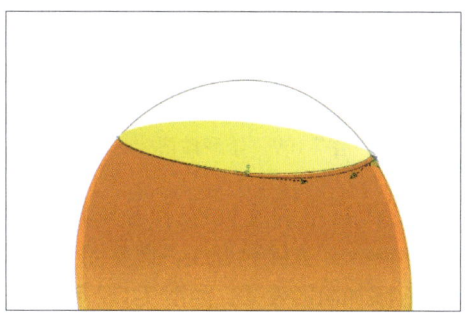

图7-104　绘制液面中的暗部

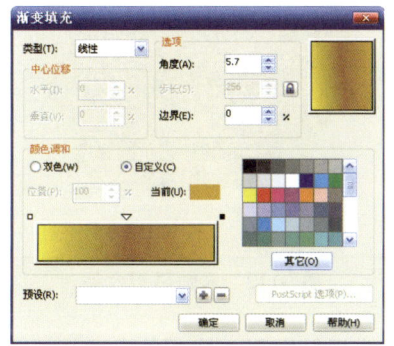

图7-105　渐变填充参数设置

图7-106　填充效果

10 单击工具箱中的【贝塞尔工具】，绘制瓶体中的反光图形，将填充颜色设置为 C：15 M：71 Y：100 K：0，去除轮廓线，效果如图 7-107 所示。单击工具箱中的【透明度工具】，修改图形的透明度，然后将【属性栏】中的【透明度类型】文本框设置为【标准】，得到如图 7-108 所示效果。

图7-107　瓶体中的反光图形

图7-108　设置透明度

11 单击工具箱中的【椭圆工具】，绘制一个大小为 76.0mm×50.0mm 的椭圆，将填充颜色设置为 C：18 M：71 Y：100 K：0，去除轮廓线，调整其位置，如图 7-109 所示。单击工具箱中的【透明度工具】，由下至上拖动，修改图形透明度，效果如图 7-110 所示。

图7-109　绘制椭圆　　　　　　　　图7-110　修改透明度

12 单击工具箱中的【贝塞尔工具】，绘制瓶底的暗部图形，将其填充颜色设置为 C:4 M:80 Y:100 K:0，去除轮廓线，调整图形位置，如图7-111所示。单击工具箱中的【阴影工具】，为图形添加阴影效果，如图7-112所示。

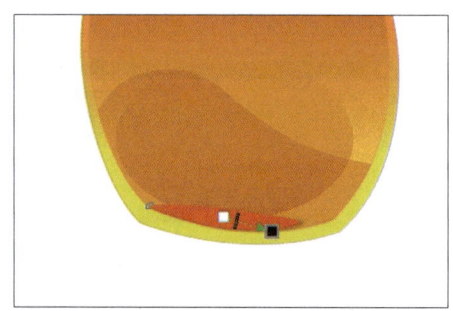

图7-111　绘制暗部图形　　　　　　图7-112　添加阴影效果

13 单击工具箱中的【贝塞尔工具】，绘制液面中的折射图形，然后单击工具箱中的【填充工具】，选择【渐变填充】选项，弹出【渐变填充】选项对话框，在【位置】选项中分别添加并输入0、55、100几个位置点，渐变颜色设置为0（C5、M65、Y198、K0）、55（C3、M85、Y100、K0）、100（C0、M65、Y95、K0），渐变设置如图7-113所示，去除轮廓线，效果如图7-114所示。

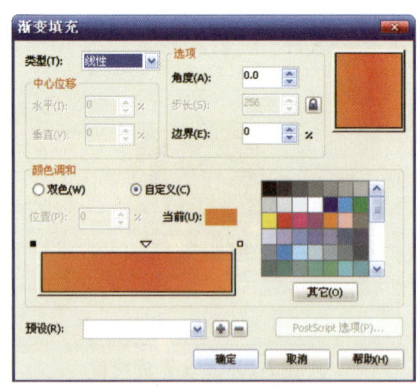

图7-113　渐变填充参数设置　　　　图7-114　填充效果

14 单击工具箱中的【贝塞尔工具】，绘制瓶体侧面的反光图形，然后单击工具箱中的【填充工具】，选择【渐变填充】选项，弹出【渐变填充】选项对话框，将渐变颜色设置为0

(C、M49、Y100、K0)、100（C0、M18、Y75、K0），渐变设置如图7-115所示，去除轮廓线，效果如图7-116所示。

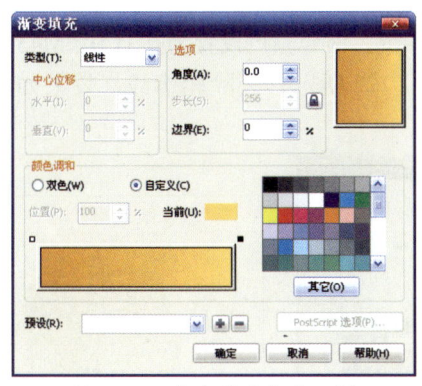

图7-115　渐变填充颜色设置

图7-116　填充效果

15 单击工具箱中的【贝塞尔工具】，绘制瓶体中的亮光图形，将填充颜色设置为白色，去除轮廓线，效果如图7-117所示。单击工具箱中的【透明度工具】，由上至下拖动，修改图形透明度，效果如图7-118所示。

图7-117　绘制瓶体中的亮部图形

图7-118　修改图形透明度

16 单击工具箱中的【贝塞尔工具】，绘制瓶体中的反光图形，分别将其填充颜色设置为白色和 C:0 M:0 Y:10 K:0，去除轮廓线，效果如图7-119所示。然后单击工具箱中的【透明度工具】，修改图形的透明度，并将【属性栏】中的【透明度类型】文本框设置为【标准】，将【开始透明度】文本框设置为20，得到如图7-120所示的效果。

图7-119　绘制瓶体中的反光图形

图7-120　修改透明度

17 执行【文件】/【导入】命令（快捷键【Ctrl+I】），导入素材文件"天鹅"，调整其位置，达到如图 7-121 所示效果。

18 单击工具箱中的【椭圆工具】，绘制一个圆形，然后单击工具箱中的【填充工具】，选择【渐变填充】选项，弹出【渐变填充】选项对话框，渐变颜色设置为 0（C0、M43、Y197、K0）、100（C0、M19、Y78、K0），渐变设置如图 7-122 所示，去除轮廓线，效果如图 7-123 所示。

 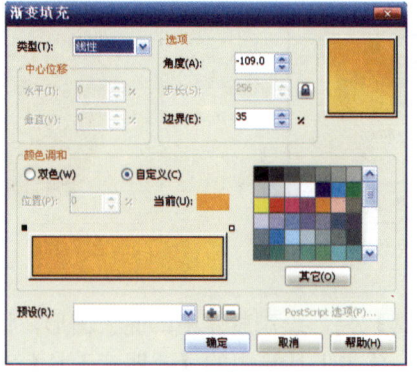 

图7-121　导入素材文件　　　图7-122　渐变填充参数设置　　　图7-123　填充效果

19 单击工具箱中的【椭圆工具】，绘制一个圆形，将填充颜色设置为 C:0 M:0 Y:0 K:20，去掉轮廓线，调整位置，如图 7-124 所示。单击工具箱中的【调和工具】，按照 7-125 所示的效果调和圆形的颜色。

20 单击鼠标右键，选择【编组】命令（快捷键【Ctrl+G】），将绘制好的气泡图形编组。多次按下小键盘上的"+"键复制图形组，根据画面调整圆形的大小和位置，并将其移动至瓶体液面图形中，效果如图 7-126 所示。

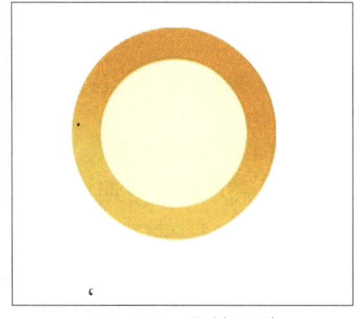  

图7-124　绘制圆形　　　图7-125　调和圆形颜色　　　图7-126　绘制气泡

21 单击工具箱中的【贝塞尔工具】，在瓶体中绘制瓶盖图形，然后单击工具箱中的【填充工具】，选择【渐变填充】选项，弹出【渐变填充】选项对话框，在【位置】选项中分别添加并输入 0、6、18、40、100 几个位置点，将渐变颜色设置为 0 黑色、6（C0、M0、Y0、K90）、18（C0、M0、Y0、K20）、40（0、M0、Y0、K90）、100 黑色，渐变设置如图 7-127 所示，去除轮廓线，效果如图 7-128 所示。

22 单击工具箱中的【贝塞尔工具】，绘制顶面图形，然后单击工具箱中的【填充工具】，选择【渐变填充】选项，弹出【渐变填充】选项对话框，将渐变颜色分别设置为 0 黑色、100（0、M0、Y0、K20），渐变设置如图 7-129 所示，去除轮廓线，效果如图 7-130 所示。

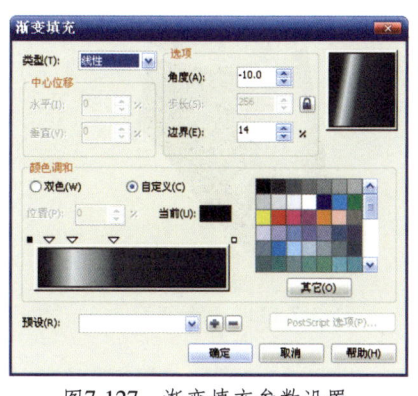
图7-127　渐变填充参数设置

图7-128　填充效果

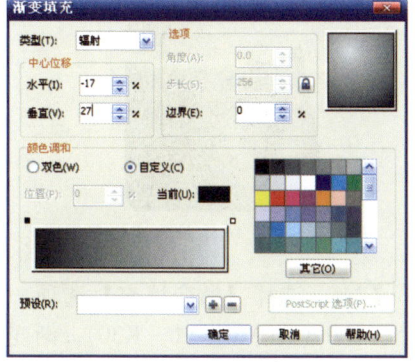
图7-129　渐变填充参数设置

图7-130　填充效果

23 单击工具箱中的【贝塞尔工具】，绘制瓶盖中的亮光图形，填充颜色为 C:0 M:0 Y:0 K:50，去除轮廓线，效果如图7-131所示。然后单击工具箱中的【贝塞尔工具】，在瓶盖中绘制图形，如图7-132所示，填充图形颜色为 C:0 M:0 Y:0 K:30，去除轮廓线。

图7-131　绘制亮光图形

图7-132　绘制在瓶盖中的图形

24 单击工具箱中的【贝塞尔工具】，在瓶盖中绘制高光，填充颜色为白色，去除轮廓线，效果如图7-133所示。然后单击工具箱中的【阴影工具】，为图形添加阴影，将【属性栏】中的【阴影的不透明度】文本框设置为70，【阴影羽化】文本框设置为20，【透明度操作】文本框设置为常规，【阴影颜色】文本框设置为白色，得到如图7-134所示的效果。

25 单击工具箱中的【贝塞尔工具】，绘制瓶盖上的喷嘴图形，将填充颜色设置为黑色，去除轮廓线，效果如图7-135所示。然后复制图形，单击工具箱中的【形状工具】，按照图7-136所示的效果调整图形形状。

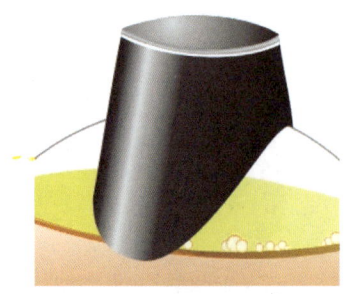

图7-133　绘制高光

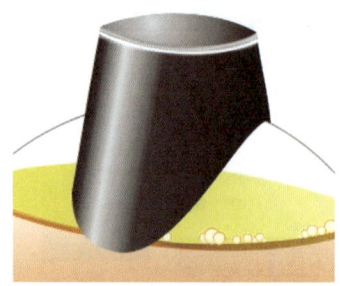

图7-134　添加阴影

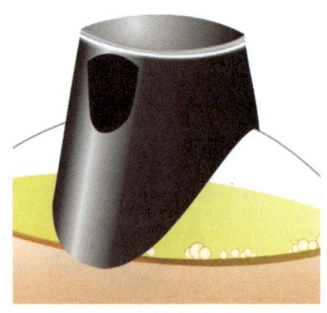

图7-135　绘制喷嘴图形

图7-136　复制并调整图形形状

26 选择复制的喷嘴图形，单击工具箱中的【填充工具】，选择【渐变填充】选项，弹出【渐变填充】选项对话框，将渐变颜色分别设置为 0 黑色、100（0、M0、Y0、K30），渐变设置如图 7-137 所示，渐变填充效果如图 7-138 所示。

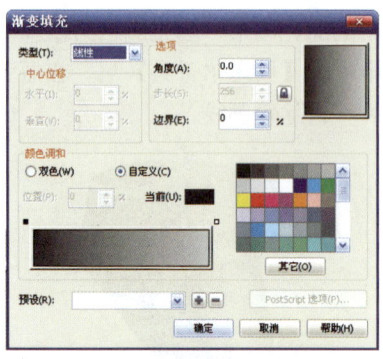

图7-137　渐变填充参数设置

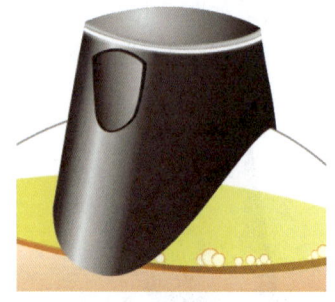

图7-138　填充效果

27 复制渐变填充后的喷嘴图形，单击工具箱中的【形状工具】，调整图形形状，然后按照图 7-139 所示修改图形的渐变填充参数，在【位置】选项中分别添加并输入 0、20、60、100 几个位置点，将渐变颜色设置为 0 黑色、20（C0、M0、Y0、K30）、60（C0、M0、Y0、K70）、100 黑色，得到的图形效果如图 7-140 所示。

28 单击工具箱中的【椭圆工具】，在喷嘴图形上绘制两个圆形，分别将填充颜色设置为 C:0M:0Y:0K:80 和黑色，去除轮廓，如图 7-141 所示。

29 单击鼠标右键，选择【编组】命令（快捷键【Ctrl+G】），将绘制好的香水瓶群组。单击工具箱中的【阴影工具】，为图形添加阴影效果，如图 7-142 所示。然后将【属性栏】中的【阴影角度】文本框设置为 30，【阴影不透明度】文本框设置为 30，得到如图 7-143 所示的效果。

产品造型设计

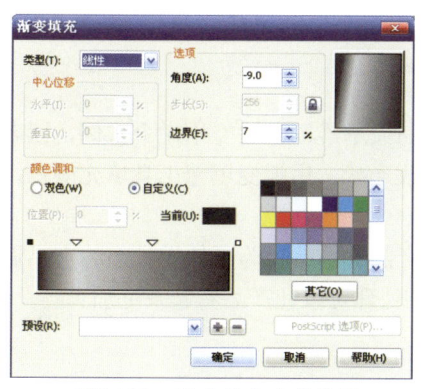

图7-139 渐变填充参数设置　　　　　　图7-140 填充效果

图7-141 喷嘴图形完成　　　图7-142 添加阴影　　　图7-143 修改阴影参数

 **提示**　阴影工具可以在对象中很清楚地调整阴影的位置和不透明度,也可以在阴影工具的属性栏中设置各种选项,从而制作出逼真的、具有立体感的阴影效果。

30 执行【文件】/【导入】命令(快捷键【Ctrl+I】),导入素材文件"背景",将其放置在已经制作完成的香水后面,得到最终效果,如图7-144所示。

图7-144 女性香水完成

7.5 本章小结

本章制作了时尚靠背椅、制作瓢虫玩具、液晶显示器、女性香水 4 个实例，读者应该掌握用矩形工具椭圆工具绘制基本形，用形状工具修改形状，用渐变填充工具填充颜色，用调和工具绘制过渡效果等多种绘制产品的方法。

在产品造型设计中，常常需要考虑环境光对产品的影响。为了使设计出的产品看起来更加立体，需要设计者注意多方面的因素，注重细节的处理可以让产品看起来更加真实。

7.6 习题

实训题

制作如图 7-145 所示的 MP3。

制作提示：首先使用椭圆工具，矩形工具结合形状工具，填充工具绘制 MP3 的机身部分，其次使用贝塞尔工具，椭圆工具结合透明度工具绘制显示屏及其反光，再次使用文本工具添加机身文字，最后通过贝塞尔工具结合填充工具，透明度工具绘制背景图形完成 MP3 的制作。

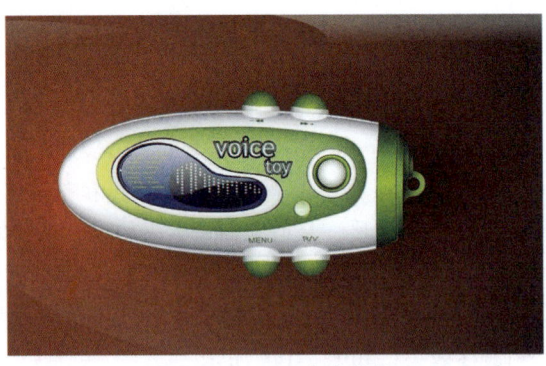

图 7-145　MP3 完成效果

第 8 章 艺术插画设计

> 本章通过 3 个不同风格特色的绘制实例，介绍使用 CorelDRAW X5 绘制插画的方法和技巧，以及软件的各项绘图功能。在绘制过程中巧妙运用各种技巧，能让绘制更加便捷，效果更加出色。

本章要点

- 学习画面的表现方式、构图、色彩的运用
- 掌握软件的各项绘图功能
- 熟练运用绘制过程中的各种技巧

8.1 室内效果插画

本实例制作室内效果矢量插画，在制作室内效果插画时，应注意对空间感的表现，本例首先使用矩形工具、椭圆工具结合填充工具、形状工具等绘制室内效果图中的窗户、地面和天花板上的灯，通过对近大远小原理的理解运用，表现出画面的空间感，然后使用基本形状工具、贝塞尔工具结合填充工具绘制出沙发、靠垫、桌子、射灯等其他图形，最后通过导入转椅素材和书籍素材完成室内效果插画的设计。制作流程如图 8-1 所示，完成效果如图 8-2 所示。

学习重点

（1）对空间感的表现
（2）熟练运用渐变填充工具
（3）学习运用交互式填充工具

制作流程

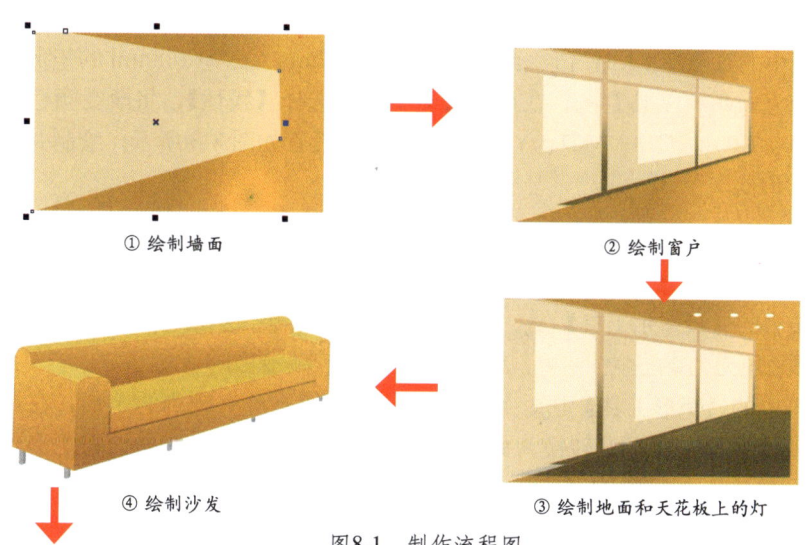

图8-1 制作流程图

⑤ 绘制另一个沙发

⑥ 添加其他装饰物

图8-1（续）

实例效果

图8-2 室内效果插图实例效果图

上机实战 绘制室内效果插画

所用素材：光盘\素材\第 8 章\8.1 室内效果插画\无

最终效果：光盘\效果\第 8 章\8.1 室内效果插画\（1）室内空间效果

（1）室内空间效果

01 单击工具箱中的【矩形工具】，绘制一个宽为 247mm、高为 148mm 的矩形，然后单击工具箱中的【交互式填充工具】，在渐变【类型】中选择【线性】，将渐变颜色分别设置为（C1、M40、Y90、K0）、(C13、M51、Y95、K0)，渐变设置如图 8-3 所示，绘制并填充渐变后的效果如图 8-4 所示。

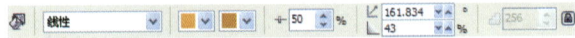

图 8-3 属性栏上的渐变设置

02 单击工具箱中的【贝塞尔工具】，绘制窗户的大体形状，然后单击工具箱中的【填充工具】，将其颜色填充为 C:3 M:9 Y:16 K:0，绘制并填充后的效果如图 8-5 所示。

03 单击工具箱中的【矩形工具】，绘制出一个只有填充没有轮廓的矩形，在选择矩形的状态下，单击鼠标右键，选择【转换为曲线】命令（快捷键【Ctrl+Q】），将矩形转化为可编辑的曲线，然后单击工具箱中的【形状工具】，调整矩形的四个节点，调整后的效果如图 8-6 所示。

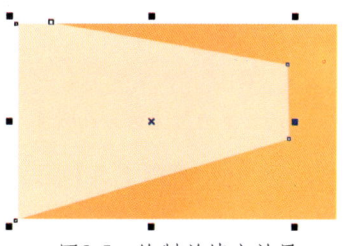

图8-4 绘制并填充渐变后的效果　　图8-5 绘制并填充效果　　图8-6 调整节点后的效果

04 单击工具箱中的【交互式填充工具】，将渐变【类型】选择为【线性】，将渐变颜色分别设置为（C48、M64、Y100、K7）、（C8、M33、Y55、K0），渐变设置如图8-7所示，绘制并填充渐变后的效果如图8-8所示。

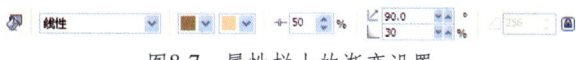

图8-7 属性栏上的渐变设置

05 使用同样方法绘制出上面的窗框效果，调整一下渐变填充的方向，填充后的效果如图8-9所示。

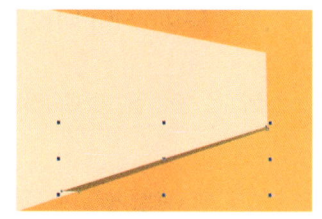
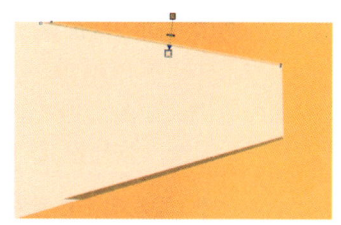

图8-8 绘制并填充渐变后的效果　　图8-9 绘制并调整渐变填充后的效果

06 使用同样方法绘制出其他窗框的形状并填充渐变颜色，效果如图8-10所示。然后在选择所有窗框的状态下，单击【属性栏】中的【合并】按钮，将所有的窗框合并为一个整体。

07 绘制玻璃的反光位置，单击工具箱中的【矩形工具】，绘制一个只有白色填充而没有轮廓的矩形，然后单击鼠标右键，选择【转换为曲线】命令（快捷键【Ctrl+Q】），将矩形转化为可编辑的曲线，然后单击工具箱中的【形状工具】，调整矩形的四个节点，调整后的效果如图8-11所示。

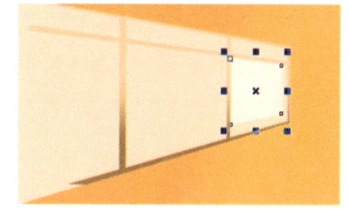

图8-10 绘制出其他窗框的形状并填充后效果　　图8-11 绘制并调整节点后的效果

08 使用同样方法绘制出其他两个玻璃的反光效果，如图8-12所示。

09 绘制地面，单击工具箱中的【贝塞尔工具】，绘制出地面的形状，然后单击工具箱中【交互式填充工具】，将渐变颜色分别设置为（C53、M64、Y100、K13）、（C43、M57、Y100、K1），【属性栏】上的渐变设置如图8-13所示，

图8-12 绘制并调整节点后的效果

绘制并填充渐变后的效果如图8-14所示。

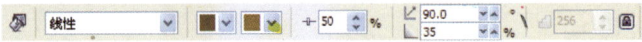

图8-13 属性栏上的渐变设置

10 绘制天花板上的效果，单击工具箱中的【椭圆工具】，绘制出一个只有白色填充没有轮廓的椭圆，效果如图8-15所示。

图8-14 绘制并填充渐变后的效果

图8-15 绘制白色椭圆状的灯

11 在选择白色椭圆的状态下，按快捷键【Ctrl+C】将其复制，再按快捷键【Ctrl+V】将其粘贴，在移动复制出的椭圆的同时按键盘上的【Ctrl】键，将其水平移动，使用同样方法复制并移动另外一个椭圆，效果如图8-16所示。

12 使用同样方法绘制出其他两个远处的灯，效果如图8-17所示。然后选择所有图形，单击鼠标右键，选择【编组】命令（快捷键【Ctrl+G】），将所有图形群组。

图8-16 复制白色椭圆后的效果

图8-17 绘制远处灯的效果

> **提示** 按快捷键【Shift+F11】，可以快速打开【均匀填充】对话框，在弹出的对话框中直接输入需要的CMYK颜色数值即可。

（2）绘制沙发效果

所用素材：光盘\素材\第8章\8.1　室内效果插画\（2）绘制沙发效果
最终效果：光盘\效果\第8章\8.1　室内效果插画\（2）绘制沙发效果

13 绘制沙发的侧面，单击工具箱中的【矩形工具】，绘制出一个只有填充无轮廓的矩形，然后单击鼠标右键，选择【转换为曲线】命令（快捷键【Ctrl+Q】），将矩形转化为可编辑的曲线，单击工具箱中的【形状工具】，调整矩形的四个节点的位置，调整后的效果如图8-18所示。

14 单击工具箱中的【椭圆工具】，绘制一个和矩形填充颜色相同的椭圆，如图8-19所示，然后在选择两个图形的状态下，单击【属性栏】中的【合并】按钮，将两个图形合并为一个整体。

艺术插图设计

图8-18　绘制矩形并调整形状　　　　　图8-19　绘制椭圆

15 单击工具箱中的【形状工具】，将上面圆形调整一下弧度。然后单击工具箱中的【填充工具】，选择【渐变填充】工具，弹出【渐变填充】选项对话框，将渐变颜色分别设置为0（C1、M37、Y90、K0）、100（C7、M53、Y94、K0），渐变设置如图8-20所示，填充渐变后的效果如图8-21所示。

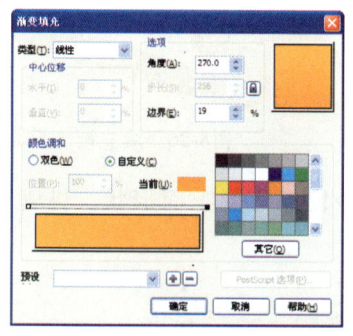

图8-20　设置【渐变填充】选项对话框　　　　图8-21　填充渐变后的效果

16 绘制沙发的前面，单击工具箱中的【贝塞尔工具】，绘制出沙发前面的形状，如图8-22所示。

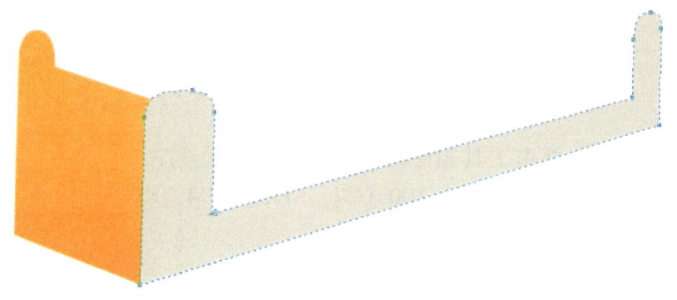

图8-22　绘制沙发前面形状

17 单击工具箱中的【填充工具】，选择【渐变填充】工具，弹出【渐变填充】选项对话框，将渐变颜色分别设置为0（C1、M37、Y90、K0）、100（C17、M63、Y99、K0），渐变设置如图8-23所示，填充渐变后的效果如图9-24所示。

18 绘制沙发的靠背，单击工具箱中的【贝塞尔工具】，绘制出沙发的靠背形状，然后单击鼠标右键，选择【顺序】/【向后一层】命令（快捷键【Ctrl+PgUp】），将其放置后一层，效果如图8-25所示。将填充颜色设置为步骤17一样的渐变颜色，并适当调整渐变的角度，填充后的效果如图8-26所示。

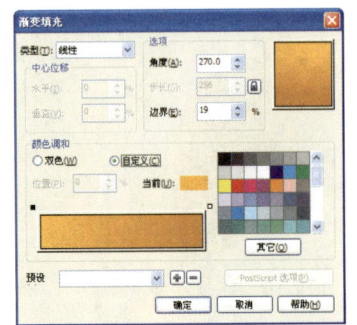

图8-23　设置【渐变填充】选项对话框

图8-24　填充渐变后效果

图8-25　绘制靠背的形状

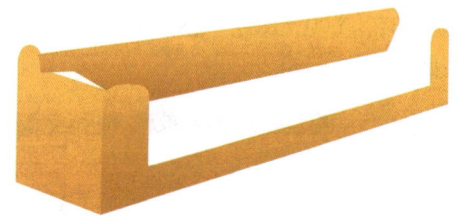

图8-26　填充渐变后效果

19 单击工具箱中的【贝塞尔工具】，绘制沙发靠背的上面形状，将填充颜色设置为 C:4 M:24 Y:89 K:0，填充后的效果如图 8-27 所示。

图8-27　绘制沙发靠背的上面形状并填充后效果

20 绘制沙发的另外一侧，单击工具箱中的【贝塞尔工具】，绘制一个四边形，将渐变颜色分别设置为 0（C1、M37、Y90、K0）、100（C7、M53、Y94、K0），渐变设置如图 8-28 所示，填充渐变后的效果如图 8-29 所示。

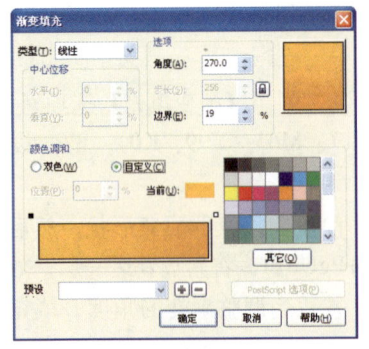

图8-28　设置【渐变填充】选项对话框

图8-29　填充渐变后效果

21 绘制沙发两侧的上面形状,单击工具箱中的【贝塞尔工具】,绘制右侧的形状,并将其填充为 C:4 M:21 Y:82 K:0,绘制并填充后的效果如图 8-30 所示,使用同样方法绘制出左侧的上面形状,并将其填充颜色设置为 C:4 M:21 Y:82 K:0,绘制并填充后的效果如图 8-31 所示。

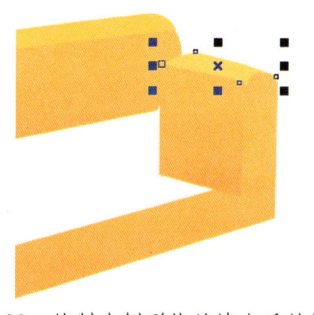 

图8-30 绘制右侧形状并填充后效果　　　　图8-31 绘制右侧上面图形并填充后效果

22 绘制沙发的座位,单击工具箱中的【贝塞尔工具】,绘制出沙发座位的形状,如图 8-32 所示,然后单击鼠标右键,选择【顺序】/【置于此对象后】命令,单击沙发前面的形状,将其放置到后面,效果如图 8-33 所示。

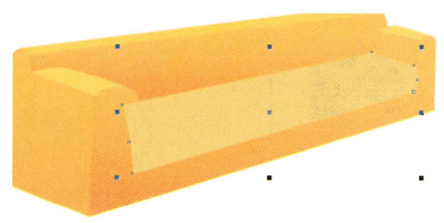 

图8-32 绘制沙发作为形状　　　　图8-33 调整排列顺序后效果

23 将其渐变颜色设置为沙发前面相同的颜色,调整一下渐变填充的角度,渐变设置如图 8-34 所示,填充渐变后的效果如图 8-35 所示。

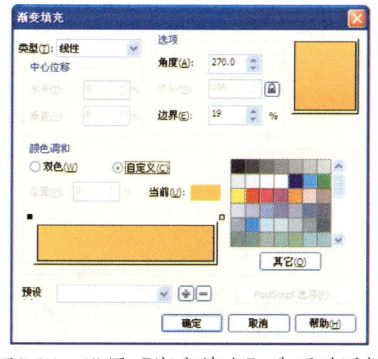 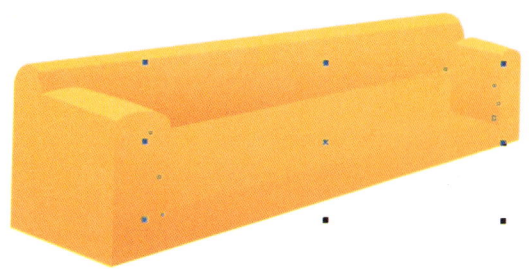

图8-34 设置【渐变填充】选项对话框　　　　图8-35 绘制并填充渐变后效果

24 绘制沙发座位下的阴影,单击工具箱中的【贝塞尔工具】,将其填充颜色设置为 C:29 M:67 Y:100 K:0,如图 8-36 所示。

25 为沙发座位增加立体感,单击工具箱中的【贝塞尔工具】,将其填充颜色设置为 C:4 M:24 Y:89 K:0,效果如图 8-37 所示。然后单击鼠标右键,选择【顺序】/【置于此对象后】命令,单击沙发前面的形状,将其放置到后面。

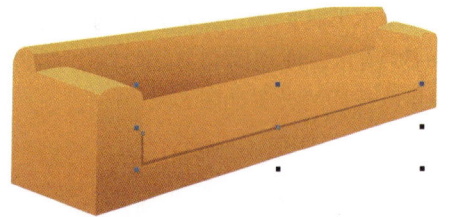
图8-36 绘制并填充阴影形状

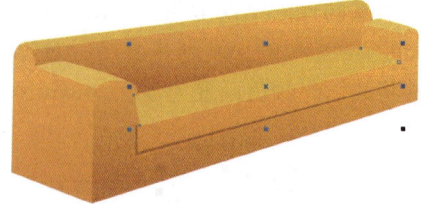
图8-37 绘制图形增加立体感后效果

26 绘制沙发腿，单击工具箱中的【贝塞尔工具】，绘制出如图8-38所示形状的沙发腿，然后单击工具箱中的【填充工具】，选择【渐变填充】选项，弹出【渐变填充】选项对话框，将渐变颜色分别设置为0（C44、M36、Y33、K0）、1（C44、M36、Y33、K0）、17（C44、M32、Y29、K0）、38（C35、M28、Y25、K0）、100（C59、M50、Y47、K0），渐变设置如图8-39所示，填充渐变后的效果如图8-40所示。

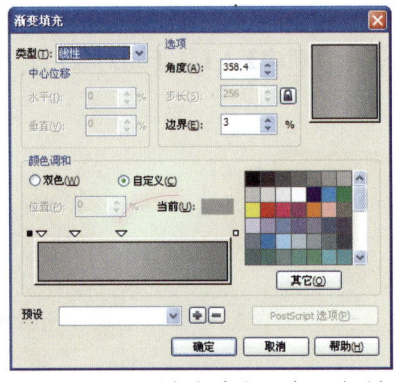
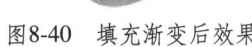

图8-38 绘制出的沙发腿的形状　　图8-39 设置【渐变填充】选项对话框　　图8-40 填充渐变后效果

27 将填充渐变后的沙发腿图形复制出四个，并根据透视效果将其缩小后放置到合适位置，然后调整排列顺序，效果如图8-41所示。将构成沙发的所有图形选中，按快捷键【Ctrl+G】将所有图形群组，将群组后的沙发放置到已经绘制好的空间效果中，如图8-42所示。

图8-41 复制沙发腿后的效果　　　　图8-42 将沙发放置到空间效果中

28 绘制沙发的靠背垫，单击工具箱中的【贝塞尔工具】，绘制出如图8-43所示的靠背垫图形。

29 单击工具箱中的【填充工具】，选择【渐变填充】选项，弹出【渐变填充】选项对话框，将渐变颜色分别设置为0（C1、M37、Y90、K0）、100（C7、M53、Y94、K0），渐变设置如图8-44所示，填充渐变后的效果如图8-45所示。

图8-43 绘制靠背垫图形

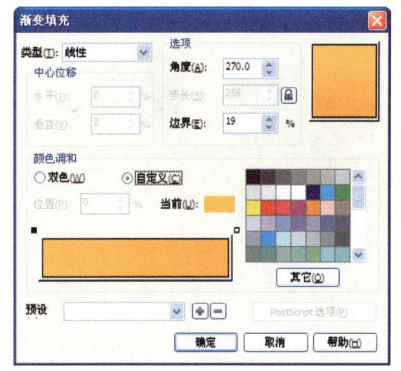

图8-44 设置【渐变填充】选项对话框

30 单击工具箱中的【贝塞尔工具】，在左侧绘制出如图8-46所示的图形，并将其颜色填充为 C:7 M:49 Y:93 K:0，增加靠背垫的立体感。

31 单击工具箱中的【贝塞尔工具】，在底部绘制出如图8-47所示的图形，并将其颜色填充为 C:8 M:54 Y:95 K:0。

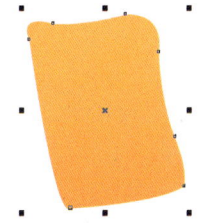

图8-45 填充渐变后效果

图8-46 绘制并填充左侧图形效果

图8-47 绘制并填充底部图形效果

32 单击工具箱中的【贝塞尔工具】，在上面绘制出如图8-48所示的图形，并将其颜色填充为 C:4 M:24 Y:89 K:0。然后选择靠背垫的所有图形，按快捷键【Ctrl+G】将所有图形群组。

33 选择群组后的靠背垫，按快捷键【Ctrl+C】将其复制，再按快捷键【Ctrl+V】将其粘贴，按照透视关系将其缩小一点，然后按快捷键【Ctrl+U】解散群组。

34 将靠背垫的渐变填充颜色设置为（C53、M64、Y100、K13）、（C43、M57、Y100、K1），左侧和底部的填充颜色设置为 C:58 M:73 Y:100 K:31，上面的填充颜色设置为 C:36 M:47 Y:93 K:0，填充的效果如图8-49所示，然后按快捷键【Ctrl+U】解散群组。

图8-48 绘制并填充上面图形效果

图8-49 更改复制出的靠背垫的填充颜色后效果

35 将靠背垫复制，并按照透视将复制出的靠背垫相应的缩小，放置到沙发上，调整排列顺序，效果如图8-50所示。

36 选择沙发和靠背垫的所有图形，按快捷键【Ctrl+G】将所有图形群组。然后将群组后的沙发放置到已经绘制完成的空间效果中，如图8-51所示。

图8-50 复制并缩小靠背垫后效果　　　图8-51 将群组后的沙发放置到空间效果中

37 使用同样方法绘制出另外一侧的沙发，效果如图 8-52 所示。

38 执行【文件】/【导入】命令（快捷键【Ctrl+I】），将素材"书籍"导入文档中，放置到小沙发的上面，效果如图 8-53 所示。

图8-52 绘制出另外一个沙发后的效果　　　图8-53 导入"书籍"素材后效果

39 绘制沙发的阴影效果，单击工具箱中的【贝塞尔工具】，绘制出如图 8-48 所示的图形，将其颜色填充设置为 C:93 M:87 Y:89 K:80，然后单击工具箱中的【透明度工具】，将【属性栏】中的【透明度类型】文本框设置为标准，效果如图 8-54 所示。

40 使用同样方法绘制左侧大沙发的阴影，效果如图 8-55 所示。

图8-54 绘制沙发阴影后效果　　　图8-55 绘制左侧大沙发阴影后效果

（3）绘制装饰物品

所用素材：光盘\素材\第 8 章\8.1 室内效果插画\（3）绘制装饰物品
最终效果：光盘\效果\第 8 章\8.1 室内效果插画\（3）绘制装饰物品

41 单击工具箱中的【贝塞尔工具】，绘制出花瓶的图形，如图 8-56 所示。

42 单击工具箱中的【填充工具】，选择【渐变填充】选项，弹出【渐变填充】选项对话框，将渐变颜色设置为 0（C4、M4、Y4、K0）、50（白色）、81（C6、M4、Y5、K0）、100（C12、M9、Y10、K0），渐变设置如图 8-57 所示，填充渐变后的效果如图 8-58 所示。

艺术插图设计

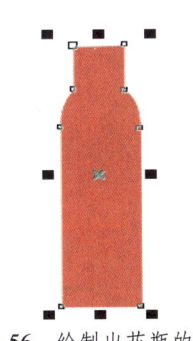
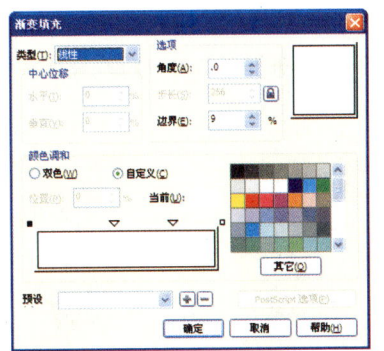
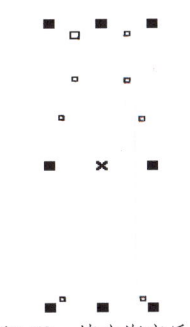

图8-56　绘制出花瓶的图形　　图8-57　设置【渐变填充】选项对话框　　图8-58　填充渐变后效果

43 绘制花瓶中绿色的叶子，单击工具箱中的【贝塞尔工具】，绘制出如图8-59所示的叶子形状。

44 单击工具箱中的【填充工具】，选择【渐变填充】选项，弹出【渐变填充】选项对话框，将渐变颜色设置为0（C45、M50、Y100、K0）、100（C25、M31、Y74、K0），渐变设置如图8-60所示，填充渐变后的效果如图8-61所示。

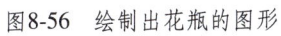
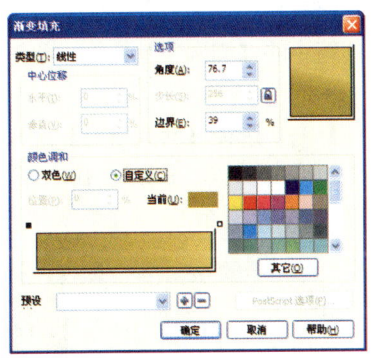

图8-59　绘制叶子形状　　图8-60　设置【渐变填充】选项对话框　　图8-61　填充渐变后的效果

45 将填充渐变后的叶子，复制出多个并旋转一下角度，适当缩放叶子的大小，效果如图8-62所示。

46 将群组后的叶子放置到花瓶上面，然后单击鼠标右键，选择【顺序】/【置于此对象后面】命令，将叶子放置到花瓶的后面，效果如图8-63所示。

47 在按【Shift】键的同时选中叶子和花瓶图形，按快捷键【Ctrl+G】将所有图形群组，然后将群组后的花瓶复制出一个并缩小，效果如图8-64所示。

图8-62　复制旋转缩放后效果　　图8-63　将叶子放置到花瓶中　　图8-64　复制花瓶和叶子

48 将两个花瓶放置到已经制作完成的空间内,如图 8-65 所示。

49 执行【文件】/【导入】命令(快捷键【Ctrl+I】),导入素材"转椅",将其放置到合适位置,效果如图 8-66 所示。

图8-65 将花瓶放置到空间效果中

图8-66 导入"转椅"素材后效果

(4)绘制射灯

所用素材:光盘\素材\第 8 章\\8.1 室内效果插画\(4) 绘制射灯
最终效果:光盘\效果\第 8 章\\8.1 室内效果插画\(4) 绘制射灯

50 绘制射灯的灯座,单击工具箱中的【椭圆工具】 ,绘制出一个椭圆作为射灯的灯座形状,如图 8-67 所示。

51 单击工具箱中的【填充工具】 ,选择【渐变填充】选项,弹出【渐变填充】选项对话框,将渐变颜色分别设置为 0(C57、M70、Y76、K20)、100(C67、M88、Y95、K64),渐变设置如图 8-68 所示,填充渐变后的效果 8-69 所示。

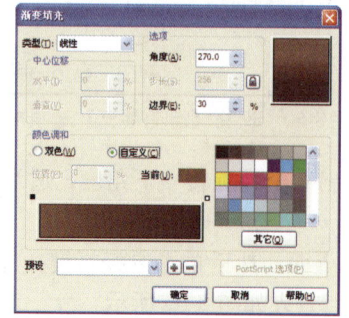

图8-67 绘制灯座形状   图8-68 设置【渐变填充】选项对话框   图8-69 填充渐变后的效果

52 单击工具箱中的【贝塞尔工具】 ,绘制出如图 8-70 所示的椭圆图形。然后将其填充与灯座相同的渐变颜色,填充后的效果如图 8-71 所示。

53 在灯座和椭圆之间绘制一个矩形,作为连接的部件,单击工具箱中的【矩形工具】 ,绘制一个只有填充无轮廓的矩形,填充颜色为 C:67 M:88 Y:95 K:64,然后在【属性栏】中将【旋转角度】设置为 5 ,效果如图 8-72 所示。

54 使用工具箱中的【贝塞尔工具】 和【形状工具】 ,绘制出灯的图形,如图 8-73 所示。

55 单击工具箱中的【填充工具】 ,选择【渐变填充】选项,弹出【渐变填充】选项对话框,将渐变颜色分别设置为 0 白色、100(C12、M9、Y10、K0),渐变设置如图 8-74 所示,填充渐变后的效果如图 8-75 所示。

艺术插图设计 8

图8-70 绘制椭圆　　　　图8-71 填充渐变后的效果　　图8-72 绘制连接部件并填充后效果

 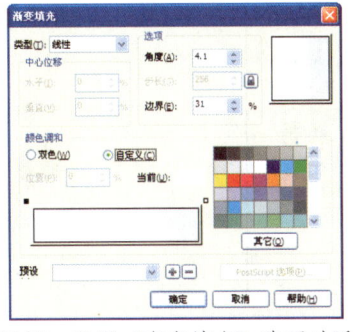 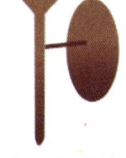

图8-73 绘制灯的形状　　图8-74 设置【渐变填充】选项对话框　　图8-75 填充渐变后的效果

56 选择灯的所有图形，按快捷键【Ctrl+G】将灯的所有图形群组为一个整体。然后将群组后的灯放置到已经绘制完成的空间的远处墙壁上，效果如图8-76所示。

57 绘制灯射出的光源效果，单击工具箱中的【钢笔工具】 ，绘制梯形的光源形状，在绘制的过程中按住【Shift】键水平或垂直绘制线条，如图8-77所示。

图8-76 将灯放置到空间效果中　　　　图8-77 绘制光源形状

58 单击工具箱中的【填充工具】 ，选择【渐变填充】选项，弹出【渐变填充】选项对话框，将渐变颜色分别设置为 0 白色、100（C1、M11、Y28、K0），渐变设置如图8-78所示，填充渐变后的效果如图8-79所示。

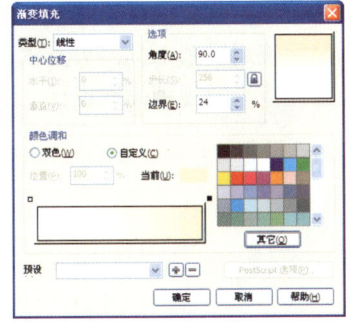 

图8-78 设置【渐变填充】选项对话框　　　　图8-79 绘制并填充渐变后的效果

59 绘制墙的反射效果，单击工具箱中的【钢笔工具】，绘制墙的大概形状，然后单击工具箱中的【填充工具】，选择【渐变填充】选项，弹出【渐变填充】选项对话框，将渐变颜色分别设置为 0（C2、M20、Y58、K0）、100（C1、M11、Y28、K0），渐变设置如图 8-80 所示，填充渐变后的效果如图 8-81 所示。

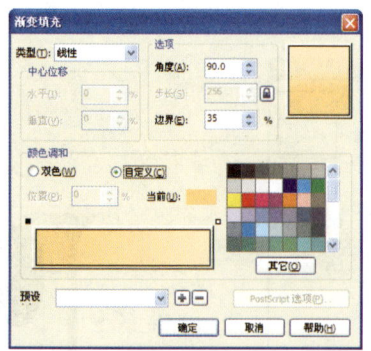

图8-80　设置【渐变填充】选项对话框

图8-81　绘制并填充渐变后的效果

60 执行【文件】/【导入】命令（快捷键【Ctrl+I】），将素材"植物"导入到当前的文档中，复制出一个并放置到窗户的上面，得到最终效果，如图 8-82 所示。

图8-82　最终效果

8.2　卡通漫画插图

　　本实例制作卡通漫画插画，整个画面充满可爱的气息，主要学习使用贝塞尔工具及形状工具对人物造型的节点进行编辑的方法。在制作时，首先使用矩形工具、椭圆工具、贝塞尔工具结合填充工具、形状工具制作卡通漫画插图的背景图形，然后使用椭圆工具、贝塞尔工具从开始绘制卡通人物，最后通过复制一个卡通人物并调整其位置完成卡通漫画插图设计。制作流程如图 8-83 所示，完成效果如图 8-84 所示。

学习重点

（1）掌握使用贝塞尔工具对人物造型的编辑
（2）利用形状工具进一步调整图形形状
（3）学习绘制充满可爱气息背景及人物

艺术插图设计

📖 制作流程

① 填充渐变　　② 导入小花素材　　③ 绘制卡通人物脸部　　④ 绘制卡通人物头　　⑤ 绘制卡通人物身体　　⑥ 复制卡通人物　　⑦ 将卡通人物放置在背景中

图8-83　制作流程图

📖 实例效果

图8-84　卡通漫画插图实例效果图

上机实战　绘制卡通漫画插图

所用素材：光盘\素材\第 8 章\8.2　卡通漫画插图\(1) 绘制插画背景
最终效果：光盘\效果\第 8 章\8.2　卡通漫画插图\(1) 绘制插画背景

(1) 绘制插画背景

01 绘制插画的背景，单击工具箱中的【矩形工具】，根据实际需要的尺寸绘制一个只有填充无轮廓的矩形，然后单击工具箱中的【填充工具】，选择【渐变填充】选项，弹出【渐变填充】选项对话框，将渐变颜色分别设置为 0（C38、M9）、100（C76、M42），渐变设置如图 8-85 所示，填充渐变后的效果如图 8-86 所示。

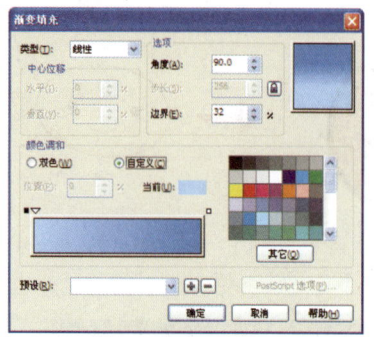

图 8-85　设置【渐变填充】选项对话框

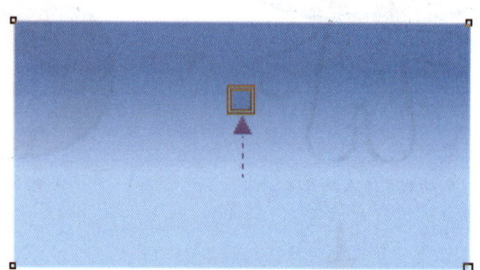

图 8-86　绘制并填充渐变后的效果

02 绘制绿色草地，单击工具箱中的【矩形工具】，绘制一个相当于背景四分之一大小的矩形，然后单击工具箱中的【填充工具】，选择【渐变填充】选项，弹出【渐变填充】选项对话框，将渐变颜色分别设置为 0（C56、Y100）、1（C56、Y100）、100（C75、M21、Y100），渐变设置如图 8-87 所示，填充渐变后的效果如图 8-88 所示。

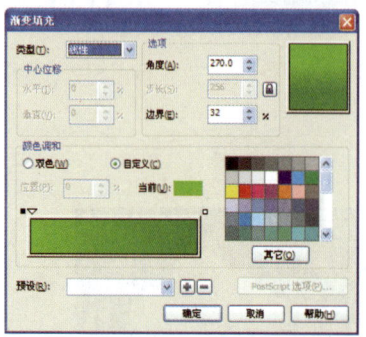

图 8-87　设置【渐变填充】选项对话框

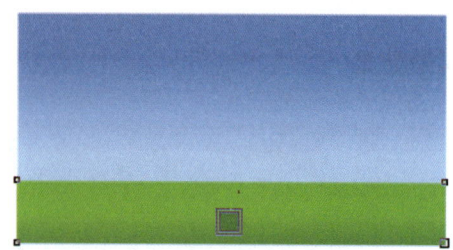

图 8-88　绘制并填充渐变后的效果

03 绘制草地远处的树木，单击工具箱中的【椭圆工具】，绘制一个椭圆，在【属性栏】中设置【旋转角度】为"5"，如图 8-89 所示。将其填充与草地相同的渐变颜色，效果如图 8-90 所示。

04 在选择填充渐变后的椭圆的状态下，按快捷键【Ctrl+C】将其复制，然后按快捷键【Ctrl+V】将其粘贴，复制出 3 个椭圆并放置到合适位置，效果如图 8-91 所示。

05 使用工具箱中的【贝塞尔工具】和【形状工具】，绘制出一个只有填充的白色道路图形，绘制并填充效果，如图 8-92 所示。

图8-89 绘制椭圆并旋转角度

图8-90 填充渐变后的效果

图8-91 复制并移动后效果

图8-92 绘制白色道路

06 单击工具箱中的【贝塞尔工具】，绘制白色云彩图形，效果如图8-93所示。

07 为云彩增加立体效果，使用工具箱中的【贝塞尔工具】，将填充颜色设置为 C:38 M:9 Y:0 K:0，在白色云彩下面绘制出和云彩图形大致相同的图形，效果如图8-94所示。

图8-93 绘制白色云彩效果

图8-94 为云彩增加立体效果

08 选择云彩和云彩下面的图形，然后按快捷键【Ctrl+G】将两个图形群组为一个整体，再按快捷键【Ctrl+C】将其复制，然后按快捷键【Ctrl+V】将其粘贴，复制出两个群组后的云彩，并放置合适位置，效果如图8-95所示。

09 执行【文件】/【导入】命令（快捷键【Ctrl+I】），导入素材"小花"，放置到画面的右下侧，效果如图8-96所示。

图8-95 群组并复制云彩

图8-96 导入"小花"素材

(2) 绘制卡通形象

所用素材：光盘\素材\第8章\8.2 卡通漫画插图\(2) 绘制卡通形象
最终效果：光盘\效果\第8章\8.2 卡通漫画插图\(2) 绘制卡通形象

10 单击工具箱中的【椭圆工具】，绘制卡通形象头的基本形状，在【属性栏】中将【轮廓宽度】设置为 0.5mm，绘制出的图形如图 8-97 所示。

11 绘制眼睛，单击工具箱中的【椭圆工具】，在拖动椭圆工具的同时按住键盘上的【Ctrl】键，绘制出一个黑色正圆，绘制出的效果如图 8-98 所示。

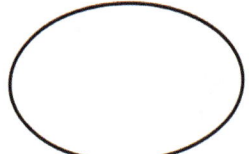 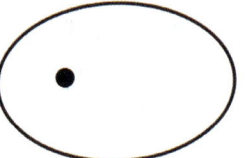

　　图8-97　绘制出头的基本形状　　　　　图8-98　绘制黑色眼睛

12 绘制睫毛，单击工具箱中的【贝塞尔工具】，绘制出黑色睫毛形状的图形，效果如图 8-99 所示。

13 绘制瞳孔效果，单击工具箱中的【椭圆工具】，在拖动椭圆工具的同时按住键盘上的【Ctrl】键，绘制出一个白色正圆，绘制出的效果如图 8-100 所示。

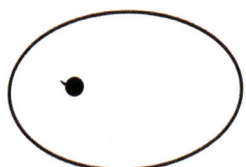 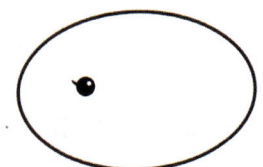

　　图8-99　绘制睫毛形状　　　　　图8-100　绘制瞳孔形状

14 将眼睛的三个图形全部选中，然后单击鼠标右键，选择【编组】命令（快捷键【Ctrl+G】），将眼睛群组为一个整体。在选择群组后的眼睛的状态下，按快捷键【Alt+F9】直接显示【转换】泊坞窗中的【缩放和镜像】选项对话框，单击【水平镜像】按钮，并将其复制出一个副本，设置如图 8-101 所示，然后单击【应用】按钮。

15 使用工具箱中的【选择工具】，单击【转换】泊坞窗中的【位置】选项对话框，设置如图 8-102 所示，然后单击【应用】按钮。镜像移动眼睛后的效果如图 8-103 所示。

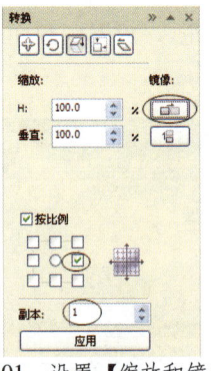 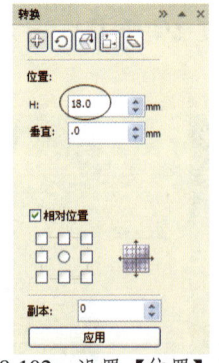 

图8-101　设置【缩放和镜像】　　图8-102　设置【位置】选项　　图8-103　镜像移动后效果
　　　　选项对话框　　　　　　　　　　对话框

> 提 示
> 按快捷键【Alt+F7】直接显示【变换】泊坞窗中的【位置】选项对话框；
> 按快捷键【Alt+F8】直接显示【变换】泊坞窗中的【旋转】选项对话框；
> 按快捷键【Alt+F9】直接显示【变换】泊坞窗中的【缩放和镜像】选项对话框；
> 按快捷键【Alt+F10】直接显示【变换】泊坞窗中的【大小】选项对话框。

16 绘制微笑的嘴图形，单击工具箱中的【椭圆工具】，在拖动椭圆工具的同时按住键盘上的【Ctrl】键，绘制出一个黑色正圆，如图8-104所示。按快捷键【Ctrl+C】将其复制，再按快捷键【Ctrl+V】将其粘贴，然后将复制出的椭圆放大，更改一下填充颜色，效果如图8-105所示。

17 在选择两个圆形的状态下，单击【属性栏】中的【修剪】按钮，将修剪后的黑色图形放置到合适位置，效果如图8-106所示。

图8-104 绘制黑色椭圆

图8-105 复制放大并修改填充颜色

图8-106 修剪后的图形效果

18 绘制可爱小红脸，单击工具箱中的【椭圆工具】，将填充颜色设置为 C: 0 M: 45 Y: 37 K: 0，绘制出的椭圆如图8-107所示。

19 在选择椭圆的状态下，移动椭圆的同时按住【Shift】键将其水平复制并移动到另外一侧，效果如图8-108所示。

图8-107 绘制椭圆

图8-108 复制并水平移动椭圆

20 单击工具箱中的【贝塞尔工具】，将填充颜色设置为 C: 0 M: 45 Y: 37 K: 0，绘制出如图8-109所示的图形，并加以装饰。

21 选择头部的所有图形，单击鼠标右键，选择【编组】命令（快捷键【Ctrl+G】），将其群组为一个整体，然后将【属性栏】中的【旋转角度】设置为5°，将头旋转一下角度，效果如图8-110所示。

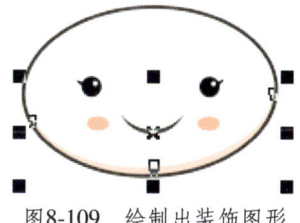
图8-109 绘制出装饰图形

图8-110 群组并旋转角度

22 绘制头饰部分,单击工具箱中的【钢笔工具】,将填充颜色设置为 C:0 M:100 Y:100 K:0,绘制的图形并填充后效果如图 8-111 所示。

23 在左侧绘制图形增加层次,单击工具箱中的【钢笔工具】,将填充颜色设置为 C:33 M:100 Y:100 K:0,绘制的图形并填充后效果如图 8-112 所示。

24 在右侧绘制图形,单击工具箱中的【钢笔工具】,将填充颜色设置为 C:6 M:89 Y:75 K:0,绘制的图形并填充后效果如图 8-113 所示。

图8-111 绘制图形并填充颜色　　图8-112 绘制图形并填充颜色　　图8-113 绘制图形并填充颜色

25 单击工具箱中的【钢笔工具】,绘制如图 8-114 所示的黑色边缘效果。使用同样方法绘制出另外两侧的边缘效果,如图 8-115 所示。

26 执行【文件】/【导入】命令(快捷键【Ctrl+I】,导入素材"绿叶",放置到最上面,单击鼠标右键,选择【顺序】/【到图层后面】命令(快捷键【Shift+ PgUp】,效果如图 8-116 所示。

图8-114 绘制黑色边缘效果　　图8-115 绘制另外两侧边缘效果　　图8-116 导入绿叶素材后效果

27 绘制下肢部分,单击工具箱中的【矩形工具】,绘制出黑色矩形,然后使用工具箱中的【形状工具】,单击矩形的任意一个节点进行拖动,绘制圆角矩形,效果如图 8-117 所示。

28 在选中圆角矩形的状态下,按快捷键【Ctrl+C】将其复制,再按快捷键【Ctrl+V】将其粘贴,将复制出的圆角矩形更改填充颜色,并适当缩放,效果如图 8-118 所示。

29 在同时选择两个圆角矩形的状态下,单击【属性栏】中的【修剪】按钮,保留需要图形的同时删除其他图形,效果如图 8-119 所示。

  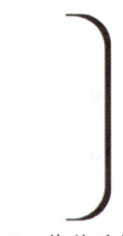

图8-117 绘制出的圆角矩形　　图8-118 复制并缩放圆角矩形　　图8-119 修剪后保留的图形

艺术插图设计

30 在选择修剪后保留的图形状态下，将【属性栏】中的【旋转角度】设置为 10，旋转后的效果如图 8-120 所示。

31 使用相同方法，绘制出内侧的图形，效果如图 8-121 所示。选择两个图形，单击鼠标右键，选择【编组】命令（快捷键【Ctrl+G】），将其群组为一个整体。

图 8-120　旋转后的效果

图 8-121　绘制出的内侧图形

32 按快捷键【Alt+F9】直接显示【变换】泊坞窗中的【缩放和镜像】选项对话框；单击【水平镜像】按钮，并复制出一个副本，设置如图 8-122 所示，镜像后的效果如图 8-123 所示。

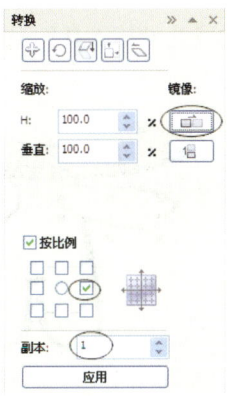
图 8-122　设置【缩放和镜像】选项对话框

图 8-123　镜像后效果

33 单击工具箱中的【钢笔工具】，绘制如图 8-124 所示的黑色半圆的图形，将两腿之间连接。在选择下肢的所有图形的状态下，按快捷键【Ctrl+G】将其编组，并将其放置到头部下方的合适位置，效果如图 8-125 所示。

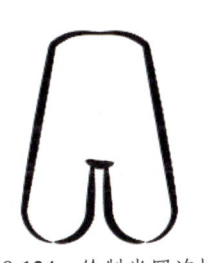
图 8-124　绘制半圆连接

图 8-125　群组后放

34 单击工具箱中的【贝塞尔工具】，绘制出手臂上面的图形，在选择绘制出的曲线的状态下，单击工具箱中的【艺术笔工具】，在【属性栏】中选择所要使用的画笔，设置如图

8-126 所示,选择艺术笔之后绘制出的曲线的效果如图 8-127 所示。

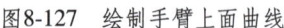

图8-126 设置艺术笔的【属性栏】

35 使用同样的方法绘制出右侧手臂的曲线,效果如图 8-128、图 8-129 所示。

 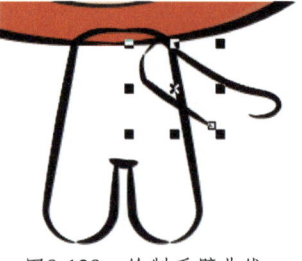 

图8-127 绘制手臂上面曲线　　　图8-128 绘制手臂曲线　　　图8-129 绘制手臂曲线

36 绘制左侧手臂,使用工具箱中的【贝塞尔工具】和【艺术笔工具】,绘制出左侧手臂的曲线,如图 8-130、图 8-131 所示。

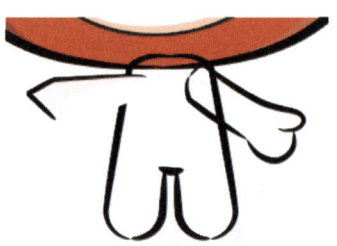 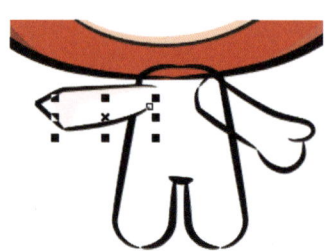

图8-130 绘制手臂曲线　　　　　　图8-131 绘制手臂曲线

37 使用工具箱中的【贝塞尔工具】和【艺术笔工具】,分别绘制出手掌和手指的曲线,效果如图 8-132、图 8-133 所示。然后使用工具箱中的【贝塞尔工具】,在手掌和手指内绘制出白色的图形并填充为白色。

38 单击工具箱中的【贝塞尔工具】,绘制出红色裤子形状,将填充颜色设置为 C: 18 M: 100 Y: 100 K: 0,绘制并填充效果如图 8-134 所示。

图8-132 绘制手掌曲线　　　图8-133 绘制出的手指效果　　　图8-134 绘制填充裤子效果

39 绘制图形增加立体感,单击工具箱中的【贝塞尔工具】,在边缘绘制出形状,将填充颜色设置为 C: 33 M: 100 Y: 100 K: 0,绘制并填充效果如图 8-135 所示。使用同样方法绘制出另外一侧的形状，绘制并填充效果如图 8-136 所示。

40 增加高光效果，单击工具箱中的【贝塞尔工具】，绘制并填充白色，绘制出的白色高光效果如图 8-137 所示。

 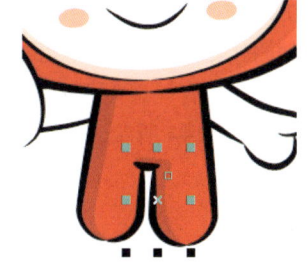 

图8-135　在边缘绘制形状　　　图8-136　另一侧的边缘绘制形状　　　图8-137　绘制白色形状后效果

41 添加阴影效果，单击工具箱中的【椭圆工具】，在卡通的下面绘制一个只有填充颜色的椭圆，效果如图 8-138 所示。

42 单击工具箱中的【填充工具】，选择【渐变填充】选项，弹出【渐变填充】选项对话框，将渐变颜色分别设置为 0 白色、21（C23、M17、Y17、K0）、100（C23、M17、Y17、K0），渐变设置如图 8-139 所示，填充渐变后的效果 8-140 所示。

 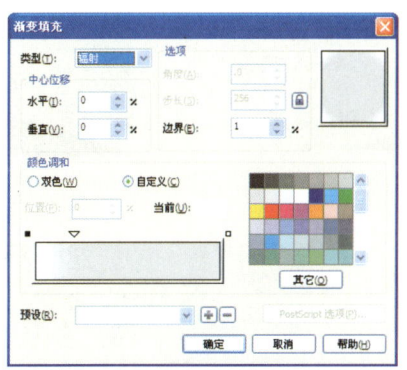 

图8-138　绘制椭圆效果　　　图8-139　设置【渐变填充】选项对话框　　　图8-140　填充渐变后的效果

43 使用同样的绘制方法，绘制出另外一个卡通形象，效果如图 8-141 所示，然后将其放置到已经绘制完成的背景图里，适当调整背景图中的树木的位置，得到最终效果，如图 8-142 所示。

图8-141　绘制出另外一个卡通形象　　　　　图8-142　最后的效果

8.3　许愿树

本实例主要学习图形工具与造型工具的配合使用，制作出具有独特视觉效果的画面，表现出插画的创意。在制作时，首先使用贝塞尔工具、椭圆工具结合透明度工具绘制地面和远处的光晕图形，然后使用贝塞尔工具绘制树干部分并为其填充颜色，接着导入矢量素材并调整素材使其成为树叶部分，最后使用贝塞尔工具结合轮廓笔工具绘制树干上的藤蔓完成许愿树的设计。制作流程如图 8-143 所示，完成效果如图 8-144 所示。

学习重点

（1）图形工具与造型工具的配合使用
（2）运用填充工具调整图形效果
（3）掌握轮廓笔工具的运用

制作流程

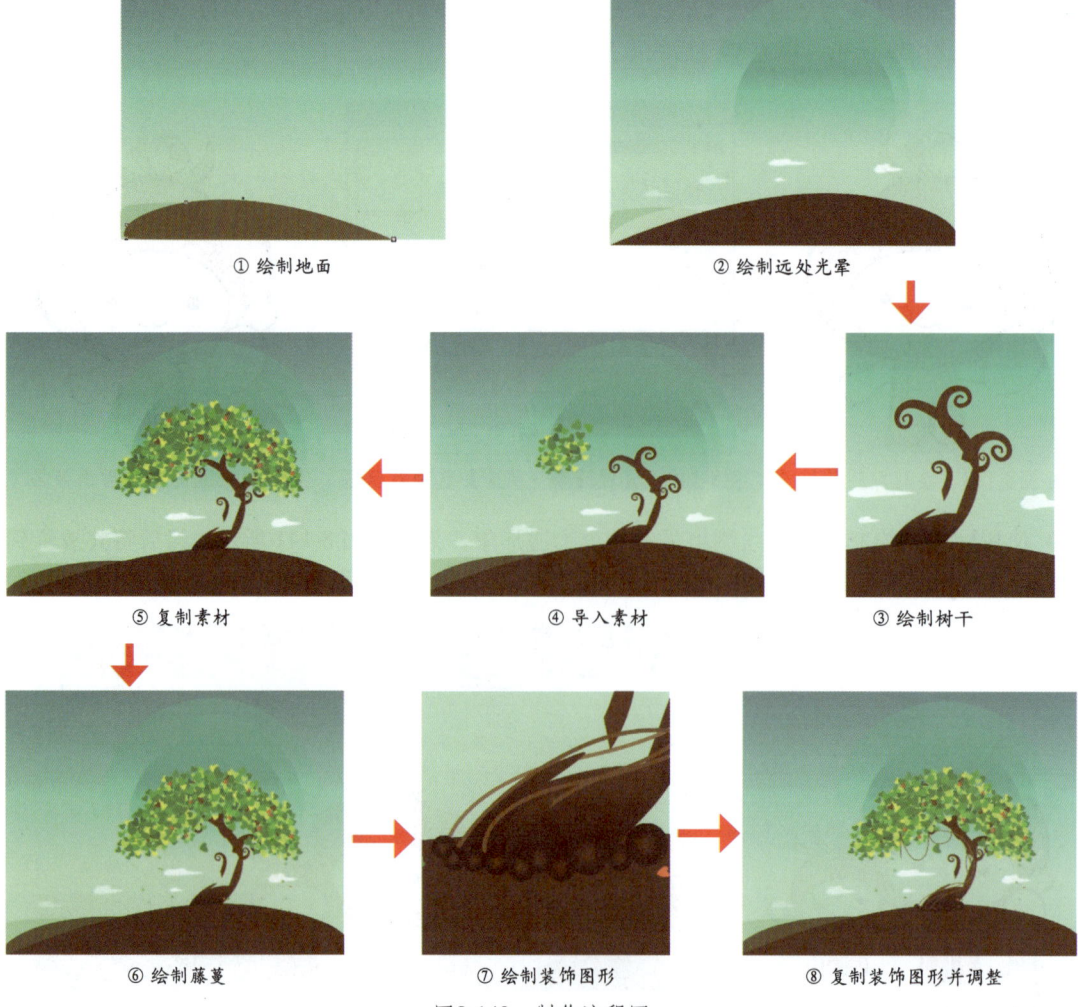

图 8-143　制作流程图

实例效果

图8-144 许愿树实例效果图

上机实战　绘制许愿树

所用素材：光盘\素材\第8章\8.3　许愿树\无
最终效果：光盘\效果\第8章\8.3　许愿树\(1)绘制神秘背景

（1）绘制神秘背景

01 单击工具箱中的【矩形工具】 ，根据实际需要绘制插画的背景大小。然后单击工具箱中【交互式填充工具】 ，将渐变颜色分别设置为 0（C40、M0、Y36、K0）、100（C99、M67、Y45、K5），【属性栏】上的渐变设置如图8-145所示，绘制并填充渐变后的效果8-146所示。

图8-145　设置【属性栏】上的渐变

02 单击工具箱中的【贝塞尔工具】 ，绘制出远处山脉的图形，将填充颜色设置为 C:52 M:0 Y:50 K:0，绘制并填充颜色后的效果如图8-147所示。

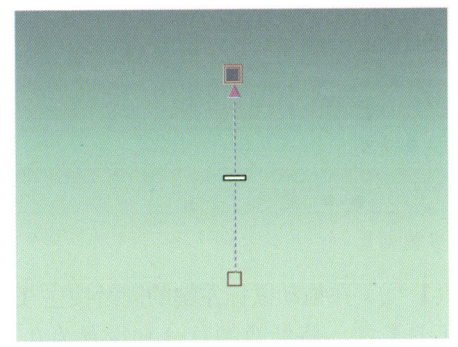

图8-146　绘制并填充渐变后的效果

图8-147　绘制山脉图形

03 使用工具箱中的【贝塞尔工具】，绘制出稍近一点的山脉图形，将填充颜色设置为 C:69 M:65 Y:100 K:36，绘制并填充颜色后的效果如图8-148所示。

图8-148 绘制山脉图形

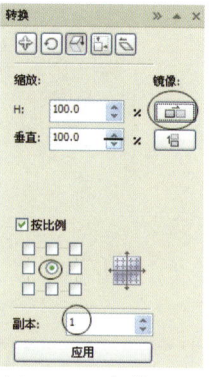

图8-149 参数设置

04 在选择刚刚绘制并填充的山脉图形的状态下，执行【排列】/【变换】/【比例】命令（快捷键【Alt+F9】），弹出【缩放和镜像】泊坞窗，将山脉图形进行镜像复制，【缩放和镜像】泊坞窗设置如图8-149所示。然后将镜像复制后的山脉图形放大，并将其填充颜色更改为 C:60 M:79 Y:100 K:44，放大并更改颜色后的效果如图8-150所示。

05 单击工具箱中的【手绘工具】，随意的绘制出白色的云彩图形，效果如图8-151所示。

图8-150 放大并更改颜色后效果

图8-151 绘制云彩图形

06 单击工具箱中的【透明度工具】，依次将左侧第一个、第二个和右侧第一个云彩图形调整透明度，【属性栏】中的设置分别如图8-152～图8-154所示，调整透明度后的效果如图8-155所示。

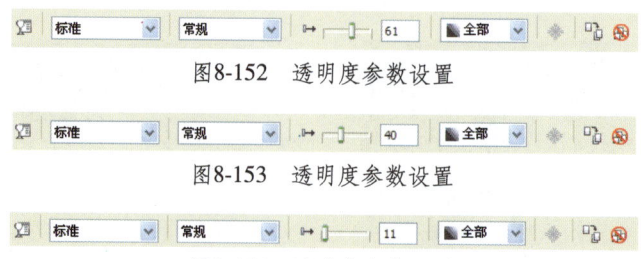

图8-152 透明度参数设置

图8-153 透明度参数设置

图8-154 透明度参数设置

07 绘制远处光晕图形，单击工具箱中的【椭圆工具】，在拖动鼠标左键的同时按住【Shift】键，绘制出一个正圆，然后单击工具箱中【填充工具】，将渐变颜色分别设置为0（C40、M0、Y36、K0）、100（C80、M15、Y52、K0），【属性栏】中的渐变设置如图8-156所示，填充渐变后的效果如图8-157所示。

08 分别调整三个圆形的不透明度，单击工具箱中的【透明度工具】，方法同步骤6（在这里就不再一一赘述），调整完透明度后单击鼠标右键，选择【编组】命令（快捷键【Ctrl+G】）将三个圆形群组，然后单击鼠标右键，选择【顺序】/【置于此对象前】命令，单击矩形背景图形，效果如图8-158所示。

图8-155　调整透明度后效果

图8-156　交互式填充工具参数设置

图8-157　填充渐变后效果

图8-158　将圆形置入矩形背景图形中

> **提示**　修改【透明度类型】只会影响应用透明度的方式，而对此项的实际填充颜色并不会改变。复杂的填充类型如【图样填充】和【底纹填充】与复杂的透明度类型结合在一起，可能会产生过于复杂的透明度效果，很难控制。

（2）绘制许愿树

所用素材：光盘\素材\第8章\8.3　Wishing Tree\（2）　绘制许愿树
最终效果：光盘\效果\第8章\8.3　Wishing Tree\（2）　绘制许愿树

09 单击工具箱中的【钢笔工具】，绘制出树干的形状图形，然后单击工具箱中的【填充工具】，选择【渐变填充】选项，弹出【渐变填充】选项对话框，将渐变颜色分别设置为 0（C60、M79、Y100、K44）、100（C72、M85、Y100、K66），渐变设置如图8-159所示，填充渐变后的效果如图8-160所示。

10 单击工具箱中的【贝塞尔工具】，绘制出树枝的图形，将填充颜色设置为 C:60 M:79 Y:100 K:44，效果如图8-161所示。

11 使用同样方法绘制出其他的树枝效果，然后选择所有树枝的图形，单击鼠标右键，选择【编组】命令（快捷键【Ctrl+G】），将树枝群组，效果如图8-162所示。

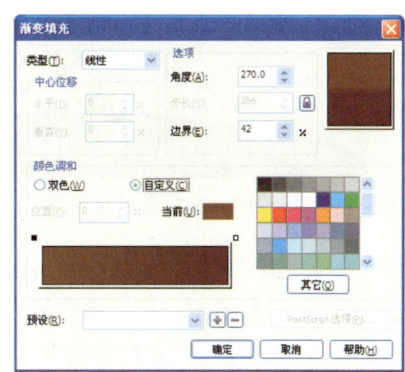

图8-159　渐变填充参数设置

图8-160　填充效果　　　　　图8-161　绘制树枝图形　　　　图8-162　群组树枝图形

12 执行【文件】/【导入】命令（快捷键【Ctrl+I】），导入素材"心形"，如图 8-163 所示。

13 在选择刚刚导入的"心形"素材的状态下，按快捷键【Ctrl+C】将其复制，再按快捷键【Ctrl+V】将其粘贴，效果如图 8-164 所示。

图8-163　导入素材　　　　　　　　　　　　图8-164　复制素材

14 可以适当更改其中任意一个心形的颜色，继续进行复制，效果如图 8-165 所示，直至复制出树的形状效果，如图 8-166 所示。

图8-165　复制素材并做适当修改　　　　　　图8-166　复制素材并做适当修改

15 选择一组"心形"素材，单击鼠标右键，选择【取消群组】命令（快捷键【Ctrl+U】），取消心形群组，选择心形图形，调整其位置、大小及颜色，得到如图 8-167 所示的树叶飘落的效果。

16 单击工具箱中的【贝塞尔工具】，绘制许愿树上的藤蔓，将轮廓颜色设置为 C: 56 M: 75 Y: 100 K: 27，宽度设置为 0.706mm，效果如图 8-168 所示。

图8-167　调整心形图形

图8-168　绘制许愿树上的藤蔓

17 单击工具箱中的【椭圆工具】 ，在树干下方绘制如图8-169所示的正圆。然后单击工具箱中的【填充工具】 ，选择【渐变填充】选项，弹出【渐变填充】对话框（快捷键【F11】），渐变参数设置如图8-170所示。单击【确定】按钮，去除轮廓线，得到如图8-171所示效果。

图8-169　绘制正圆

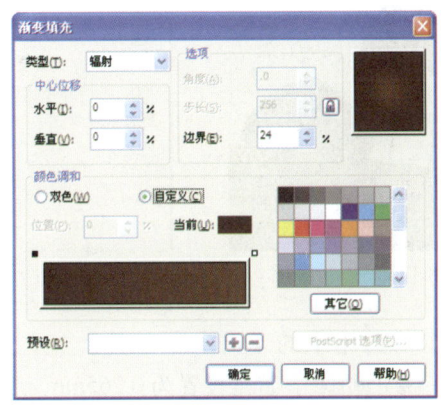
图8-170　渐变填充参数设置

18 复制正圆，并调整其位置和大小，得到如图8-172所示效果。

图8-171　填充效果

图8-172　复制正圆

19 单击工具箱中的【贝塞尔工具】 ，绘制如图8-173所示的图形，将填充颜色设置为 C：71 M：84 Y：100 K：65，效果如图8-174所示。

20 单击工具箱中的【贝塞尔工具】 ，绘制如图8-175所示的图形，然后单击工具箱中的【填充工具】 ，选择【渐变填充】选项，弹出【渐变填充】对话框，渐变参数设置如图8-176所示。单击【确定】按钮，去除轮廓线，调整其位置，得到如图8-177所示效果。

图8-173 绘制图形

图8-174 填充颜色

图8-175 绘制图形
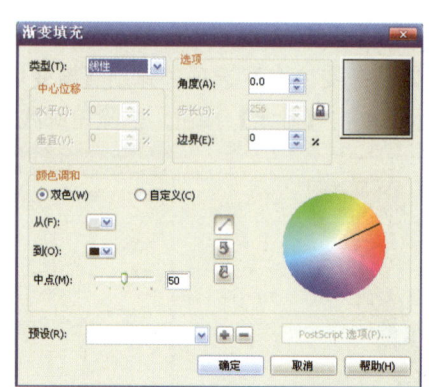
图8-176 渐变填充参数设置

图8-177 填充效果

21 单击工具箱中的【贝塞尔工具】，绘制如图 8-178 所示线段，将轮廓颜色设置为 C: 71 M: 84 Y: 100 K: 65，宽度设置为 0.265mm，效果如图 8-179 所示。至此，许愿树绘制完成。

图8-178 绘制线段

图8-179 许愿树完成

8.4 本章小结

本章制作了室内效果插画、卡通漫画插图、许愿树设计 3 个实例，读者应该掌握用贝塞尔工具绘制图形，用渐变填充工具填充颜色，用轮廓笔工具修改图形轮廓的技巧。

在本章中，很多时候需要绘制线段，在绘制线段时，可以选择手绘工具、钢笔工具、贝塞尔工具等不同工具绘制，应当依照所要绘制线段的形状选择工具，并用形状工具对线段进行调整。

8.5 习题

实训题

制作如图8-180所示的少女插画。

制作提示：首先使用贝塞尔工具，矩形工具结合形状工具绘制沙发及靠垫，其次使用贝塞尔工具结合形状工具绘制书本及咖啡杯，再次使用贝塞尔工结合轮廓笔工具绘制书栏，最后使用贝塞尔工具从卡通人物头部开始绘制卡通人物，要注意运用形状工具对绘制图形进行进一步调整，以达到更好的画面效果。

图8-180 少女插画完成效果

第 9 章　综合案例

> 本章通过 5 个典型实例的讲解，加强对 CorelDRAW X5 各个知识点的掌握，融会贯通，在今后的设计中制作出更优秀的作品。

本章要点

- 掌握综合运用各种工具
- 加强对软件各知识点的掌握
- 提高对画面的整体控制能力

9.1　制作新年海报

本实例学习制作新年海报，首先使用基本造型工具与填充工具绘制背景，然后使用文本工具添加文字并结合形状工具对文字进行变形，绘制出个性化的文字，最后通过文本工具添加其他文字完成新年海报的制作。制作流程如图 9-1 所示，完成效果如图 9-2 所示。

学习重点

(1) 掌握基本造型工具与填充工具的结合使用
(2) 使用文本工具添加文字
(3) 将文字转换为可编辑的曲线，并填充渐变颜色。

制作流程

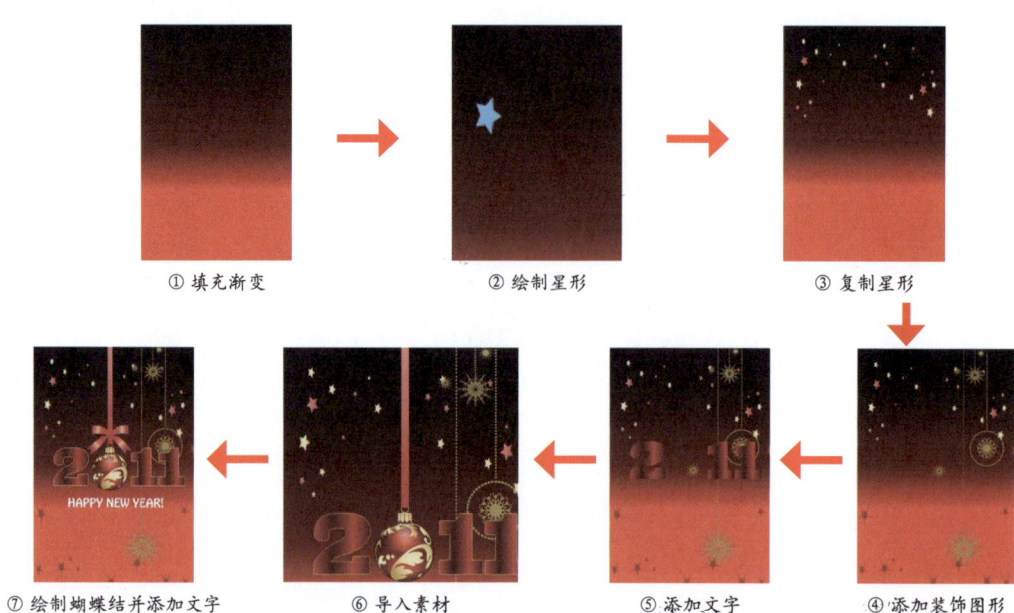

图9-1　制作流程图

实例效果

图9-2 新年海报实例效果图

上机实战 制作新年海报

所用素材：光盘\素材\第9章\9.1 制作新年海报\(1) 绘制背景
最终效果：光盘\效果\第9章\9.1 制作新年海报\(1) 绘制背景

(1) 绘制背景

01 绘制背景，单击工具箱中的【矩形工具】，绘制一个A4纸大小的矩形，然后单击工具箱中的【填充工具】，选择【渐变填充】选项，弹出【渐变填充】选项对话框，将渐变颜色分别设置为 0（C7、M95、Y85、K0）、23（C7、M95、Y85、K0）、45（C55、M100、Y100、K47）、100（C93、M88、Y89、K80），渐变设置如图9-3所示，填充渐变后的效果如图9-4所示。

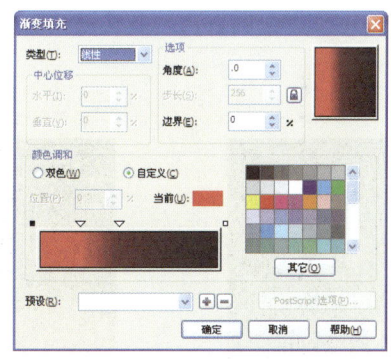

图9-3 设置【渐变填充】选项对话框　　　　图9-4 填充渐变后的效果

02 绘制装饰图形——星星，单击工具箱中的【星形工具】，绘制出只有填充颜色的五角星，效果如图9-5所示。

03 在选择刚刚绘制出的星星图形后，单击鼠标右键，选择【转换为曲线】命令（快捷键【Ctrl+Q】），将星星图形转换为可编辑的曲线，使用工具箱中的【形状工具】，将星星的图形的节点进行调整，增加透视感，效果如图9-6所示。

04 单击工具箱中的【填充工具】，选择【渐变填充】选项，弹出【渐变填充】选项对话框，将渐变颜色分别设置为 4（C35、M57、Y100、K0）、30（C1、M16、Y57、K0）、52（C10、M9、Y33、K0）、74（C1、M16、Y57、K0）、97（C32、M53、Y93、K0），渐变设置如图9-7所示，填充渐变后的效果如图9-8所示。

图9-5 绘制星星图形　　　　图9-6 调整星星节点后效果

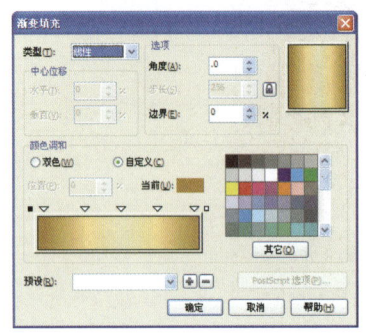

图9-7 设置【渐变填充】选项对话框　　　图9-8 填充渐变后的效果

05 在选择填充渐变后的星星图形状态下,按快捷键【Ctrl+D】复制出一个星星图形,然后单击工具箱中的【填充工具】 ,选择【渐变填充】选项,弹出【渐变填充】选项对话框,将渐变颜色分别设置为 0(C0、M74、Y36、K0)、100(C20、M100、Y100、K0),渐变设置如图 9-9 所示,填充渐变后的效果如图 9-10 所示。

06 将填充渐变颜色的星星图形进行复制,调整大小,放置到合适位置,效果如图 9-11 所示。按快捷键【Ctrl+G】将所有的星星图形群组为一个整体。

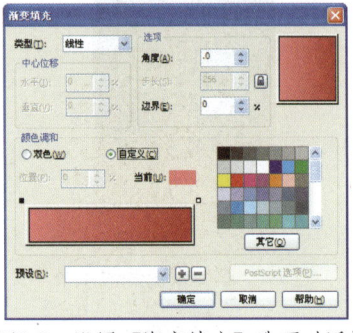

图9-9 设置【渐变填充】选项对话框　　图9-10 填充渐变后的效果　　图9-11 复制缩放后效果

执行【编辑/粘贴】(快捷键【Ctrl+V】)菜单命令,将复制的对象随机粘贴在画布中。

执行【编辑/贴在前面】(快捷键【Ctrl+F】)菜单命令,将所复制的对象以重叠的方式粘贴在原对象的上面,保持原有位置不变。

执行【编辑/贴在后面】(快捷键【Ctrl+B】)菜单命令,将所复制的对象以重叠的方式粘贴在原对象的下面,保持原有位置不变。

07 执行【文件】/【导入】命令（快捷键【Ctrl+I】），导入素材"墨点1"和"墨点2"，如图9-12所示。

08 更改刚刚复制到文档中的墨点的颜色，将填充颜色设置为 ■ C: 0 M: 100 Y: 100 K: 48，然后将其复制并调整大小后放置到合适位置，效果如图9-13所示。

09 执行【文件】/【导入】命令（快捷键【Ctrl+I】），导入素材"雪花"，如图9-14所示。将填充颜色设置为 ■ C: 43 M: 51 Y: 89 K: 0，填充后的效果如图9-15所示。

图9-12 导入素材　　图9-13 复制并缩放后效果　　图9-14 导入素材　　图9-15 更改填充颜后效果

（2）添加文字效果

> 所用素材：光盘\素材\第9章\9.1　制作新年海报\（2）添加文字效果
> 最终效果：光盘\效果\第9章\9.1　制作新年海报\（2）添加文字效果

10 单击工具箱中的【文本工具】，输入文字"211"，字体可以选择自己喜欢的字体，输入文字后的效果如图9-16所示。

11 单击鼠标右键，选择【转换为曲线】命令（快捷键【Ctrl+Q】），将文字转换为可编辑的曲线，然后单击鼠标右键，选择【拆分曲线】命令（快捷键【Ctrl+K】），将文字拆分后以便填充渐变颜色，如图9-17所示。

图9-16 输入文字　　　　　　　图9-17 转换为曲线并拆分后效果

> **提示**　许多效果都可以直接应用到"美术字"上，但是可能要向可编辑的文本应用一些效果，而这些效果不能作为"实时的"效果进应用。要实现所需要的效果，必须将"美术字"对象转换为曲线，在单击鼠标右键，选择【转换为曲线】命令（快捷键【Ctrl+Q】），将"美术字"转换为曲线后，不能再使用【文本工具】编辑已经转换为曲线的文本，而必须使用【形状工具】编辑，就像编辑其他任何曲线对象一样。

12 选择拆分后的文字，单击工具箱中的【填充工具】，选择【渐变填充】选项，弹出【渐变填充】选项对话框，将渐变颜色分别设置为 1（C29、M100、Y100、K0）、33（C72、M95、Y95、K70）、69（C29、M100、Y100、K0）、89（C49、M100、Y100、K0）、100（C72、M95、Y95、K70），渐变设置如图9-18所示，填充渐变后的效果如图9-19所示。

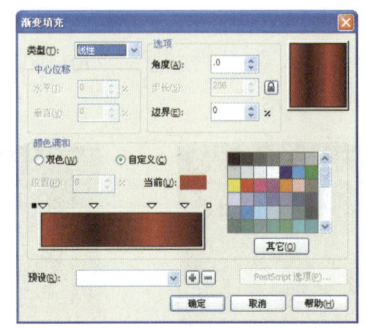
图9-18　设置【渐变填充】选项对话框

图9-19　填充渐变后的效果

13 设置轮廓颜色，单击工具箱中的【轮廓笔工具】，选择【轮廓色】选项（快捷键【Shift+F12】），将轮廓色设置为 C: 4 M: 24 Y: 58 K: 0 .353 mm，效果如图9-20所示。

14 执行【文件】/【导入】命令（快捷键【Ctrl+I】），导入素材"彩球"，如图9-21所示。

15 在彩球上面绘制一个彩色丝带的效果，单击工具箱中的【矩形工具】，绘制一个只有填充颜色的矩形，如图9-22所示。

图9-20　填充轮廓色后效果

图9-21　导入素材"彩球"

图9-22　绘制矩形

16 单击工具箱中【交互式填充工具】，将渐变颜色分别设置为 0（M74、Y36）、100（C20、M100、Y100、K0），在【属性栏】中的渐变设置如图9-23所示，填充渐变后的效果如图9-24所示。

图9-23　设置【属性栏】上的渐变

17 单击工具箱中的【钢笔工具】，在已经填充渐变颜色的矩形右侧绘制蝴蝶结的形状，如图9-25所示，

图9-24　填充渐变后的效果

图9-25　绘制图形

18 单击工具箱中的【填充工具】，选择【渐变填充】选项，弹出【渐变填充】选项对话框，将渐变颜色分别设置为 2（C29、M100、Y106、K0）、30（C9、M82、Y61、K0）、48（C0、M47、Y40、K0）、66（C6、M88、Y86、K0）、100（C20、M100、Y100、K0），渐变设置如图 9-26 所示，填充渐变后的效果如图 9-27 所示。

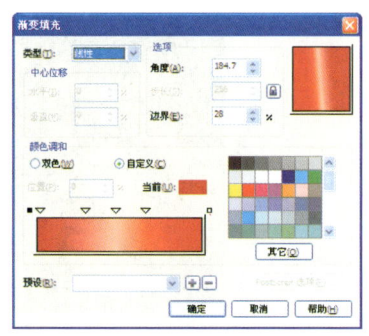　　　　　　　　　　　

图9-26　设置【渐变填充】选项对话框　　　　图9-27　填充渐变后的效果

19 单击工具箱中的【贝塞尔工具】，绘制图形，并将填充颜色设置为 C:84 M:91 Y:85 K:76，以增加立体感，绘制并填充后的效果如图 9-28 所示，然后选择这两个图形，按快捷键【Ctrl+G】，将其群组为一个整体。

20 单击工具箱中的【钢笔工具】，绘制蝴蝶结的下方图形，如图 9-29 所示。单击鼠标右键，选择【顺序】/【向后一层】命令（快捷键【Ctrl+PgUp】），将其放置到上面蝴蝶结图形的后面，然后填充和步骤 9 相同的渐变颜色，填充的效果如图 9-30 所示。

图9-28　绘制图形　　图9-29　绘制下面蝴蝶结图形　　图9-30　填充渐变颜色后效果

21 将右侧蝴蝶结群组为一个整体，执行【排列】/【变换】/【比例】命令（快捷键【Alt+F9】），弹出【缩放和镜像】泊坞窗，泊坞窗设置如图 9-31 所示，镜像后的效果如图 9-32 所示。

图9-31　设置【缩放和镜像】泊坞窗　　　　图9-32　镜像后效果

22 在蝴蝶结的中间位置绘制一个椭圆,然后单击工具箱中的【填充工具】,选择【渐变填充】选项,弹出【渐变填充】选项对话框,将渐变颜色分别设置为 2 (C29、M100、Y100、K0)、52 (C6、M88、Y86、K0)、100 (C20、M100、Y100、K0),渐变设置如图 9-33 所示,填充渐变后的效果如图 9-34 所示。

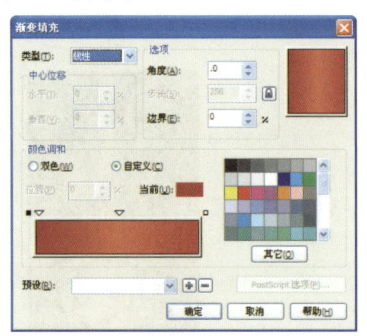
图9-33 设置【渐变填充】选项对话框

图9-34 填充渐变后的效果

23 单击工具箱中的【文本工具】字,输入文字"HAPPY NEW YEAR!",字体随意,输入文字后的效果如图 9-35 所示,然后单击鼠标右键,选择【转换为曲线】命令(快捷键【Ctrl+Q】),将文字转为曲线。

24 选择转为曲线后的文字,按快捷键【Ctrl+C】将其复制,然后按快捷键【Ctrl+V】将其粘贴,将填充颜色更改为 C: 63 M: 80 Y: 100 K: 51,填充后的效果如图 9-36 所示。

25 在选择复制出的文字的状态下,单击鼠标右键,选择【顺序】/【向后一层】命令(快捷键【Ctrl+PgUp】),将其向后一层,然后分别按键盘上的【向右】键和【向下】键一次,增加立体效果,效果如图 9-37 所示。

图9-35 输入文字

图9-36 复制文字并填充颜色

图9-37 调整顺序并移动

> 提示 快速创建对象副本的方法有以下 3 种:
> (1) 使用右键单击方法:使用【选择工具】变换、旋转或移动对象时,单击鼠标右键就可以迅速创建副本。当前正在拖动的对象成为副本,并且不更改初始对象,光标便出现【+】号指示创建了副本。
> (2) 使用空格方法:使用【选择工具】变换、旋转或移动对象时,按【空格】键可以创建一个副本,执行此操作时会在原处创建副本,每次按下【空格】键都会复制出一个副本。
> (3) 按下数字键【+】方法:按下键盘上的【+】键,会在和初始对象完全形同的位置创建一个副本。

综合案例

26 单击工具箱中的【文本工具】字，输入文字"恭贺新禧 2011 农历辛卯年"选择自己喜欢的字体，如图 9-38 所示。

27 将文字的填充颜色设置为 ◇ □ C: 4M: 5Y: 57K: 0 ，更改填充颜色后将其放置到画面的左上角，然后单击鼠标右键，选择【转换为曲线】命令（快捷键【Ctrl+Q】），将文字转换为曲线，得到最终效果，如图 9-39 所示。

图9-38　输入文字　　　　　　　　　图9-39　填充并转成曲线后效果

9.2　制作促销海报

本实例学习制作促销海报，促销海报往往需要有较强的视觉冲击力，在制作时，需要调整色彩与文字，使画面看起来美观统一。本例首先使用矩形工具、贝塞尔工具结合形状工具、填充工具制作海报背景，然后使用星形工具、贝塞尔工具结合填充工具绘制立体五角星图形，最后通过使用贝塞尔工具绘制对话框和装饰图形完成促销海报的制作。制作流程如图 9-40 所示，完成效果如图 9-41 所示。

学习重点

（1）学习贝塞尔工具与形状工具交替使用的技巧
（2）将已有素材导入画面，调整已有素材使其与画面统一
（3）了解促销海报的内容设置

制作流程

图9-40　制作流程图

⑥绘制对话框　　　　⑤调整星形颜色　　　　④复制星形

图9-40（续）

 实例效果

图9-41　促销海报实例效果图

上机实战　　绘制促销海报

| 所用素材：光盘\素材\第 9 章\9.2　制作促销海报\(1) 绘制背景 |
| 最终效果：光盘\效果\第 9 章\9.2　制作促销海报\(1) 绘制背景 |

（1）绘制背景

01 单击工具箱中的【矩形工具】 ▢ ，绘制一个 A4 纸大小的矩形作为背景。然后单击工具箱中的【填充工具】 ，选择【渐变填充】选项，弹出【渐变填充】选项对话框，将渐变颜色分别设置为 0（R65、G191、B236）、100（R254、G254、B254），渐变设置如图 9-42 所示，填充渐变后的效果如图 9-43 所示。

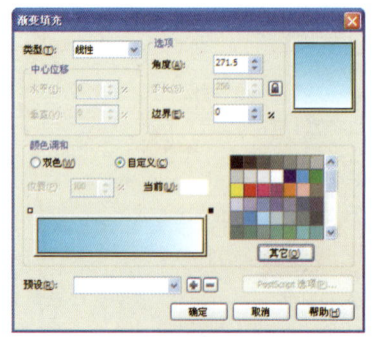　　　　

图9-42　设置【渐变填充】选项对话框　　　　图9-43　绘制并填充渐变后的效果

02 绘制背景上的光芒效果，单击工具箱中的【贝塞尔工具】，将填充颜色设置为 R:126 G:227 B:233，绘制并填充后的图形如图9-44所示。

03 使用工具箱中的【贝塞尔工具】，在右侧继续绘制光芒的图形，填充相同的填充颜色，绘制并填充后的效果如图9-45所示。使用同样方法绘制出其他的光芒效果，如图9-46所示。

图9-44　绘制光芒效果　　　　图9-45　绘制右侧光效果　　　　图9-46　绘制所有的光芒效果

04 绘制下方的装饰图形，单击工具箱中的【贝塞尔工具】，将填充颜色设置为 R:235 G:95 B:58，绘制并填充后的效果如图9-47所示。

05 绘制上面的装饰图形，单击工具箱中的【贝塞尔工具】，绘制图形的同时单击工具箱中的【形状工具】，对节点进行调整，填充颜色与下面的装饰图形颜色相同，绘制并填充后的效果如图9-48所示。

图9-47　绘制装饰图形效果　　　　　　　图9-48　绘制上面的装饰图形效果

06 单击工具箱中的【艺术笔工具】，在装饰图形上绘制出线条效果，设置【属性栏】中的艺术笔属性，分别如图9-49、图9-50所示，绘制出的线条如图9-51、图9-52所示。执行【文件】/【导入】命令（快捷键【Ctrl+I】），导入素材"礼盒"，如图9-53所示。

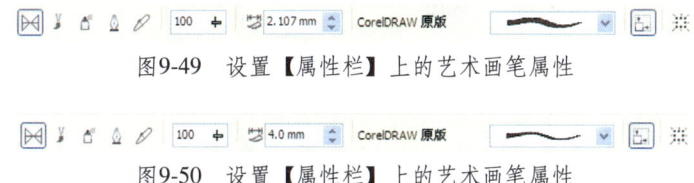

图9-49　设置【属性栏】上的艺术画笔属性

图9-50　设置【属性栏】上的艺术画笔属性

图9-51　绘制出的线条效果　　　图9-52　绘制出的线条效果　　　图9-53　导入素材"礼盒"后效果

> **提示** 【艺术笔工具】是所有线条工具中最复杂的工具，它能够使用动态链接应用不同的"线条效果"，而不是更改线条的轮廓属性。
>
> 可以在应用这些线条效果的同时进行绘制，或将它们应用到现有的线条。
>
> 使用【艺术笔工具】绘制出的路径会立即应用线条效果，可以通过【形状工具】选择线条的节点，通过"手绘平滑"、更改属性"宽度"设置或者选择不同的笔触或箭头样式来编辑其形状。

（2）添加版面内容

所用素材：光盘\素材\第 9 章\9.2 制作促销海报\（2）添加版面内容
最终效果：光盘\效果\第 9 章\9.2 制作促销海报\（2）添加版面内容

07 单击工具箱中的【星形工具】，将填充颜色设置为 R: 242 G: 150 B: 18，【属性栏】上的参数设置如图 9-54 所示，绘制出的五角星如图 9-55 所示。

08 单击工具箱中的【形状工具】，调整五角星的节点，增加透视感，调整后的五角星形状如图 9-56 所示。

图9-54 设置【属性栏】上的五角星属性　　图9-55 绘制五角星　　图9-56 调整五角星

09 绘制立体效果，单击工具箱中的【贝塞尔工具】，在五角星的右下角处绘制出只有填充无轮廓的图形，如图 9-57 所示。

10 单击工具箱中的【填充工具】，选择【渐变填充】选项，弹出【渐变填充】选项对话框，将渐变颜色分别设置为 0（R255、G245、B130）、40（R255、G252、B219）、100（R246、G174、B69），渐变设置如图 9-58 所示，填充渐变后的效果如图 9-59 所示。

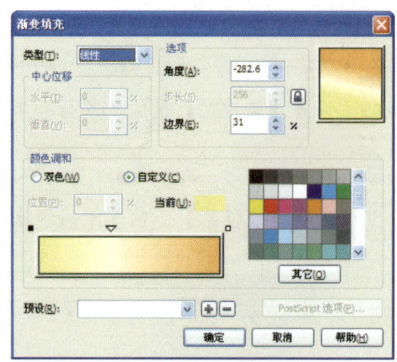

图9-57 绘制出的图形　　图9-58 设置【渐变填充】选项对话框　　图9-59 填充渐变后的效果

11 单击工具箱中的【贝塞尔工具】，在五角星的右侧绘制图形，将填充颜色设置为 R: 255 G: 240 B: 0，绘制并填充后的效果如图 9-60 所示。

12 单击工具箱中的【贝塞尔工具】，在五角星左下侧绘制图形，将填充颜色设置为步骤 5

相同的填充颜色，绘制并填充后的效果如图9-61所示。

13 使用同样方法绘制五角星左侧的图形，设置为步骤5相同的渐变填充颜色，绘制并填充后的效果如图9-62所示。

图9-60　绘制右侧图形　　　　图9-61　绘制左下侧的图形　　　　图9-62　绘制左侧的图形

14 选择绘制的立体五角星效果，单击鼠标右键，选择【编组】命令（快捷键【Ctrl+G】），将其编组，然后执行执行【排列】/【变换】/【旋转】命令（快捷键【Alt+F8】），弹出【旋转】泊坞窗，【旋转】泊坞窗设置如图9-63所示，复制并旋转五角星后的效果如图9-64所示。

15 选择复制出的立体五角星效果，单击工具箱中的【选择工具】 ，将其缩小，效果如图9-65所示。

图9-63　设置【旋转】泊坞窗　　　图9-64　复制并旋转五角星后的效果　　　图9-65　缩放后效果

16 使用同样方法复制旋转和复制镜像后的效果如图9-66所示。可以根据自己的喜好，填充不同的渐变颜色，然后选择所有的立体五角星效果，单击鼠标右键，选择【编组】命令（快捷键【Ctrl+G】），将其编组，放置到已经绘制完成的背景效果中，如图9-67所示。

图9-66　复制镜像多个五角星后效果　　　图9-67　更改五角星的填充颜色

17 绘制写入POP文字的图形，单击工具箱中的【贝塞尔工具】 ，将填充颜色设置为 R: 228 G: 0 B: 130，绘制出如图9-68所示的图形。

18 在选择刚刚绘制的图形的状态下,按快捷键【Ctrl+C】将其复制,再按快捷键【Ctrl+V】将其粘贴。然后将复制的图形进行缩放,在拖动鼠标左键的同时按住【Shift】键,以中心点进行缩放,缩放后将其填充颜色更改为 R: 255 G: 240 B: 0,复制缩放并更改填充颜色后的效果如图 9-69 所示。

图9-68　绘制图形　　　　　　　　图9-69　复制并缩放图形

19 单击工具箱中的【贝塞尔工具】,绘制手的形状图形,绘制出的图形如图 9-70 所示。

20 单击工具箱中的【贝塞尔工具】,将其填充颜色设置为 R: 228 G: 0 B: 130,绘制手的基本细节图形,如图 9-71 所示。

图9-70　绘制手图形　　　　　　　图9-71　绘制手部细节并填充颜色

21 单击工具箱中的【文本工具】,将填充颜色设置为红色,轮廓色设置为白色,输入文字"三八妇女节",字体随意。然后单击鼠标右键,选择【转换为曲线】命令(快捷键【Ctrl+Q】),将文字转换为可编辑的曲线,使用工具箱中的【贝塞尔工具】,将其中的"女"字变形,效果如图 9-72 所示。

22 在文字的右上角和右下角分别绘制装饰图形,将填充颜色设置为红色,轮廓色设置为白色,绘制并填充后的线条效果如图 9-73 所示。

23 单击工具箱中的【贝塞尔工具】,绘制出心形图形,将填充颜色设置为红色,轮廓色设置为白色,绘制并填充后的效果如图 9-74 所示。

图9-72　输入文字并将文字变形　　图9-73　绘制装饰图形　　图9-74　绘制心形

24 按快捷键【Ctrl+C】将心形复制,再按快捷键【Ctrl+V】将其粘贴,然后将其缩放后放置到右侧,效果如图 9-75 所示。

25 执行【文件】/【导入】命令（快捷键【Ctrl+I】），导入素材"POP 文字"，将其放置到刚刚绘制好的文字区域，效果如图 9-76 所示。

图9-75 复制并缩放心形后效果

图9-76 导入POP文字后效果

9.3 邮票制作

本实例首先使用矩形工具、椭圆工具结合调和工具对矩形边框进行修剪产生邮票锯齿边框的效果，其次使用矩形工具并为其填充渐变颜色作为邮票背景，最后导入素材图片并添加文字完成邮票的制作。制作流程如图 9-77 所示，完成效果如图 9-78 所示。

学习重点

（1）掌握邮票的设计格式
（2）学习运用调和工具制作邮票锯齿形边框
（3）学习不同图形的相互修剪

制作流程

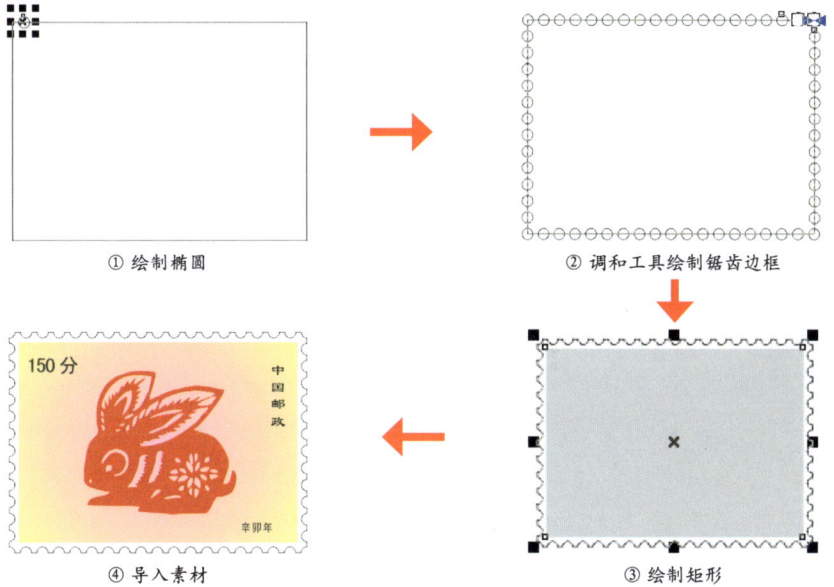

图9-77 制作流程图

实例效果

图9-78 邮票制作实例效果图

上机实战　邮票制作

所用素材：光盘\素材\第9章\9.3　邮票制作
最终效果：光盘\效果\第9章\9.3　邮票制作

01 单击【文件】/【新建】命令（快捷键【Ctrl+N】），新建一个空白文档，单击工具箱中的【矩形工具】，绘制出一个大小为  的矩形，效果如图 9-79 所示。

02 单击工具箱中的【椭圆工具】，在拖动鼠标左键的同时按住【Ctrl】键在矩形的左上角绘制一个正圆，如图 9-80 所示。

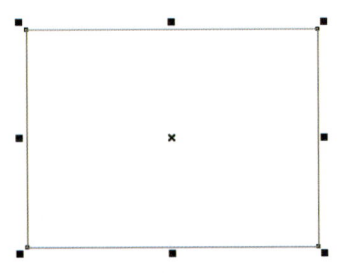

图9-79　绘制出的矩形效果

图9-80　绘制正圆效果

03 在选择正圆的状态下，按快捷键【Ctrl+C】将其复制，再按快捷键【Ctrl+V】将其粘贴，然后按住键盘上的【Shift】键将复制出的圆形水平移动到矩形的右上角，如图 9-81 所示。

04 选择工具箱中的【调和工具】，分别单击两个圆形正上方的黑色框，在两个圆形之间拖动以产生调和效果，调和后的效果如图 9-82 所示。

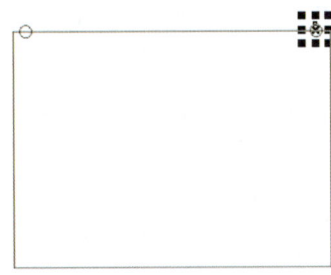

图9-81　复制并移动圆形后效果

图9-82　调和后的效果

05 在选择调和后的圆形的状态下，单击【属性栏】上的【路径属性】按钮，并在弹出的面板中选择【新路径】命令，如图 9-83 所示，这时鼠标变为弯箭头的形状，鼠标左键单击矩形，如图 9-84 所示，单击后得到的效果如图 9-85 所示。

图9-83　选择【新路径】命令

图9-84　鼠标变为弯箭头的形状后单击矩形

图9-85　单击矩形后效果

06 执行【效果】/【调和】命令，弹出【混合】泊坞窗，具体参数设置如图 9-86 所示，然后单击【应用】按钮，效果如图 9-87 所示。

图9-86　设置【混合】泊坞窗图

图9-87　混合后的效果

07 执行【排列】/【拆分路径群组上的混合】命令（快捷键【Ctrl+K】），将圆形与矩形拆分，效果如图 9-88 所示。

08 单击工具箱中的【选择工具】，然后在【属性栏】上单击【移除前面对象】按钮，效果如图 9-89 所示。

图9-88　将圆形与矩形拆分后效果

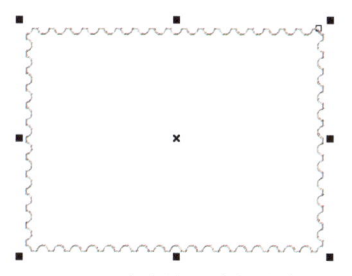

图9-89　移除前面对象后效果

09 单击工具箱中的【矩形工具】，在如图 9-90 所示的位置绘制一个只填充颜色的矩形。

10 单击工具箱中的【填充工具】，在其中选择【渐变填充】选项，弹出【渐变填充】选项对话框，渐变设置如图 9-91 所示，填充渐变后的效果如图 9-92 所示。

图9-90 绘制矩形

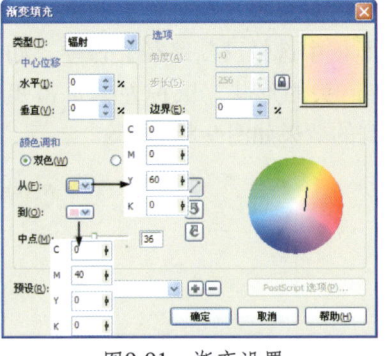
图9-91 渐变设置

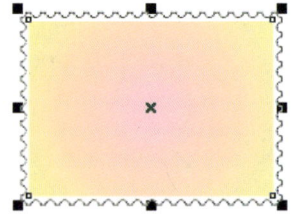
图9-92 填充渐变后的效果

11 执行【文件】/【导入】命令（快捷键【Ctrl+I】），导入素材文件"兔子"，将其缩放并放置在合适位置，效果如图9-93所示。

12 单击工具箱中的【文本工具】字，分别输入文字"150分"、"辛卯年"、"中国邮政"，并将其分别设置不同的字体，并放置到合适位置，效果如图9-94所示。

图9-93 导入的素材"兔子"

图9-94 输入文字后效果

13 绘制背景图形，单击工具箱中的【矩形工具】□，绘制一个矩形作为背景，将其填充颜色设置为 ◇ C: 20 M: 80 Y: 0 K: 20，绘制并填充颜色后的效果如图9-95所示。

14 单击工具箱中的【选择工具】 ▸，选择被修剪后的矩形边框，将其填充为白色，轮廓色为无，效果如图9-96所示。

图9-95 绘制矩形并填充颜色后效果

图9-96 填充白色轮廓色为无

15 单击工具箱中的【选择工具】 ▸，选择邮票的所有图形，单击鼠标右键，选择【编组】命令（快捷键【Ctrl+G】）将其群组，然后单击工具箱中的【阴影工具】 □，为邮票添加阴影，【属性栏】上的设置如图9-97所示，添加阴影后的效果如图9-98所示。

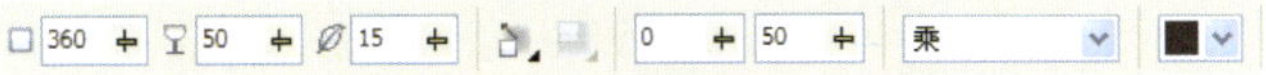

图9-97 阴影【属性栏】设置

图9-98 添加阴影后的效果

9.4 水晶按钮

本实例制作以表现图形的透明质感为主的水晶按钮,主要学习形状工具及渐变工具的使用。在制作时,首先使用椭圆工具绘制按钮基本型并为其填充渐变颜色,其次使用椭圆工具和贝塞尔工具结合填充工具绘制水晶按钮反光及高光部分,最后通过使用文本工具添加文字完成水晶按钮的制作。制作流程如图9-99 所示,完成效果如图 9-100 所示。

学习重点

(1) 掌握表现图形透明质感的方式
(2) 形状工具与渐变工具的结合使用

制作流程

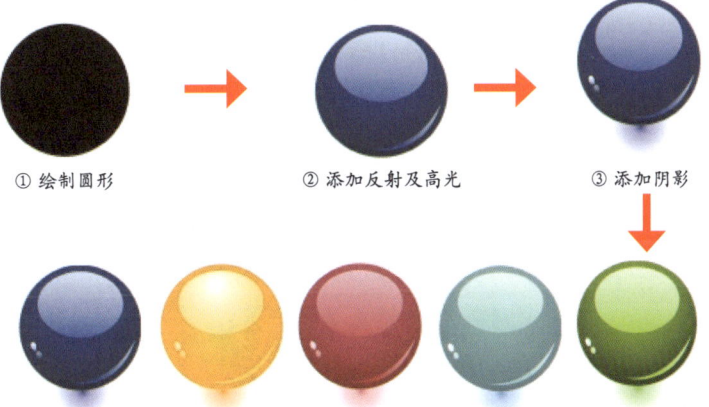

① 绘制图形　　② 添加反射及高光　　③ 添加阴影

④ 复制按钮并调整颜色

图9-99 制作流程图

实例效果

图9-100 水晶按钮实例效果图

上机实战　制作水晶按钮

所用素材：光盘\素材\第9章\无

最终效果：光盘\效果\第9章\9.4 水晶按钮

01 绘制按钮的主体形状图形，单击工具箱中的【椭圆工具】，在使用鼠标左键拖动的同时按【Ctrl】键绘制出一个只有填充颜色的正圆图形，绘制如图9-101所示。

02 单击工具箱中的【填充工具】，选择【渐变填充】选项，弹出【渐变填充】选项对话框，渐变颜色分别设置为 0（C88、M72、Y99、K66）、27（C93、M78、Y50、K33）、99（C98、M85、Y0、K0），渐变设置如图9-102所示，填充渐变后的效果如图9-103所示。

 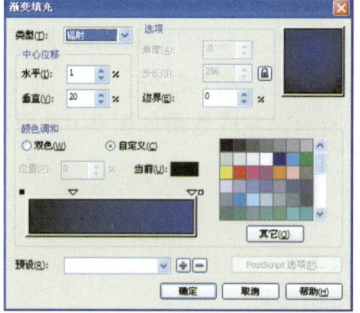 

图9-101 绘制椭圆图形　　图9-102 设置【渐变填充】选项对话框　　图9-103 填充渐变后的效果

03 绘制反光效果，单击工具箱中的【贝塞尔工具】，绘制出反光效果图形的形状，如图9-104所示。

04 单击工具箱中的【填充工具】，选择【渐变填充】选项，弹出【渐变填充】选项对话框，将渐变颜色分别设置为 0（C4、M0、Y1、K0）、100（C98、M95、Y0、K0），渐变设置如图9-105所示，填充渐变后的效果如图9-106所示。

 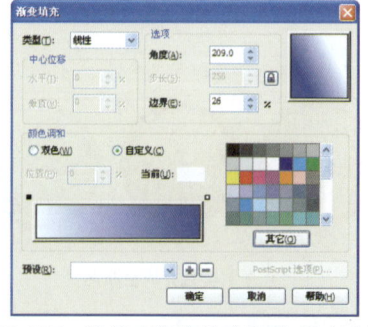 

图9-104 绘制椭圆图形　　图9-105 设置【渐变填充】选项对话框　　图9-106 填充渐变后的效果

05 绘制高亮效果，单击工具箱中的【椭圆工具】○，绘制出一个椭圆，如图 9-107 所示。然后将其填充同反光效果相同的渐变颜色，填充后的效果如图 9-108 所示。

图9-107　绘制椭圆图形　　　　　　　图9-108　填充渐变后的效果

06 单击工具箱中的【椭圆工具】○，绘制左侧的反光区域，分别绘制出两个椭圆，然后将其旋转一下角度，如图 9-109 所示。

07 将上面的椭圆填充的渐变颜色与右侧的反光区域的渐变颜色设置相同。设置下面椭圆的渐变填充颜色，单击工具箱中的【填充工具】，选择【渐变填充】选项，弹出【渐变填充】选项对话框，渐变颜色分别设置为 0（C98、M85、Y0、K0）、100（C30、M24、Y0、K0），渐变设置如图 9-110 所示，填充渐变后的效果如图 9-111 所示。

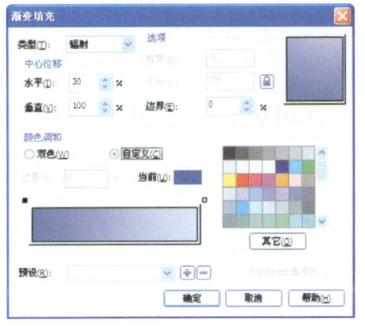

图9-109　绘制椭圆　　　图9-110　设置【渐变填充】选项对话框　　　图9-111　填充渐变后的效果

08 绘制简单的投影效果，单击工具箱中的【椭圆工具】○，在使用鼠标左键拖动的同时按【Ctrl】键绘制出一个只有填充颜色的正圆图形，然后单击鼠标右键，选择【顺序】/【到图层后面】命令（快捷键【Shift+ PgUp】），将有阴影的图形放置到图层的最后面，如图 9-112 所示。

09 单击工具箱中的【填充工具】，选择【渐变填充】选项，弹出【渐变填充】选项对话框，将渐变颜色分别设置为 0（白色）、64（白色）、84（C49、M43、Y0、K0）、100（C98、M85、Y0、K0），渐变设置如图 9-113 所示，填充渐变后的效果如图 9-114 所示。

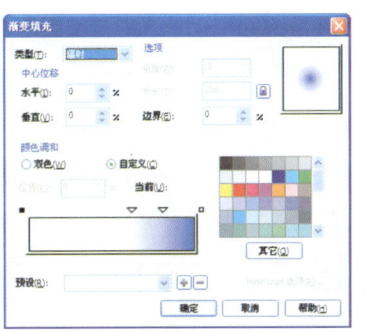

图9-112　绘制正圆　　　图9-113　设置【渐变填充】选项对话框　　　图9-114　填充渐变后的效果

10 将绘制出的按钮效果复制，根据喜欢的颜色更换渐变颜色，效果如图 9-115 所示。

图9-115 复制并更换按钮渐变颜色后效果

11 单击工具箱中的【艺术笔工具】，输入文字"首页、在线购买、产品展示、市场动态、联系我们"，将字体的填充颜色设置为白色，效果如图 9-116 所示。

图9-116 输入文字后的效果

9.5 卡片制作

本实例学习卡片的制作，首先使用渐变填充工具制作渐变背景图形，其次使用文本工具输入文字并调整文字位置及透明度，再次使用多变形工具结合透明度工具绘制多边形暗格装饰，最后使用矩形工具、椭圆工具绘制其他装饰图形并添加文字完成卡片设计。制作流程如图 9-117 所示。完成效果如图 9-118 所示。

学习重点

(1) 利用多边形工具制作多边形图形
(2) 学习用形状工具调整文字位置

制作流程

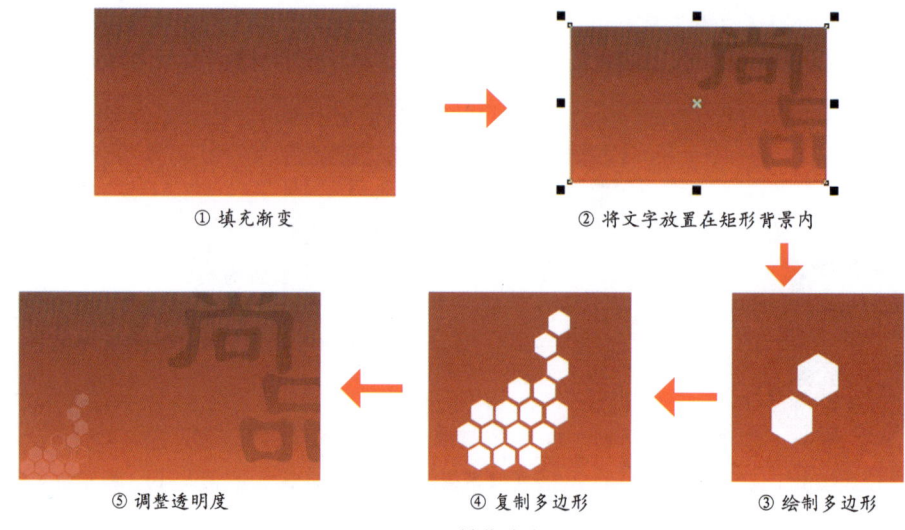

图9-117 制作流程图

实例效果

图9-118 卡片制作实例效果图

上机实战　制作卡片

所用素材：光盘\素材\第9章\无
最终效果：光盘\效果\第9章\9.5　卡片制作

01 单击【文件】/【新建】命令（快捷键【Ctrl+N】），新建一个文档，绘制一个大小为 90.0 mm / 54.0 mm 矩形，效果如图 9-119 所示。

02 单击工具箱中的【填充工具】，选择【渐变填充】选项，弹出【渐变填充】选项对话框，渐变设置如图 9-120 所示，填充渐变后的效果如图 9-121 所示。

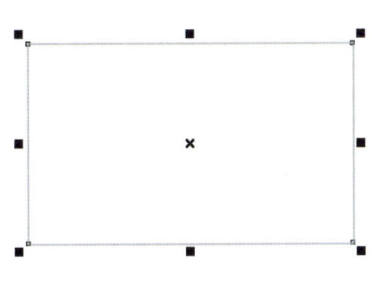

图9-119　绘制矩形

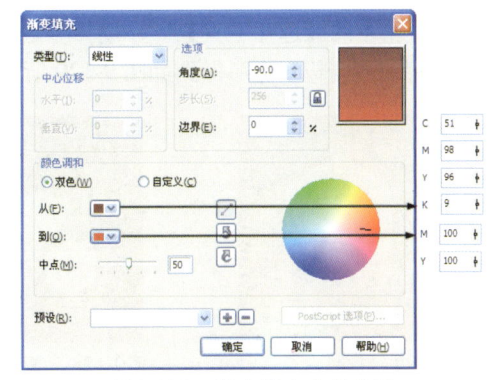

图9-120　渐变填充参数设置

03 单击工具箱中的【文本工具】，将"字体"和"字符大小"设置为 隶书 / 125 pt，输入文字"尚品"，效果如图 9-122 所示。

图9-121　填充效果

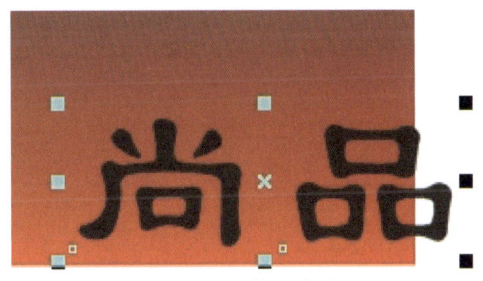

图9-122　输入文字

04 单击工具箱中的【形状工具】，选择"尚"字左下角的控制柄向上拖动到画面的右上方，移动后的效果如图9-123所示。

05 单击工具箱中的【透明度工具】，【属性栏】上的设置如图9-124所示，添加透明度后的效果如图9-125所示。

06 选择文字，执行【效果】/【图框精确剪裁】/【放置在容器中】命令，将文字置入背景矩形中，效果如图9-126所示。

图9-123　移动文字后效果

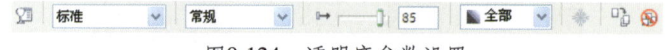

图9-124　透明度参数设置

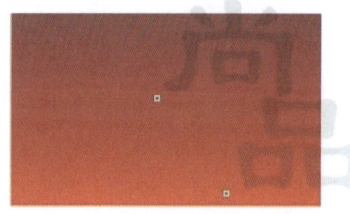 

图9-125　添加透明度后效果　　　图9-126　将文字置入背景矩形中

07 单击工具箱中的【多边形工具】，将【属性栏】上的【点数或边数】文本框设置为6，绘制一个正六边形，然后将填充颜色设置为白色，去除轮廓线，得到如图9-127所示的效果。

08 单击工具箱中的【选择工具】，选择多边形，向左下角移动复制出一个，效果如图9-128所示。多次复制并调整多边形得到如图9-129所示效果。然后框选所有多边形将其群组。

 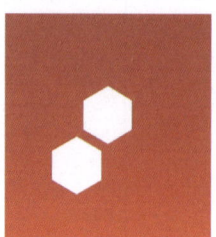 

图9-127　绘制白色多边形　　图9-128　复制多边形　　图9-129　复制多个多边形

09 按【Ctrl】键单击一个六边形将其选中，去除填充颜色，将轮廓颜色设置为白色，宽度为1.0pt，得到如图9-130所示效果。使用同样方式设置其他3个六边形，得到如图9-131所示的效果。

图9-130　修改六边形　　　　　图9-131　修改六边形

10 选择多边形组，单击工具箱中的【透明度工具】，参数设置如图 9-132 所示，得到如图 9-133 所示效果。然后执行【效果】/【图框精确剪裁】/【放置在容器中】命令，将多边形组置入背景图形中，如图 9-134 所示。

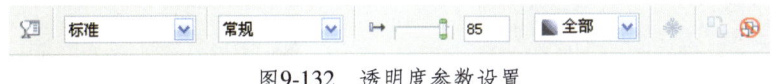

图9-132　透明度参数设置

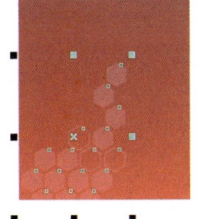 

图9-133　添加透明度效果　　　　　　图9-134　将多边形组置入背景图形中

11 单击工具箱中的【钢笔工具】，绘制一条如图 9-135 所示的直线线段，将轮廓颜色设置为白色，宽度设置为 0.5pt，效果如图 9-136 所示。

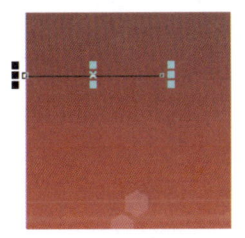 

图9-135　绘制直线线段　　　　　　图9-136　修改轮廓线

12 选择直线线段，按【Ctrl】键垂直向下复制出多条线段，效果如图 9-137 所示。然后框选所有直线线段，单击【属性栏】上的【对其与分布】按钮，弹出【对其与分布】设置对话框，参数设置如图 9-138 所示，单击【应用】按钮，得到如图 9-139 所示的效果。

 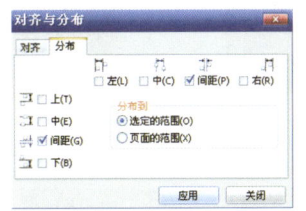 

图9-137　复制直线线段　　　图9-138　对其与分布参数设置　　　图9-139　对其效果

13 单击工具箱中的【选择工具】，按【Ctrl】键将线段水平移动调整，得到如图 9-140 所示的效果。

14 单击工具箱中的【椭圆工具】，在线段的端头绘制正圆，将填充颜色设置为白色，去除轮廓线，得到如图 9-141 所示的效果。

15 单击鼠标右键，选择【编组】命令（快捷键【Ctrl+G】），群组线段与端头正圆，调整其位置，如图 9-142 所示。然后复制 1 组线段组，调整大小及位置，得到如图 9-143 所示的效果。

图9-140 水平移动调整线段

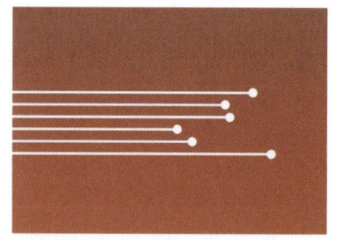
图9-141 绘制白色正圆

图9-142 调整线段组位置

图9-143 复制线段组并调整其位置

16 选择两组线段组,执行【效果】/【图框精确剪裁】/【放置在容器中】命令,将其置入背景矩形中。

17 单击工具箱中的【文本工具】字,将"旋转角度"、"字体"和"字符大小"设置为 ,填充颜色设置为白色,输入文字"www.shangpin.com",效果如图9-144所示。

18 单击工具箱中的【文本工具】字,将"字体"和"字符大小"设置为 ,填充颜色设置为白色,输入文字"SHANGPIN...",得到最终效果,如图9-145所示。

图9-144 输入文字

图9-145 制作卡片完成

9.6 本章小结

　　本章介绍了制作新年海报、制作促销海报、邮票制作、水晶按钮和卡片制作五个实例。读者应该掌握基本造型工具与填充工具的结合使用、贝塞尔工具与形状工具交替使用的技巧、调和工具的灵活运用、多边形工具的运用等多项绘制技巧。

　　本章综合讲解了一些实用性较强的案例,在学习时应注意实例中对色彩的掌控,不同的色彩给人以不同的视觉效果,在表现透明质感时,可以将渐变填充工具与透明工具结合使用,绘制出更加逼真的效果。

9.7 习题

实训题

制作如图 9-146 所示的卡片。

制作提示：首先使用矩形工具绘制卡片背景，其次使用贝塞尔工具结合透明度工具绘制卡片花纹，最后通过使用文本工具添加文字并使用形状工具对文字的形状进行修改完成卡片制作。

图9-146　卡片完成效果

"十二五"全国高校数字艺术与平面设计专业骨干课程权威教材

- 《中文版Photoshop CS5图像处理典型实例》
- 《中文版CorelDRAW X5平面设计典型实例》
- 《中文版Premiere PRO CS5影视动画非线性编辑》

 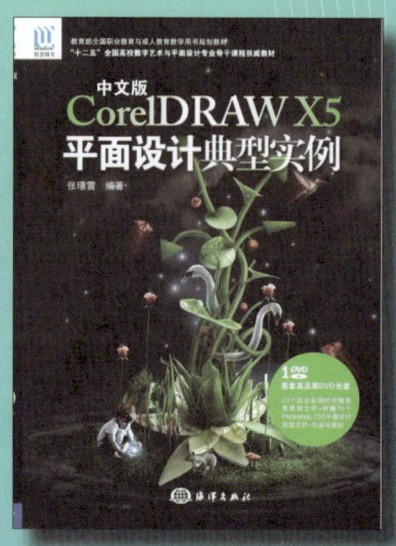

"十二五"全国高校计算机专业岗前实训教材

- 《中文版Dreamweaver CS5&ASP动态网页制作岗前实训》
- 《中文版Flash CS5网站动画制作岗前实训》
- 《中文版Illustrator CS5平面设计岗前实训》